"十二五"职业教育国家规划教材
北京高等教育精品教材
高职高专计算机应用专业规划教材
企业信息化岗位技能培训系列教材

中小企业网站建设与管理（第2版）

梁　露　主　编
赵立群　关　忠　副主编

電子工業出版社
Publishing House of Electronics Industry
北京·BEIJING

内容简介

本书紧密结合国内外网站建设发展的新特点，根据网站建设与管理的基本过程和规律，围绕中小企业网站建设管理所涉及的各工作环节和流程，具体介绍：需求分析、网站规划、工具规划、页面设计、后台设计、网页测试、网站管理、网站推广、企业验收与评价、网站升级等基础理论知识，并通过实践课堂加强技能训练、提高应用能力。

本书融入了网站建设与管理最新实践教学理念，力求严谨、注重与时俱进，具有知识系统、概念清晰、案例鲜活、贴近实际等特点，并注重职业技术与实践应用相结合。

本书既可作为高职高专院校计算机应用和网络管理等专业的首选教材，也可作为企业信息化培训教材，并为中小企业网站建设从业及管理者提供有益的学习指导。

图书在版编目（CIP）数据

中小企业网站建设与管理（第2版）/梁露主编．2版．—北京：电子工业出版社，2014.7
高职高专计算机应用专业规划教材/企业信息化岗位技能培训系列教材
ISBN 978-7-121-23650-1

Ⅰ.①中… Ⅱ.①梁… Ⅲ.①中小企业-网站-开发-高等职业教育-教材②中小企业-网站-管理-高等职业教育-教材 Ⅳ.①TP393.092

中国版本图书馆CIP数据核字（2014）第139907号

责任编辑：束传政
特约编辑：徐　堃　薛　阳
印　　刷：北京虎彩文化传播有限公司
装　　订：北京虎彩文化传播有限公司
出版发行：电子工业出版社
　　　　　北京市海淀区万寿路173信箱　邮编100036
开　　本：787×1092　1/16　印张：15.75　字数：252千字
版　　次：2010年11月第1版
　　　　　2014年7月第2版
印　　次：2020年12月第7次印刷
定　　价：35.00元

凡所购买电子工业出版社图书有缺损问题，请向购买书店调换。若书店售缺，请与本社发行部联系，联系及邮购电话：(010)88254888，88258888。

质量投诉请发邮件至zlts@phei.com.cn，盗版侵权举报请发邮件至dbqq@phei.com.cn。

本书咨询联系方式：(010)88254608。

再版前言

随着计算机技术与网络通信技术的飞速发展，计算机网络应用已经渗透到社会经济领域的各个方面。中小企业网站建设与管理既是信息化推进的基础，也是网络经济发展的关键环节。网络经济促动国民经济快速发展，企业网站运营作为现代科技进步催生的新型生产力，不仅在拉动内需、解决就业、扩大经营、促进经济发展、加速传统产业升级、提高企业竞争力等方面发挥着重要作用，而且也在彻底改造企业的经营管理、并在深刻地改变着企业商务活动的运作模式，因而越来越受到各级政府和各类企业的重视。

随着世界经济一体化进程的加快、我国加入 WTO 和中国市场全面对外开放，面对全球经济的迅猛发展与国际化市场的激烈竞争，企业要生存、企业求发展，就必须加强网站建设与管理，就必须强化企业网站建设管理知识操作型应用人才的培养，这既是我国各类企业加快与国际经济接轨的战略选择，也是本教材出版的目的和意义。

本书作为高职高专计算机应用专业的特色教材，自出版以来，因写作质量高、而深受全国各类高校广大师生和中小企业的欢迎，于 2011 年被北京市教育委员会评审为“北京高等教育精品教材”，并于 2012 年被国家教育部评为“十二五”职业教育国家规划教材。此次再版，严格按照国家教育部关于“加强职业教育、突出实践技能培养”教育教学改革的要求，结合读者提出的意见和建议，作者审慎地对原教材进行了反复推敲和认真修改，在保持原书特色的基础上，美化优化设计方案、注重项目开发规范性、浏览方便、更新案例和数据资料，补充了新技术内容及前沿知识，以使其更贴近现代经济生活发展实际，更符合社会企业用人需要，更好地为我国网络经济和网站建设教学实践服务。

本课程是高等职业教育计算机应用和网络管理专业的核心课程，本书以学习者应用能力培养为主线，坚持以学科发展观为统领，紧密结合国内外网站建设发展的新形势和新特点，根据网站建设管理的基本过程和规律，围绕中小企业网站建设与管理所涉及的各工作环节和流程，分十章介绍：需求分析、网站规划、工具规划、页面设计、后台设计、网页测试、网站管理、网站推广、企业验收与评价、网站升级等基础理论知识，并通过实践课堂加强技能训练、提高应用能力。

本教材由李大军统筹组织，梁露主编、并具体策划设计，赵立群、关忠为副主编，由我国信息化网络专家冀俊杰高级工程师审定。作者编写分工：牟惟仲（序言），梁露（第1章），李伟（第2章），关忠（第4章、第5章、第9章），吴霞（第3章），金颖（第6章），赵立群（第7章、第8章），梁露、关忠（第10章），刘晓晓（附录）；华燕萍（文字修改和版式整理），李晓新（制作课件）。

在教材再版过程中，我们以紫禁城房地产公司网站为例，参阅借鉴了中外有关企业网站建设与管理的最新书刊、企业案例、网络信息以及国家历年颁布实施的相关法规和管理规定，并得到计算机行业协会及业界专家教授的具体指导，在此一并致谢。为了方便教师教学，本书配有电子课件，读者可以从电子工业出版社网站（www.phei.com.cn）或者华信教育资源网（www.hxedu.com.cn）免费下载使用。因作者水平有限、书中难免存在疏漏和不足，恳请专家、同行和批评指正。

编　者

2014年5月

目　录

第1章　需求分析

本章导读

随着企业规模扩大，市场范围扩大，商品增多，越来越多的企业利用电子商务手段来提升其竞争力。网站建设工作是电子商务发展的基础。网站的建设，一方面应满足企业扩大影响力的需要；另一方面，要为服务对象提供更多的信息。此外，还要时时接受管理者的监管。无论是商业企业、汽车企业，还是房地产企业，都开始建设自己的电子商务网站；其服务对象越来越依赖网站获取信息。本章将就网站的一般功能和建设网站的一些必要环节进行介绍，使读者全面了解网站建设的系统工作。

1.1　网站功能介绍

企业在确定创建电子商务网站时，应该有明确的建站目的。根据这一目的，确定网站的功能。主要的建站目的有三类：单一的形象宣传、数据展示和电子商务。

1.1.1　形象宣传

以形象宣传为建站目的的情况非常适合下述企业：企业规模为中小型，企业的知名度比较小，对电子商务能否为企业带来利益持怀疑态度。如果这时创建电子商务网站，企业往往会比较谨慎，网站的创建规模有限，属于初步的尝试阶段。利用网站做企业的形象宣传成为其主要功能。

在具体实施过程中，企业准备的资料应包括以下内容：

- 公司 VI（视觉设计）系统资料。如无完善资料，至少要具备 Logo（企业标识）及标准色。
- 公司介绍性资料，如公司简介、形象图片、产品及图片、包装样品等尽量详细的图片。
- 公司业务资料，包括产品的文字资料及市场资料。
- 确定的负责人。为保证制作质量，相互沟通是必需的。在网页制作期间，负责人应明确。
- 其他资料，包括公司需要在网站上宣传的其他资料。

从图 1-1 可以看出，海南蓝视科技有限公司的网站就是以企业形象展示为主。在主页上，用户可以了解到公司动态、业务服务、人才招聘、客户案例、“关于我们”等几方面内容。对于具体的服务，没有提供交互式窗口，也没有显示价格信息。作为交易对象，如果想与该公司交易，可以借助网站提供的联系方式。可以说，网站为该企业提供了一种形象宣传方式，为全面开展电子商务打下了基础。

图 1-1 海南蓝视科技有限公司主页

1.1.2 数据展示

以数据展示为建站目的的情况适合下述企业：企业发布的信息主要是关于产品价格、服务收费标准、产品规格、产品数量等数据，如果采用形象展示的方式就不合适。当然，这里的数据不单指阿拉伯数字。数据包括不同类型的数字、字符、计算公式等信息，还包括其他多媒体信息。

1. 静态数据展示

数据展示方式对部分企业十分适用，从图 1-2 可以看出，金源新燕莎 MALL 网站（http：//www.newyanshamall.com/）开展一系列促销活动。销售产品的内容和价格通过网页展示给用户，数据信息量大，内容更新快，对企业营销十分有效。由于该网页只提供企业信息，没有用户与企业交流的内容，所以对于所发布的信息本身来说，一经发布，就是静态的数据，直至企业用新信息来替代现有内容。对于用户来说，打开该网页，可以被动地接收，而没有主动询问的机会。这样的数据展示通常随企业促销活动的主题而改变。可以说，这是一种以企业为主的数据展示方式。

2. 动态数据展示

通过图 1-3 可以看出，在新浪汽车的网页上，用户可以清楚地浏览到汽车信息，如车型、价格、厂商、品牌等数据。这样的网页是企业数据展示的窗口，是用户快速、准确获得信息的桥梁。由于网页提供了交互式的工作界面，用户可以通过网页主动地获得数据，如奥迪品牌，A4L 型号汽车的情况，以及品牌、官价、排量等其他数据。这样的数据展示随用户的选择而改变内容，但是不完成网络订购任务。因此，这是一种用户主动的数据展示方式。

图 1-2　金源新燕莎 MALL 网站的促销信息

图 1-3　新浪汽车网的主页

1.1.3　电子商务

当企业的管理集团明确认识到电子商务对企业长远发展有促进作用时，当同行业企业已经开始创建网站时，当企业的资金有了保障时，当企业的信息化程度比较高时，企业将以电子商务为目的创建网站。

图 1-4 所示为艺龙旅行网国际机票预定页面，除了提供出发城市、到达城市、出发日期、到达日期外，与单一的数据展示不同的是提供预订功能，客户可以按照订票规则的要求选择需要的机票，然后提供相关信息，确认无误后即可支付。

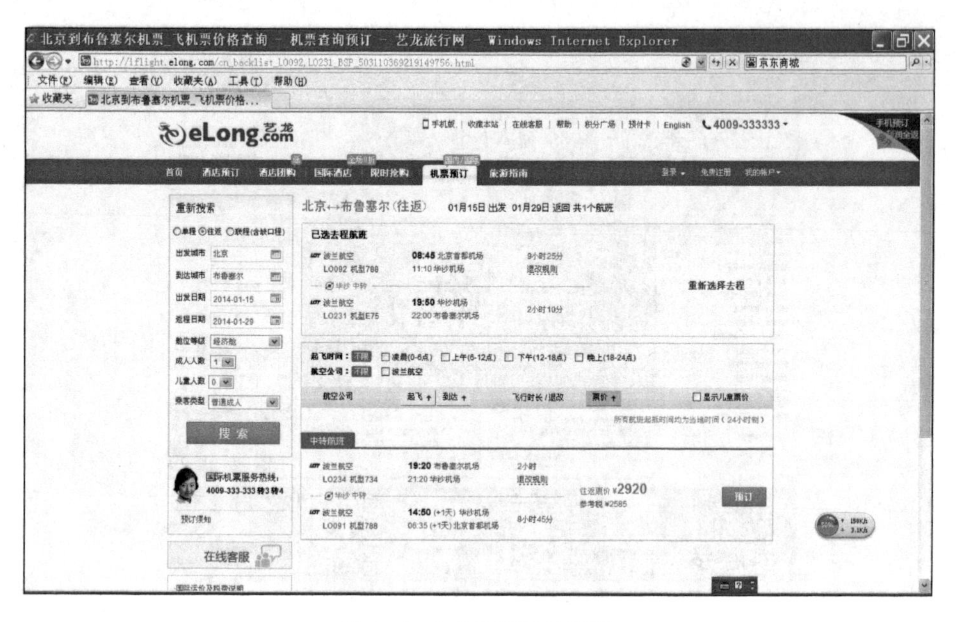

图 1-4 艺龙旅行网的页面

在这里，网站的功能比起形象展示和数据展示，功能更加完善，概括起来通常包括公司概况、产品/服务、顾客服务、网上调查、网上联盟、网上销售等。

总之，企业网站的功能取决于企业本身的业务要求，取决于客户的需求，取决于行业发展的要求。究竟应当包含哪些功能，应根据企业的市场定位来设置。

1.2 企业提出需求

对于初次尝试电子商务的企业，需要一个比较漫长的过程来明确企业的具体需求；需要比较同行业企业的情况，调查企业内部实力，探索技术发展趋势，等等。这对于企业来说，不是一件易事。有经验的网站开发方有必要引导企业明确地提出需求。

综合起来，需要明确的功能包括：新闻发布管理、产品发布管理、在线调查、会员注册管理、信息检索系统、在线反馈、资料下载管理、反问监测统计、在线招聘管理、期刊发布、在线订购、留言板及 BBS。

1.2.1 引言

引言部分是双方对网站开发的初步说明，一般需要明确企业创建网站的目的，有哪些人员参与此项目，双方创建网站需要突出说明的问题，以及作为企业一方需要准备的相关文件等。

1.2.2 版本及源代码

在这里要提供使用软件的情况，包括系统软件和应用软件，并提供涉及到网站的程序代码，供版权所有者或维护者使用。

1.2.3 网站主要频道页面名称和流转关系

由于一个网站的栏目通常由企业根据需要指定，作为开发方，有必要以文字方式记录企业需要，并确定栏目之间的流转关系，便于在网站设计过程中完成导航和链接。

1. 根目录

首先，需要确定根目录。要明确主要的页面名称、页面标题、固定的路径、对页面的说明信息和完成的页面设计信息。这部分资料对于开发方来说，可以起到明确网站结构的作用；对于企业来说，可以用来指导日后维护和更新网站栏目。填写根目录和文件关系的表格，如表 1-1 所示。

表 1-1　根目录和主要信息

页面名称	页面标题	全路径	说明	对应需求设计页面

2. 重要流转关系说明

有了根目录的说明，其他栏目都是连接在这个结构下面的，需要一一对应说明，即有哪些栏目？对应的文件是什么？固定的路径是什么？对这个栏目的要求有哪些？填写栏目的目录和文件关系的表格，如表 1-2 所示。

表 1-2　各栏目的网站默认目录

文件/文件夹名称	全 路 径	说　　明

网站结构从根目录开始，顺序延展。如果有条件，可以用组织结构图的方式勾画栏目之间的关系。本书案例的栏目简单，不涉及组织结构图说明。

1.2.4　网站的留言板管理

网站的留言板是一个交互的窗口，这里的信息量大，用户来源分散。例如，紫禁城房地产公司的客户、管理者、内部员工和过客，都可以成为合法用户。对网站留言板的管理，从网站建设之初就要考虑，以保证网站的合法性和安全性。

1.2.5　网站的信箱管理

网站的信箱是紫禁城房地产公司内部，以及紫禁城房地产公司和客户之间交流的窗口，这里的信息量大，用户来源分散。紫禁城房地产公司的客户、管理者、内部员工和过客，都可以成为合法用户。对网站信箱的管理，从网站建设之初就要考虑，以保证网站的合法性和安全性，减少垃圾邮件，提高网站工作效率。

1.3 开发方进行分析

网站开发方，应根据企业提出的具体需求，在广泛调查研究的基础上提出建议。需要分析的因素包括市场条件、人员条件、技术条件和资金条件。

1.3.1 市场

企业电子商务活动的最终目的是通过网站宣传和销售自己的产品或服务，提升企业的知名度，为产品或服务提供售后服务或技术支持，在此基础上，实现利润目标。只有那些适合用于电子商务的产品或服务会得到网上购买者的认同。企业在进行市场分析时，要考虑以下几个方面。

1. 目标市场定位

企业应当调查在传统形式下所面对的个人消费者群体的详细情况，如消费群体的年龄结构、文化水平、收入水平、消费倾向、对新事物的敏感程度等。据中国互联网络中心2013年7月发布的报告显示，截至2013年6月底，中国上网用户总数为5.91亿人，其中男女性别比例情况如表1-3所示，上网用户年龄段比例情况如表1-4所示，用户的不同文化程度如表1-5所示，用户的职业分布特点如表1-6所示，用户的月收入状况如表1-7所示。

表1-3 上网用户男女性别比例

用户性别	男性	女性
所占比例/%	55.6	44.4

表1-4 上网用户年龄段比例

年龄段	10岁以下	10～19岁	20～29岁	30～39岁	40～49岁	50～59岁	60岁以上
所占比例/%	1.3	23.2	29.5	26.1	12.6	5.2	2.0

表1-5 上网用户的不同文化程度比例

文化程度	小学及以下	初中	高中	大专	大学本科及以上
所占比例/%	11.2	36.3	32.3	9.4	10.9

表1-6 用户的职业分布状况

用户的职业	所占比例/%	用户的职业	所占比例/%
学生	26.8	制造生产型企业职工	3.5
党政机关事业单位领导干部	0.5	个体户/自由职业者	17.8
党政机关事业单位一般职员	3.9	农村外出务工人员	2.6
企业/公司管理者	2.8	农、林、牧、渔劳动者	5.2
企业/公司一般职员	10.6	退休	3.3
专业技术人员	6.8	无业/下岗/失业	11.2
商业服务业职工	3.7	其他	1.2

表 1-7　用户月收入状况

个人月收入	所占比例/%	个人月收入	所占比例/%
无收入	8.9	2001～3000 元	17.5
500 元以下	14.9	3001～5000 元	18.1
501～1000 元	12.1	5001～8000 元	6.5
1001～1500 元	7.9	8000 元以上	4.7
1501～2000 元	9.6		

在上述用户中，并不是所有人都会成为电子商务网站的用户。据中国互联网络中心 2013 年 7 月发布的数据表明，网络购物用户规模 2.71 亿人，半年增长 11.9%；网络购物使用率继续上升，已达到 45.9%。通过表 1-8 和表 1-9 可以看出，网络购物用户在 2013 年有大幅度增长。

表 1-8　网络购物网民规模

用户访问状况	2013 年初	2013 年 6 月
网民规模/亿人	2.4211	2.71

表 1-9　网络购物使用率

用户购买商品或服务的状况	2009 年	2013 年
使用率/%	28.1	45.9

据中国电子商务研究中心 2013 年 8 月发布的报告显示，2013 年上半年，电子商务市场继续高速增长，截至 2013 年 6 月，全国电子商务交易额达 4.35 万亿元，同比增长 24.3%。其中，B2B 交易额达 3.4 万亿元，同比增长 15.25%。

在传统形式下企业所面对的单位消费者群体的详细情况，一般称之为交易对象的情况。例如，交易对象是否喜好新生事物，喜好新的交易方式；是否有电子商务经历；是否有好的金融信誉；交易对象可提供的产品或服务是否全面、准确等。对于那些经历过电子商务的交易对象而言，交易过程会比较简单、明确，而且易达成交易。对企业来说，和自己有供应链关系的交易对象应当首先作为电子商务的对象。如果供应链上的交易对象很多，企业电子商务网站创建的价值会更大。

2. 市场的环境

准备参与电子商务的企业，将面对一个崭新的市场，要分析的问题很多，如所在地区经济发展状况，政府在经济活动中扮演的角色，企业所在地及周边地区的基础设施状况，同行业企业的电子商务活动参与程度等。毫无疑问，如果同行业企业到目前为止还没有参与到电子商务中来，哪个企业越早参与电子商务，它获得成功的可能性就越大；反之，如果同行业企业大都进行了电子商务活动，某企业还在犹豫不决，该企业必定会在较短时间内失去较大的市场份额。

具体来讲，企业要分析如下市场环境要素。

（1）经济发展状况

所在地经济发展状况越好，经济实力越强，将带动企业整体实力提高。有实力的企业在参与电子商务时会给其他消费者或企业以较好的印象，企业也有可能加大对电子商务网站建设的资金支持，电子商务活动才能形成规模，获得效益。

（2）政府的作用

在电子商务网站的建设过程中，政府的作用十分重要。有发展眼光的政府，将大力促进电子商务在本地区普遍实现，并将此作为政府政绩的重要体现。企业如果在这样的地区，其电子商务发展将比较顺利。作为政府部门，可以为企业从宏观上提供指导，对企业之间电子商务的形成与最终实现起到推波助澜的作用；反之，如果政府部门不了解电子商务，只顾眼前利益，甚至反对这样的新生事物，企业就不可能顺利实现电子商务活动，网站的建设就没有必要了。

（3）基础设施状况

企业建设电子商务网站不能脱离所在地区基础设施状况，基础设施的状况直接关系到企业未来电子商务能否实现。如果企业所在地区的基础设施完备，企业在构筑电子商务网站建设方案时，可以尽情地享用已有资源，不必为通信速度、网络安全、服务质量和费用等问题而担心。基础设施现状包括是否随时可以连接到 Internet 主干网，带宽情况，是否有快速的 ISDN、ADSL，光纤通信网和卫星通信网现状，以及多媒体技术应用情况等。

（4）同行业企业的情况

在分析同行业企业情况时，要特别注意这些企业的电子商务发展进程，以便把握本企业在整个行业内所处的地位。由于电子商务将在未来决定企业的市场份额，若本企业起步太迟，必将失去市场。

3. 产品与服务的特点

获得产品或服务是进行电子商务活动的最终结果。企业有必要分析究竟什么样的产品或服务适合电子商务的范畴，应该利用电子商务网站进行宣传或销售？交易对象最熟悉的企业和品牌有哪些？电子商务是否适用于一切产品或服务？电子商务是否能对消费者产生消费推动作用？通过研究上述问题，确定本企业用于电子商务的产品或服务，更可以提供一些非电子商务所不能的服务。

作为提供房地产信息的网站，主要有两种类型，一种是以中介面貌出现的网站，如图 1-5 所示；一种是房地产公司开发的网站，如图 1-6 所示。网站的服务不同，所以其内容与特点也不同。

4. 价格

价格经常是决定交易成功与否的关键因素。这里分析的价格通常包括两个部分。一方面，是电子商务网站提供的产品或服务的价格；另一方面，是交易对象通过网站交易的成本。企业应当分析哪些产品或服务的价格容易波动？不同对象对于产品或服务的价格的承受能力怎样？交易对象对价格变动频率的适应程度如何？企业可以利用电子商务网站对那些经常变动价格的产品或服务进行动态宣传。与此同时，如何降低交易成本，使交易的达成不会给交易双方增加经济负担，也是电子商务企业要面对的

图 1-5　中介网站页面

图 1-6　房地产公司网站页面

问题。

除去上网费用外，规划电子商务网站还要考虑物流配送的价格。

案例

以某家网上商城的配送价格来看，用户自取零收费；用户到就近的邮局自取，2 元/单；送货上门，10 元/单。上述价格适用于城区，如果在稍远的地区，收费标准将提高。

某网上书店有如下收费标准：北京城区送货每次5元。国内其他地区（除北京以外）购书款低于50元的，平邮费为书款的15%；50～500元的为10%；500元以上的免费。采用EMS快运，送货费为书款的50%，但购书款不少于15元。如果一本书的书款为30元，北京城区的顾客要多负担16.7%的配送费，外地顾客要多负担4.5元的邮寄费，国外顾客需要负担的费用更高。对于B2B的大批量配送，价格另议。

5. 物流配送方式

网站上的交易一旦确定，企业要提供配送服务。企业在分析市场交易量与交易范围的同时，要调查企业对产品或服务送达渠道的需求情况。只有拥有广泛的配送渠道，采用多种配送方式，提供便捷的服务，才能最终实现电子商务活动。

目前，配送的主要方式包括：用户到网站自取、用户到指定的代理商店自取、用户到邮局自取、网站送货上门、第三方物流等。如果交易双方同处一个城市或地区，配送比较容易实现，可选择的配送工具比较丰富，比如自行车、汽车等；如果交易双方处于不同城市或地区，配送比较困难，可选择的配送工具有限，而且配送工作需要借助多种工具才能完成，比如火车、轮船、飞机再转乘汽车等。无论网站最终选择什么配送方式，在网站的规划、设计中均要有所体现。用户自取对于网站来说是最好的方式；网站送货会大量占用网站的资金和人力，成本比较高；第三方物流是发展方向。

小贴士

所谓第三方物流（Third Party Logistics，简称TPL），是指物流的实际需求方（第一方）和物流的实际供给方（第二方）之外的第三方部分或全部利用第二方的资源，通过合约向第一方提供的物流服务。

一个好的物流系统由众多要素组成，客户数和配送系统是两个最关键的因素。电子商务说到底还是商务，有再先进的平台，再先进的技术，没有基础的客户和配送网络都不行。当然，可以花钱买，但购买的代价很高；而且买来现成的东西，想继续拓展的时候依然存在这些问题。对于房地产网站来说，不存在物流配送方式的问题。

6. 营销策略

网络营销是在互联网络上开展营销活动的一种方法。也有人说，足不出户就可营销天下！这就是网络营销。企业可通过Internet建立网站，传递商品信息，吸引网上消费者注意并在网上购买。有人预计，网上购物将是21世纪人类最主要的购买方式。在我国，随着时间的推移，将有越来越多的消费者在网上选购商品。

企业有必要在调查研究的基础上，分析其产品或服务的特点，分析交易对象的特点，确定本企业的网络营销策略。作为新兴的营销方式，网络营销虽然具有强大的生命力，但就目前在国内的发展状况而言，会遇到不少阻力。企业面对的系统缺乏法律与规范的约束，没有完全的安全保证，用户的认知率低，所以宣传与推广成为网络营销的重要工作。

下面介绍的成功案例可以给实施网站创建工作的企业一些启示。

案例

上海海智贸易有限公司是一家生产电位器的企业，该企业采用的常规的销售推广方式为参加展销会，或者印刷产品目录后邮寄给潜在客户，或是在杂志报刊上登广告，每年的广告费用一般为3、4万元，但总感觉效果不是很好。

公司领导经过认真分析，认识到，作为一家小型企业，特别是公司正处于创业期间，宣传经费原本就不多，更应注重宣传效果。发送E-mail广告信的推广方式，采用发送买卖消息的软件，购买一些网站的会员服务，……，这些五花八门的推广方式中，哪个比较有效？

上海海智贸易公司领导抱着试试看的想法，将公司网站放在搜索引擎上，结果全国各地的很多客户打电话来询问电位器的情况。虽然不是能跟每位打来电话的客户都做成生意，但是平均每天都有5～10位新客户来咨询产品信息。现在，海智贸易公司采用了所有的网上推广方式，充分利用搜狐、新浪、网易、3721、百度、Google等网站发布产品信息。

1.3.2 人员

不管什么产品或服务，要让用户接受，最关键的是要让他们知道网站提供的东西能为其带来什么利益。对于决策层，可以从战略层面或企业发展前景等宏观的方面入手；对于管理层人员，可以从技术的先进性对工作效率的提高、对关键事务的把握等方面入手；对于执行层人员，更多的是从他们身上获取有用的信息，并加以运用，但没必要过多纠缠。

无论是在企业电子商务网站的创建过程中，还是电子商务网站创建后的使用阶段，对人员的需求都会与以往有所不同。企业有必要进行人员的重新配置，以适应这一变化的需要。

具体来讲，企业开展电子商务活动，创建和维护网站等工作需要以下几类人员。

1. 技术支持人员

这部分人员主要负责电子商务网站创建、维护等技术工作，包括网络环境的规划设计工作、系统管理工作、主页制作与更新工作、程序开发工作、网站初期试用与调试工作、系统维护与完善工作等。由于在传统模式下的经营方式中，对这类技术人员的需求有限，企业的人才储备大都严重不足。社会潜在的人力资源中，一般水平的技术人员大有人在，而具有系统分析能力、熟悉网络管理、掌握网络操作系统和数据库技术的较高层技术人员十分匮乏。企业要有人才意识，要配置好企业电子商务所需的各种技术人员。

在配置企业电子商务技术人员时，应当注意其技术的全面性、系统性及连续性等方面。由于在创建网站的过程中，涉及到的技术非常丰富，只有技术人员的全面互补，网站创建才能顺利实现。就系统性而言，网站的技术人员应该具有系统分析能力，能够把握整个系统的创建，对于系统的分阶段开发有统一的构想与深入的计划；否则，企业的网站朝不保夕，很难长久。由于IT企业人员流动性较强，技术人员更是如此，企业对这一点要有充分的考虑，不能因为人员流动，使得网站滞动，这对企业的危害很大。

2. 普通应用人员

在网站创建后，主要由普通应用人员来从事和管理日常的电子商务活动。他们往往是企业中的一般工作人员。这些人员一般不关心电子商务的技术问题，只要求其掌握常规的操作方法。由于对技术没有深入的研究，所以他们对电子商务网站的要求是操作简单，维护方便。企业对这部分人员在技术上不能有太高的要求，但要使他们树立电子商务意识，特别要让他们了解电子商务可能为企业带来的好处。在配置这部分人员时，教育培训必不可少。普通应用人员的应用水平和对工作的态度，直接影响电子商务网站经营的效果。

例如，对用户意见的反馈是否周到、负责？反应的速度是否及时？如果对于用户的意见反馈迟钝，或者根本没有反馈，用户对该企业的网站会失去信心。

应对网站的工作，信息搜集必不可少。这部分工作离不开相关人员每天的常规工作质量与效率。网站只有提供广泛的信息量，以及对问题深入的研究，用户在访问时才会有比较大的收获；网站的用户多，其效益才会显现。

用户与企业的联系密切与否，与网站工作人员的态度有很大的关系。企业的员工视用户为上帝，那么他所进行的工作一定是比较积极主动的。另一方面，只有与用户直接打交道的普通应用人员才最容易发现用户的需要，从而促进企业网站进一步完善。

3. 高级管理人员

企业的决策者们往往电子商务意识淡漠，让这样的人来管理电子商务，必然影响电子商务的发展。配置这部分人员，要优先为他们灌输基础知识，让他们懂得电子商务对消费者、政府、企业均有好处，电子商务可以为企业与政府之间、企业与企业之间、企业与消费者之间、政府与消费者之间搭建桥梁，便于对企业的管理与指导，便于政府与群众的沟通。只有这样，才可能管理好电子商务网站，促进电子商务的持续发展，给企业带来长远利益。

企业的高级管理人员不是一个人，而是一个集体；他们不是技术专家，也不是营销专家，但具有高瞻远瞩的远见、勇于创新的思想、不怕承担责任的工作态度。有了集体，对于新事物的认识才能相互启发，企业的决策才能扬长避短，不因某位CEO的个人状况影响整个网站的前景。

4. 其他相关人员

除必须配置的上述人员外，企业在创建电子商务网站过程中还需要方方面面的人员。这些人员可以是身兼数职的全才，也可以是企业临时聘用的人员，如掌握金融知识的人员，掌握法律知识的人员，掌握网络公共关系的人员等。对于房地产公司而言，需要销售人员和管理人员能够正确使用网站进行宣传和促销，帮助购房者了解更多信息，最终完成网络提交合同与合同备案工作。

小贴士

人员的合理配置是企业开展电子商务活动的必要条件之一。

1.3.3 资金

资金一直是企业进行任何活动的先决条件。企业在建设电子商务网站的时候也不例外。如果企业资金力量雄厚，可以选择先进的设备，良好的服务，高素质的人才；如果资金力量有限，建议选择中介服务。

资金是选择建设网站方案的重要依据。一些软件、硬件需要企业大量的资金投入，以保证运行的安全和稳定。

企业在进行建设网站的方案论证时，要把资金要素放在重要位置进行考虑。毕竟一个网站从建设、测试到运行，是一个持续的过程，不能中断中间的资金投入。不建议企业超规模建设网站。过度的资金投入，不一定带来加倍的收益。

1.3.4 技术

在各种相关技术中，有些是企业一开始创建电子商务网站就需要的，有些可能是随着电子商务发展到一定层次才会遇到的；有些是需要企业自己投资的，有些可以利用已有的公用资源或国家投资的资源。无论哪一种情况，都可能对企业创建电子商务网站产生影响。企业有必要在分析各项技术的基础上做好全面的准备。

1. 网络与通信技术

传递信息是网络与通信技术的主要功能。这项技术包括网络技术和通信技术两大类。

(1) ISO/OSI体系结构

企业创建电子商务网站离不开网络体系的创建。国际标准化组织确定的开放系统互联标准简称OSI七层结构。该系统模型包括物理层、数据链路层、网络层、传输层、会话层、表示层和应用层。这是各界建立网络的基础模型，在实际应用中还可以结合不同的情况加以改变，如增加子层，扩展某一层等。七层结构如图1-7所示。

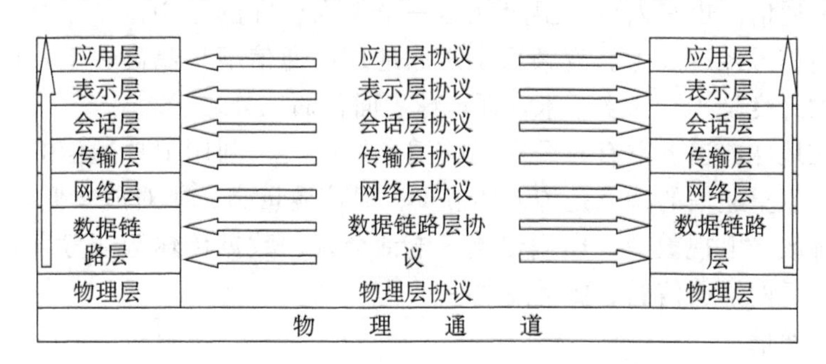

图1-7 ISO/OSI体系结构

企业在掌握了这样一个体系结构后，可以灵活地修改，以适合自己的应用特点。同时，该体系结构满足了不同企业创建网站时的网络系统的一致性要求，使得企业间的网络沟通更加便利。

(2) 局域网

局域网是一个数据通信系统，它在一个适中的地理范围内，把若干独立的设备连接起来，通过物理通信信道，以适中的数据速率实现各种独立设备之间的直接通信。

局域网的网络分布一般只有几千米，比如一座大楼内，一个相对集中的宿舍区内，一个工厂厂区内等。通常认为，局域网的覆盖面积不超过 10 平方千米，多为一个单位所有。

局域网选用的通信介质通常是专用的同轴电缆、双绞线或光纤专用线。局域网通信采用的主要是数字式通信方式。局域网信息传输时间短，信息响应快，管理相对简单。局域网投资少，不需要很高的运行维持费用，主要由所有权单位自己开发；企业如果进行这样的建设，其本身既是投资者，也是使用者、受益者。

企业在创建电子商务网站前一般会首先实现企业内部的信息化，这时将选择局域网，企业内部的信息交流较多地在网络上进行。一旦企业开始创建电子商务网站，前、后台就可以有机地结合起来，为网站上的用户服务。

（3）广域网

广域网是应用公共远程通信设施提供用于远程用户之间快速信息交换的系统。该系统的网络遍布一个地区、一个国家，甚至世界范围。大多数广域网选用的通信介质是公用线路，如电话线等。其通信以模拟方式居多，实际应用中普遍采用微波通信、光纤通信。由于广域网传输时延时长，远程通信要配置较强功能的计算机，并配置各种通信软件和通信设备，通信管理十分复杂。广域网虽然建设投资大，并且需要高额的运行维护费用，但企业只需要了解所在地区的情况，不需要企业直接投入。在我国，这项建设主要由电信部门完成，企业只是一般用户。

企业内部的局域网创建得再完善，也不能实现电子商务网站的全部网络需求。企业电子商务网站对用户的服务一定要与广域网结合起来，才可能扩大用户群，提供丰富的服务功能，满足不同用户的个性化需求。

（4）卫星通信

卫星通信系统由通信卫星和地面接收站组成，通过通信卫星的转发或反射来实现与地球之间的通信。也有人说，卫星就是一个无人值守的空中微波中继站，它把从地球上发来的电信号经过放大、变频后发送回地球。通信卫星高高在上，可以覆盖到地球表面的最大跨度是 18000 多千米，即地球表面积的三分之一。

目前，在地球赤道上空有百余颗通信卫星在运转，利用卫星通信的国家和地区达到 170 多个。卫星通信的特点是传输环节少、通信质量高、相对成本低，可提供电视、电话、电子邮政、电视教育、印刷传真、电话会议、数据传输等业务，企业可以将卫星通信作为日后网络通信的重要手段之一。

（5）光纤通信

光纤是光导纤维的简称，它只有头发丝那么细，由包层和芯层两部分组成。包层的折射率小于芯层的折射率。光纤可以像电缆一样做成多芯的光缆。光从光纤的一端按特定的角度射入，由于光在光纤芯和包层的界面处发生反射，所以被封闭在光纤内，经过多次反射后，从光纤的另一端传出去。

此外，光纤的纤维体积小，重量轻，柔软，不怕潮湿和腐蚀，可以埋在地下，也可以架在空中，敷设方便。光在光纤中传输损耗小，不怕雷击，不受电磁波干扰，没有串音，传输保密性好。目前全球光纤总长度在 1 亿千米左右，可容信息量是非光纤容量的数倍。企业可以利用已有的光纤设施传递信息，这将大大提高信息传递的速度与质量。

如果没有特殊需要，企业不必考虑采用哪种通信介质，只要能够满足通信服务的需要即可。

(6) 其他相关技术

除上述技术外，企业还应分析到网络多媒体技术、网络传播技术等。

2. Internet技术

Internet是全球最大、覆盖面最广的计算机互联网，其中文译名为因特网。它把全世界不同国家、不同部门、不同结构的计算机、国家骨干网、广域网、局域网等通过网络设备和TCP/IP协议连接在一起，实现资源共享。也有人说，Internet是由那些使用公用语言相互通信的计算机连接而成的全球网络。一旦连接Web节点，就意味着计算机已经连入Internet。

Internet的基本功能是共享资源、交流信息、发布和获取信息。从这个角度看，网站的创建离不开Internet技术。Internet的服务主要包括：WWW信息查询服务，电子邮件服务，文件传输服务，远程登录服务，信息讨论与公布服务，网络电话、传真、寻呼和网络会议服务，娱乐与会话服务。

3. EDI技术

20世纪90年代以来，EDI（Electronic Data Interchange，电子数据互换）成为世界性的热门话题。为竞争国际贸易的主动权，各国企业界和商业界人士都积极采用EDI来改善生产和流通领域的环境，以获得最佳的经济效益。全球性、区域性的各种EDI交流活动十分频繁，EDI以前所未有的高速度发展。

全球贸易额的上升使得各种贸易单证、文件数量激增。虽然计算机及其他办公自动化设备可以在一定范围内减轻人工处理纸面单证的劳动强度，但由于各种型号的计算机不能完全兼容，又增加了对纸张的需求（美国森林及纸张协会曾经做过统计，得出了用纸量超速增长的规律，即年国民生产总值每增加10亿美元，用纸量就会增加8万吨）。此外，在各类商业贸易单证中有相当大的一部分数据是重复出现的，需要反复输入（有人对此也做过统计，计算机的输入平均70%来自另一台计算机的输出，且重复输入使出差错的几率增高。据美国一家大型分销中心统计，有5%的单证中存在错误）；同时，重复输入浪费人力、浪费时间、降低效率。因此，纸面贸易文件成为阻碍贸易发展的一个比较突出的因素。

另外，市场竞争出现了新的特征。价格因素在竞争中所占的比重逐渐减小，而服务性因素所占比重增大。销售商为了减少风险，要求小批量、多品种、供货快，以适应瞬息万变的市场行情。而在整个贸易链中，绝大多数企业既是供货商又是销售商，因此提高商业文件传递速度和处理速度成为所有贸易链中成员的共同需求。同样，现代计算机的大量普及和应用以及功能不断提高，使计算机应用从单机应用走向系统应用；同时，通信条件和技术不断完善，网络逐步普及，为EDI的应用提供了坚实的基础。

由于EDI具有高速、精确、远程和巨量的技术性能，因此EDI的兴起标志着一场全新的、全球性的商业革命的开始。国外专家深刻地指出："能否开发和推动EDI计划，将决定对外贸易方面的兴衰和存亡。如果跟随世界贸易潮流，积极推行 EDI，就会成为巨龙而腾飞，否则会成为恐龙而绝种”。

企业电子商务网站建设离不开电子数据交换，所以研究 EDI 成为创建网站的重要工作。

4. 数据库技术

数据库技术是实现电子商务的重要技术支持。它主要包括硬件平台、软件平台、数据库管理人员和数据库用户四个方面。由于企业要创建自己的电子商务网站，因此一方面需要构筑自己的数据库系统，包括企业开发数据库所需的计算机设备、开发所需的操作系统、数据库开发工具、开发与管理人员、与前台链接的数据库技术等；另一方面，还要具备登录到 Internet 后共享其他资源时对数据库技术的各种需要，如共享资源所需要的硬件设备、软件平台，还要有掌握大型数据库使用方法并熟悉网络操作系统的人员等。

（1）CGI 技术

近几年，CGI（Common Gateway Interface）技术十分流行，它是最早的 Web 数据库连接技术，大多数 Web 服务器都支持这项技术。程序员可以依赖任何一种语言来编写 CGI 程序。它是介于服务器和外部应用程序之间的通信协议，可与 Web 浏览器交互，也可以通过数据库的接口与数据库服务器通信。如将从数据库中获得的数据转化为 HTML 页面，然后由 Web 服务器发送给浏览器；也可以从浏览器获得数据，然后存入指定的数据库。

（2）Sybase 数据库技术

作为老牌数据库产品，长期以来 Sybase 致力于 Web 数据库功能的开发与利用。其新产品可以建立临时的嵌入业务逻辑和数据库连接的 HTML 页面，建立超薄、动态、数据库驱动的 Web 应用。此外，Sybase 数据库技术可用于管理公司信息，为网站后台管理工作提供技术支持。

（3）Oracle 数据库技术

Oracle 是一种基于 Web 的数据库产品。它功能强大，可以建立直接用于 Internet 的数据库，也可以建立发展于 Internet 平台的数据库。通过 Oracle 的支持，大大节省了用户用于建立 Web 数据库的开支，使在线的商务处理、智能化商务得以实现。由于 Oracle 可以用于管理大型数据库中的多媒体数据，对于电子商务网站十分重要。

（4）IBM DB2 数据库技术

作为电子商务倡导者开发的 DB2 数据库具有非常适合电子商务网站功能的先天优势。它提供了对 Web 数据库的有力支持，某些版本提供对大多数平台的支持，使得该数据库技术广泛应用于电子商务。同时，DB2 支持大型数据仓库操作，提供多种平台与 Web 连接。

（5）SQL 数据库

SQL 是 Structured Query Language 的缩写，称为结构化查询语言。SQL 语言是数据库的标准语言，是对存放在计算机数据库中的数据进行组织、管理和检索的一种工具，是一种特定类型的数据库——关系数据库。当用户想要检索数据库中的数据时，利用 SQL 语言发出请求，数据库管理系统对该 SQL 请求进行处理并检索出所要求的数据，将其返回给用户。上述过程经常使用，所以掌握SQL十分重要。它的主要功能就是与各种数据库建立联系。对于一个电子商务网站，有可能需要连接多个数据库，这正是SQL的优势所在。

(6) Informix数据库技术

作为重要的数据库品牌之一的Informix数据库，提供了在UNIX和Windows NT平台的Web产品。它支持多种浏览器的功能，具有数据仓库功能。由于支持Linux，所以它能够提供多种第三方开发工具，在网站数据库建设方面有特殊的地位。

5. 安全技术

企业创建电子商务网站需要很高的安全技术作为保障。安全问题是阻碍电子商务发展的重要因素。由于Internet具有集成、松散和开放的特点，企业容易受到黑客的攻击。他们可能攻击网络，窃取他人商业信息，甚至破坏系统。在这样一个环境中，企业必须考虑各种保证安全的措施，包括防火墙技术、密码技术、数字签名技术、数字时间戳、数字凭证认证等。此外，企业在安全方面应考虑到计算机病毒干扰、自然灾害影响、电磁波辐射等。

(1) 数据加密（Data Encryption）技术

所谓加密，是指将一个信息（或称明文）经过加密钥匙及加密函数转换，变成无意义的密文；接收方将此密文经过解密函数、解密钥匙还原成明文。加密技术是网络安全技术的基石。

(2) 身份验证技术

身份识别（Identification）是指定用户向系统出示自己的身份证明的过程。身份认证是系统查核用户的身份证明的过程。人们常把这两项工作统称为身份验证（或身份鉴别），它是判明和确认通信双方真实身份的两个重要环节。

(3) 代理服务

在Internet中广泛采用代理服务工作方式，如域名系统（DNS）；也有许多人把代理服务看成是一种安全性能。从技术上来讲，代理服务（Proxy Service）是一种网关功能。

(4) 防火墙技术

在计算机领域，把一种能使一个网络及其资源不受网络“墙”外“火灾”影响的设备称为“防火墙”。用更专业一点的话来讲，防火墙（Fire Wall）就是一个或一组网络设备（计算机系统或路由器等），用来在两个或多个网络间加强访问控制，其目的是保护一个网络不受来自另一个网络的攻击。

(5) 网络反病毒技术

由于在网络环境下，计算机病毒具有不可估量的威胁性和破坏力，因此计算机病毒的防范是网络安全建设中重要的一环。网络反病毒技术也得到了相应的发展。网络反病毒技术包括预防病毒、检测病毒和消毒3个方面。

6. 电子支付技术

企业创建电子商务网站需要根据自身的条件，选择一种或多种电子支付手段。目前使用较多的电子商务支付系统有两种：SET结构和非SET结构。

SET（安全电子交易）是由VISA和MASTER CARD两家公司提出的，用于Internet 事物处理的一种标准，其中包括多种协议，每一种协议用于处理一个事务的不同阶段。通过复用公共密钥和私人密钥技术，单个 SET 事务最多可用 6 个不同的公共密钥加密。

非 SET 结构的电子商务支付系统指除了 SET 协议以外的其他协议的电子支付系统，包括 E-CASH、E-CHECK、智能卡、商家或其他机构发行的购物卡、银行卡等。

由于在线支付的方式存在安全隐患，很多在电子商务网站交易的个人或单位都选择传统的支付方式，如货到付款（一般个人消费者采用较多，现金交易占绝大多数）、电汇、支票预付款等。目前适用第三方电子支付平台的电子商务用户越来越多，如支付宝，对于创建网站的企业来说要充分考虑。

7. Java 开发技术

由于 Java 具有与平台无关的特性，一出现就成为电子商务网站开发语言。这项技术包括电子商务框架，即开发电子商务应用程序的平台和结构化框架；电子商务应用程序，即实现电子商务框架中的一些基本服务，使得开发者可以方便地创建各种电子商务应用程序；电子商务开发工具，即开发复杂电子商务应用程序所需要的特定工具。

8. 浏览器技术

浏览器是 Internet 的主要客户端软件。随着 Web 的发展，浏览器的地位越来越重要。目前最流行的浏览器主要包括火狐、谷歌、IE、Opera、搜狗、傲游、百度和猎豹。企业在开发网站之初，需要考虑各种主流浏览器的特征，并在开发过程中尽可能兼容不同浏览器的特点，以保证浏览者获得最好的浏览效果。

9. ASP 技术

ASP（Active Server Pages）技术的字面含义包括：ActiveX 技术，运行在服务器端，返回标准的 HTML 页面。ActiveX 技术采用封装对象，程序调用对象的技术，简化编程，强化程序间的合作。只要在服务器上安装这些组件，通过访问组件就可以快速、简易地建立 Web 应用。采用运行在服务器端的技术不必担心浏览器是否支持 ASP 使用的编程语言的通用性。浏览者在使用浏览器查看页面源文件时，可以看到 ASP 生成的 HTML 代码，而不是 ASP 程序代码。这样做的好处就是防止抄袭。

在创建电子商务网站时，ASP 主要用于动态网页的制作。虽然 ASP 本身不提供任何脚本语言，但它可以通过 ActiveX Script 标准界面使用各种各样的脚本语言。比较通用的脚本语言包括 ASP 默认的脚本语言 VBScript 和 Internet Explorer 默认的脚本语言 JScript。

10. ASP. NET 技术

ASP. NET 的语法在很大程度上与 ASP 兼容，它还提供一种新的编程模型和结构，可生成伸缩性和稳定性更好的应用程序，并提供更好的安全保护。可以通过在现有 ASP 应用程序中逐渐添加 ASP. NET 功能，随时增强 ASP 应用程序的功能。ASP. NET 是一个已编译的、基于 . NET 的环境，把基于通用语言的程序在服务器上运行。将程序在服务器端首次运行时进行编译，比 ASP 即时解释程序在速度上要快很多，而且可以采用任何与 . NET 兼容的语言。正是这样，目前建设网站的技术人员热衷于只采用这项技术。

11. PHP技术

PHP是Personal Home Page的简称，是Rasmus Lerdorf为了维护个人网页，而用C语言开发的一些CGI工具程序集，用于取代原先使用的Perl程序。PHP的特性是：所有的PHP源代码事实上都可以免费得到，十分便捷，容易学习和掌握；可以直接嵌入HTML语言，节约系统资源。现在采用这项技术开发网站的用户越来越多。

12. 网页制作技术

由于网页是用户访问网站首先接触到的内容，所以有人说，网页是网站的核心内容。也有人说，网页就是浏览器窗口出现的文件。当用户使用URL时，该文件被调用，并且出现在窗口中。可见，对于用户来说，网页十分重要。目前比较流行的网页制作技术包括以下几项。

（1）Macromedia Dreamweaver技术

Macromedia Dreamweaver是由Macromedia公司开发的用于网页制作的专业软件。它具有可视化的特点，而且可以制作跨越平台和跨越浏览器的动态网页，受到专业人士的普遍欢迎。对于非专业人士来说，Macromedia Dreamweaver可以脱离代码的编写过程，直接看到网页编辑的结果。这无疑推动了该技术的普及与推广。Macromedia Dreamweaver的主要功能包括动态内容发布，站点地址编辑，图形艺术工具，增强的表格编辑功能，完善的高效特点，可扩展环境。

（2）Macromedia Fireworks技术

Fireworks是一个网页设计的图形软件。作为图像处理软件，Fireworks可导入多种图像，如PICT、PSD、GIF、JPG、TIFF等格式，对于丰富网页内容，美化宣传对象有非常显著的作用。Macromedia Fireworks在图像处理技术方面，还有切图、动画、网络图像生成器、生成鼠标动态感应的JavaScript等功能。

（3）Flash技术

Flash技术是一种交互式矢量多媒体技术，目前比较普及。该技术与Macromedia Dreamweaver和Macromedia Fireworks被称为网页制作的“三剑客”，大多数专业技术人员在网页设计中多使用这三种技术。Flash的主要特点是：基于矢量的图形系统，使用时可以无限放大或缩小，不会影响图像的质量；存储空间小，适合用于网站；提供插件工作方式，调用速度快，容易下载和安装；提供多媒体的增强功能，如位图、声音、变色、通道的透明等；采用准“流技术”，可以一边下载，一边观看。

Flash技术在网页设计和网络广告中的应用非常广泛。有些网站为了追求美观，甚至将整个首页全部用Flash方式设计。但Flash网站可能存在部分浏览方面的问题，也存在另一种先天的缺陷，即搜索引擎无法识别Flash中的信息，网站推广的效果将大受影响。因此在决定采用Flash网站时，应该首先考虑到搜索引擎优化设计问题。

（4）FrontPage技术

作为微软公司Office软件包的成员之一，FrontPage本身就有普及和易学的特点；再加上对DHTML的支持，使其更容易被用户接受。它的另一个特点是“所见即所得”，非常适合非专业人员，不必关心HTML语言的用法，就可以制作出比较专业的网页。目前该技术的利用率不高。

网站的创建会使用到许多技术，在此不一一赘述。

1.4 需求的再次修改与确认

企业在完成调研的基础上提出的需求，已经和开发者进行过交流。在这个环节，开发者通常会就技术服务提出自己的建议，有些是企业所熟悉并已经提出的；有些是企业不熟悉的，在初步方案中没有的。这时，双方应根据需求方的意见，参考开发经费，依照开发周期来修改初步方案。

1.4.1 修改需求

在修改需求时，要把原来的需求与需要调整的需求进行对照，以保证完成的建设任务无误。可采用表 1-10 所示的网站建设修改意见表，记录具体的变化。

表 1-10 网站建设修改意见表

序号	原需求	原设计方案	现需求	新设计方案	备注
1					
2					
3					
⋮					

1.4.2 确认需求

由于发生的变更可能涉及法律层面的问题，需要双方签署正式的变更文件，如表 1-11 和表 1-12 所示，以保证变更的合法性。

表 1-11 变更记录表

××××公司
网站建设变更洽商单
项目名称：××××公司网站建设与维护
合同号：
致：××××公司 由于____。 兹提出________________变更（内容见附件），请予审批。 附件： 1. 变更报价表 2. …… 提出单位 代 表 人 日 期 一致意见： 用户方代表 施工单位代表 项目监理机构 签字： 签字： 签字： 日期： 日期： 日期：

表 1-12 变更报价表

序号	项目名称	主要技术参数	厂商/产地	单位	数量	单价/元	合计/元
1							
2							
3							
⋮							
合计							

小贴士

在实际完成网站建设任务时，企业方的需求大多会有变化，作为开发方，要有所准备。其一，根据企业要求调整设计方案，完成建设任务，以保证企业利益；其二，记录变更内容，签署相关文件，以保证开发方利益；其三，双方合作建立在法律保证层面。

1.5 双方确定网站建设意向，细化合作内容

网站建设流程的起点和终点都是企业。开发者在深入了解用户需求的基础上，探讨并提出开发方案，在企业基本确认的前提下，开发人员开始开发和整合工作，经过各种环境下的测试和试运行，最后交付给企业使用，同时需要提供维护、修改的服务。双方在合同框架下，对于开发成果进行验收。图 1-8 所示是网站建设的简单流程：

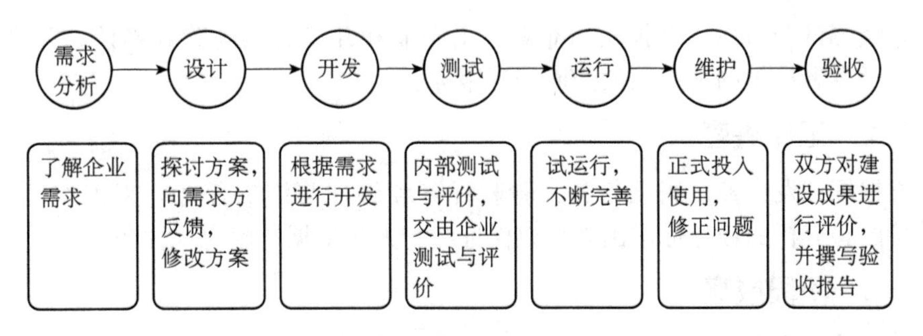

图 1-8 网站建设流程图

1.5.1 工作目标

1. 网页设计

根据策划方案和企业的需求，网页设计师设计出网站的首页，以及二、三级页面模板，并确定网页栏目布局、色调和风格。

2. 网络动画制作

动画制作需要结合网站建设目标，通常提供片头动画、形象宣传动画、功能展示动画、全动画网站、全景展示、视频转换等多项动画制作功能。这些功能非常适合房地产网站宣传使用。

3. 网页制作

网页制作工作是将设计师的设计稿制作成主流浏览器都可以浏览的网页格式，是对设计师设计的再创作。网页制作同时负责对网站内容进行安排，合理制作链接，使浏览者可以在最短的时间内找到最想得到的内容，实现网页带给浏览者的真正价值。对于房地产网站，导航栏的设计与制作是非常重要的，它可以帮助浏览者迅速找到需要的信息，甚至是直接签署电子合同。

4. 功能定制开发

在众多功能中，企业会结合自己的需要提出非常明确的功能开发要求。企业的要求越具体，开发者的工作越容易完成。但是不排除企业的需求在开发过程中会产生变化，使得开发者的工作出现反复。紫禁城房地产网站的主要功能包括：会员专区、新闻公告、买房、卖房、求租、出租、公司简介、留言板等。

5. 整站测试

在网站建设各道工序中进行过程测试；在整体网站建设完成后，进行整站测试。

6. 网站管理与维护

管理和维护是网站持续发挥营销和宣传作用的重要保证。有些网站自从建设完成以来就没有专人维护，客户访问时发现信息非常陈旧。这对于网站建设者来说，就没有发挥网站的宣传作用。紫禁城房地产网站提出了非常具体的管理与维护要求，对于开发者来说，需要建设的网站要便于企业自行维护，开发者应当提供技术培训，提供用户使用说明书，并提供完善的售后服务。

7. 网站验收

网站经测试合格后，会提交给企业，由企业和开发者共同验收确认；并在企业验收后，由开发者提供网站应用的全面培训服务。

1.5.2 工作进度

双方根据开发任务、测试任务、验收任务和管理与维护任务，将工作任务细化，使用甘特图将分析的任务标示出来，以保证参与人员根据进度完成任务。

1.5.3 阶段成果

这里的阶段成果需要双方根据建设与维护任务来明确。一般把建设与维护任务分为调研阶段、设计阶段、论证阶段、开发阶段、测试阶段、维护与修改阶段和验收阶段几个环节，可以把每个环节要完成的任务以书面方式确定下来，然后进行阶段成果的跟踪。

1.5.4 组织机构

成立由需求方和开发方共同组成的项目建设小组，成员主要包括：

①双方代表：主要负责各自的项目组织工作。

②技术小组：主要由开发方人员组成，负责项目建设与维护的技术工作。

③保障小组：主要由需求方人员组成，负责提供建设项目需要的原始资料和后勤保障。

……

上述人员要能完全满足项目开发过程中所有需求，无论是开发方的还是需求方的。

1.5.5　资金落实

资金由紫禁城房地产公司负责落实，并根据开发合同与开发进度的需要，一次或多次支付给开发方。

1.6　双方签定网站建设合同

需要签订的合同一般包括两部分内容：商务与技术约定。合同的主要内容参考下述实例，如图 1-9 所示。

合同样本

采购人（以下称甲方）：__________________
住所地：__________________
供应商（以下称乙方）：__________________
住所地：__________________

第一条　合同标的
第二条　合同总价款
第三条　组成本合同的有关文件
第四条　权利保证
第五条　质量保证
第六条　包装要求
第七条　交货和验收
第八条　伴随服务/售后服务
第九条　履约保证金
第十条　货款支付
第十一条　违约责任
第十二条　合同的变更和终止
第十三条　合同的转让
第十四条　争议的解决
第十五条　合同生效及其他

甲方（采购人）（盖章）：__________	乙方（供应商）（盖章）：__________
法定代表人：__________	法定代表人：__________
委托代理人：__________	委托代理人：__________
电话：__________	电话：__________
开户银行：__________	开户银行：__________
账号：__________	账号：__________
单位地址：__________	单位地址：__________
________年______月______日	________年______月______

图 1-9　合同样本

对于建设与维护网站合同来说，对于技术方面的要求，一般会单独签署技术合同，详细说明双方就技术标准、测试方法及验收方法等方面的约定，以保证双方意见的一致性，维护双方的权益。

1.7 项目启动

一旦双方签署了正式合同，网站建设工作就可以启动了。企业一方根据合同约定提供建设需要的文件、图片、场地、设备、人员等，开发方依照合同中的时间、地点、技术、进度要求完成设计、实施、测试、修改任务。需要注意的是，紫禁城房地产网站在建设开始阶段需要保留以下资料。

1. 人员到场

所有人员应该根据网站的设计要求进行配置后，按照合同约定的开始建设时间悉数到场，以满足建设任务的需要。对于人员进场情况，要有详细的记录。

2. 设备到场

网站的建设离不开相关设备。无论是哪方采购的设备，都要在建设任务开始前进场，即到达建设网站地点。

双方需要对到场设备进行验收。如果是企业提供的设备，需要提供设备清单，交给开发方，双方签字认可，使用设备。如果是由开发方根据合同供应的设备，企业方需要对设备到场情况进行验收；品名、数量、金额、参数、附件等一一点清，并对设备性能进行抽检，然后按照合同约定签署设备到场清单，如表1-13所示。

表1-13 设备清单

日期：

序号	商品名称	数量	规格型号	采购批号	备注

资产管理员： 部门负责人：

3. 建设开始

按照合同约定的时间开始建设紫禁城房地产网站。

本章小结

本章主要介绍网站需求方与建设方合作的流程。这也是实际网站建设的程序。按照这个过程，即使是初试者，也能够完成网站的前期规划任务。希望读者能对网站建设初期的各种任务有所体会，并结合实际项目完成学习任务。

实践课堂

尝试规划一个班级网站，提出具体的规划要求。

家庭作业

浏览房地产网站，找到企业认同的栏目，分析网站开发使用的技术手段。

参考资料：

1. http：//baike. baidu. com/view/99. htm？ fr=ala0_1_1#4
2. http：//baike. baidu. com/view/6752. htm
3. 中商情报网：http：//www. askci. com/

第 2 章　网站规划

本章导读

对于企业、事业单位而言，建设网站可以宣传其形象，介绍产品、服务，与客户良好沟通，提高知名度。对于个人而言，可以在综合类网站提供的二级域名上建设自己的主页。个人主页可以展示个人风采，交流某些方面的经验，与同行交流、沟通。如果建设的网站很成功，有可能获得风险投资。

无论是企业、事业单位的网站，还是个人主页，要想使网站结构清晰、合理，内容准确、详实，页面生动、鲜明，完整的网站建设规划和具体的设计方案是在建设网站之前必须考虑的问题。本章以“紫禁城房地产”网站为例，介绍网站开发规划方面的知识。

2.1　域名规划

要建立网站，必须拥有自己的域名。域名可以理解为常说的网址。域名在国际互联网（也称因特网）上是唯一的，谁先注册，谁就拥有使用权。在建立网站之前，首先应该申请域名。有了域名之后，就可以将建立的网站放置到 Web 服务器上，全世界的浏览者只要在浏览器上键入这个域名，就可以随时浏览网页。

与 Internet 互连的服务器以 IP（Internet Protocol）地址作为唯一标识，网站开发人员建立的网站就被放置到指向这个唯一标识的服务器上。这样，访问者只需要键入 Internet 上唯一的 IP 地址，就可以立即打开网站主页。IP 地址不易记忆，因此国际互联网机构使用域名映射 IP 地址的方法，通过 DNS 域名解析系统将域名解析成 IP 地址。

域名有多种划分方法，其中最主要的划分方法有按区域划分的国内域名和国际域名，以及按级别划分的顶级域名、二级域名、三级域名等。

2.1.1　域名命名规则

为了方便人们记忆和使用，域名命名遵循一定的规则。任何域名都是由英文字母或数字组成，各部分之间用英文的“.”来分隔。一个完整的域名应该由两个或两个以上的部分组成。最右边的表示范围比较大的概念，越往左，表示的范围越小。最右边的部分称为顶级域名或一级域名，次右位置的称为二级域名，其他的依次类推。但是一般到三、四级域名即可。如果再多的话，会使访问者使用起来不方便。

例如 sohu.com，表示的是由两级域名组成的一个域名命令方案。顶级域名是表示公司性质的“com”，二级域名是搜狐公司的名称。再比如 tsinghua.edu.cn，表示的是由三个部分组成的域名命令方案，最右边的“cn”表示的是国家或地区性质的一级域名；“edu”表示在中国范围内的教育机构，是一个二级域名；“tsinghua”表示清华大学，是一个三级域名。

1. 顶级域名的类型

域名的分类方式有很多种，最主要的方法是根据顶级域名分类。顶级域名又分为以下两大类：

①国家顶级域名（national Top-Level Domain names，简称 nTLDs），是以国家或地区的缩写（两个英文字母）表示地域范围的域名。目前 200 多个国家和地区都按照 ISO 3166 国家/地区代码分配了顶级域名，表 2-1 中列出了部分国家和地区使用的顶级域名。

表 2-1　部分国家和地区使用的顶级域名

国家/地区	顶级域名	国家/地区	顶级域名
中国（大陆）	. cn	冰岛	. is
英国	. uk	美国	. us
德国	. de	法国	. fr
西班牙	. es	马来西亚	. my

②国际顶级域名（international Top-Level Domain names，简称 iTLDs），是以性质分类的类别域名。最初有六个域名，后来由于域名争议及域名资源紧张的问题，Internet 协会、Internet 分支机构及世界知识产权组织（WIPO）等国际组织经过广泛协商，在原来国际通用顶级域名的基础上，新增了多个国际通用顶级域名，并在世界范围内选择新的注册机构来受理域名注册申请。这些域名所表示的含义如表 2-2 所示。

表 2-2　国际顶级域名名称和表示的含义

域名	解　释	域名	解　释
. com	表示工商企业	. firm	表示一般的公司企业
. org	表示非营利组织	. store	表示销售公司或企业
. net	表示网络提供商	. web	表示突出 WWW 活动的企业
. edu	表示教育机构（大部分为美国所使用）	. arts	表示突出文化、娱乐活动的企业
. mil	表示军事机构（大部分为美国所使用）	. rec	表示突出消遣、娱乐活动的企业
. gov	表示政府部门（大部分为美国所使用）	. info	表示提供信息服务的企业
		. nom	表示个人

除了上述几种类别的域名之外，还有一些域名越来越流行，包括还没被国际组织完全认可，但已经使用的；还有一些原本是国家/地区域名，但因为其表示的意义比较特殊，已经被改为他用。下面简要介绍其中一些域名。

①“. cc”域名，原本是 Cocos（Keeling）Islands 岛国的国家和地区级域名，但是由于其可以理解为“Chinese Company”（中国公司）或“Commercial Company”（商业公司）的缩写，现在已经被广泛应用。其含义明确、简单易记。目前这个域名资源丰富，商业潜力巨大，且使用者无须另外装设附加软件，作为全球性顶级域名，更便于人们识别和记忆，得到新一代互联网用户的广泛认可和接受。

②“.tv”域名，原本是西太平洋岛国图瓦卢（Tuvalu）的国家/地区类型的顶级域名，但由于“TV”也是电视（Television）一词的英文缩写，并已被绝大多数国家认可，比如“中国中央电视台”就缩写为“CCTV”，因此这个域名被认为拥有与“.net”、“.com”及“.org”等相同的性质和功能，很多电视服务方面的企业都注册了这样的域名。

③“.biz”域名，一个新的国际顶级域名。“biz”取意自英文单词“business”，表示商业或生意，比“.com”域名更有含义，是“.com”的有利竞争者，也是“.com”的天然替代者。

④“.name”域名，国际顶级域名，作为个人域名的标志，允许个人注册，尤其适合学生初步体验网络！

⑤“.me”域名，是南斯拉夫西南部的国家门的内哥罗（Montenegro，旧译“黑山”）的国家域名。“me”的中文意思为“我”，象征着以人为本。

除此之外，还有表示网站的“.ws”域名；表示博物馆的“.museum”域名；表示航空运输业的“.aero”域名；表示商业合作社的“.coop”；表示商店的“.sh”域名等。

小贴士

虽然出现了大量新的顶级域名，但是由于历史发展、域名推广等方面的原因，现阶段最常用还是有限的几个（比如.gov、.com和.net）域名和国家/地区级域名。

2. 其他级别域名的分类

在顶级域名之下的二级域名，甚至三级域名，可以由相应顶级域名的管理部门进一步细分。我国在国际互联网络信息中心（Inter NIC）正式注册并运行的国家和地区类的顶级域名是“.cn”，这也是我国的一级域名。在其下，二级域名又分为类别域名和行政区域名两类。

①类别域名主要有6个，如表2-3所示。

表2-3　我国二级域名中类别域名的名称和含义

域名	含　义	域名	含　义
.ac	用于科研机构	.gov	用于政府部门
.com	用于工商金融企业	.net	用于互联网络信息中心和运行中心
.edu	用于教育机构	.gov	用于非营利组织

②行政区域名现有34个，分别对应于我国各省、自治区和直辖市，主要使用两个汉语拼音字母来表示，比如北京用“.bj”表示，内蒙古自治区用“.nm”表示。

3. 国际域名的命名规则

国际域名的命名一般遵循下列规则：

①国际域名可使用英文26个字母、10个阿拉伯数字以及横杠（“-”）组成。其中，横杠“-”不能作为开始符和结束符。

②国际域名不能超过67个字符（包括.com、.net和.org）。

③域名不能包含空格。在域名中，英文字母是不区分大小写的。

4. 国内域名的命名规则

对于注册国内域名，也就是顶级域名为 .cn 的域名，CNNIC（中国互联网络信息中心）在国际域名命名规则的基础上增加了一些要求。例如，国内用户只能注册三级域名，各级域名之间用实点“.”连接，三级域名长度不得超过20个字符。除此之外，国内域名不得使用以下名称：

①含有“CHINA”、“CHINESE”、“CN”、“NATIONAL”等的域名。如果需要使用，必须经过国家有关部门（指部级以上的单位）的正式批准。

②在域名中不得使用公众知晓的其他国家或者地区名称、外国地名、国际组织名称等。

③如果域名需要使用县级以上（含县级）行政区名称的全称或者缩写，必须经相关县级以上（含县级）人民政府正式批准。

④域名不可使用行业名称或者商品的通用名称。

⑤不可使用他人已在中国注册过的企业名称或者商标名称。

⑥不可使用对国家、社会或者公共利益有损害的名称。

5. 规划域名

域名是人们访问网站时的第一印象，好的域名是网站成功的开始。如果该域名具有简洁、明了、好记、含义深刻等特点，可以肯定，这是一个非常好的域名。

命名域名最直接的方法是使用网站所属公司的英文名称或英文名称缩写，比如微软公司（Microsoft）的域名是“Microsoft. com”或“Microsoft. com. cn”，联想集团的域名是“lenveo. com”或“lenveo. com. cn”（之前用的域名是“legend. com”或“legend. com. cn”），北京联合大学（Beijing Unit University）的域名是“buu. edu. cn”。

如果没有英文名称或是无法译为英文名称，可以使用公司名称的汉语拼音全称或缩写来命名，比如全聚德的域名是“quanjude. com. cn”，百度公司的域名是“baidu. com”。

有些公司的英文名称或汉语拼音名称已经被别人抢先注册了，如果无法通过正常途径要回这些域名（如果域名被恶意抢注，可以通过法律途径索取回域名），又不想支付高额的费用，可以重新命名一个与公司名称含义相似的域名。

新域名的规划非常重要，可以使用英文单词或缩写，甚至创造出一些单词作为域名。比如，谷歌公司的域名“google”就是一个创造出来的单词。还可以使用数字，比如“263. net”、“163. com”等。

除此之外，还可以使用英文与缩写的组合，英文与汉语拼音的组合，英文与数字的组合等方法来命名域名。

本书中介绍的实例是一个以网络为平台，主营房地产业务的公司的网站，其主要功能是宣传、介绍公司的产品，以及向交易客户（买房、卖房、出租和租赁）实时提供信息。公司的名称是“紫禁城房地产公司”，为了方便客户记忆和使用，网站的名称与公司的名称应该一致，但公司没有对应的英文名称，因此采用汉语拼音的方式命名。如果只使用汉语拼音的全拼方式或缩写方式，无法体现公司的业务性质，于是采用汉语拼音与英文单词组合的方式解决。另外，由于是公司性质，因此域名规划为“zjch-home. com”，中国地区的域名为“zjchhome. com. cn”和“zjchhome. cn”。

在域名规划时，不能只起一个域名，因为有可能该域名已经被其他人注册了。可以多规划几个域名，以备使用。实例中，备用域名规划为“zjch-house. com”、“zjc-house. com. cn”和“zijincheng. com. cn”等。

2.1.2 域名注册方法

域名规划完成后，需要到指定的网站注册。只有注册过的域名才能够被人们访问和使用，并且受到法律的保护。

域名申请是指在有资格进行域名注册代理的机构登记域名。无论是国内域名还是国际域名，域名申请都需要委托一家专门机构来办理。目前在国内，无论是专业化程度、知名度，还是CNNIC全国优秀代理排名，中国万网（www. net. cn）一直在域名注册以及主机托管领域名列前茅。2009年9月28日，阿里巴巴公司宣布，将支付5.4亿元现金分两期获得中国万网在中国营运的股权。下面以在中国万网上申请国内域名为例，说明域名申请的步骤和方法。

1. 进入域名注册网站，查询域名是否已经被注册过

在浏览器中输入“http：//www. net. cn”网址，进入中国万网的主页，如图2-1所示。首先在“英文域名查询”（中文域名的查询方法与英文域名查询相似，这里不再赘述。有兴趣的读者可以自己实验一下）框中输入准备注册的域名，查询该域名是否已经被注册过。

图2-1 中国万网首页

例如在查询框中输入“sohu”，在其下方选择域名类型。这里选择“. com. cn”、“. com”等后缀，然后单击右侧的“查询”按钮，将出现如图 2-2 所示的窗口，表示该域名已经被注册。此时，需要输入其他域名，查询其注册情况。

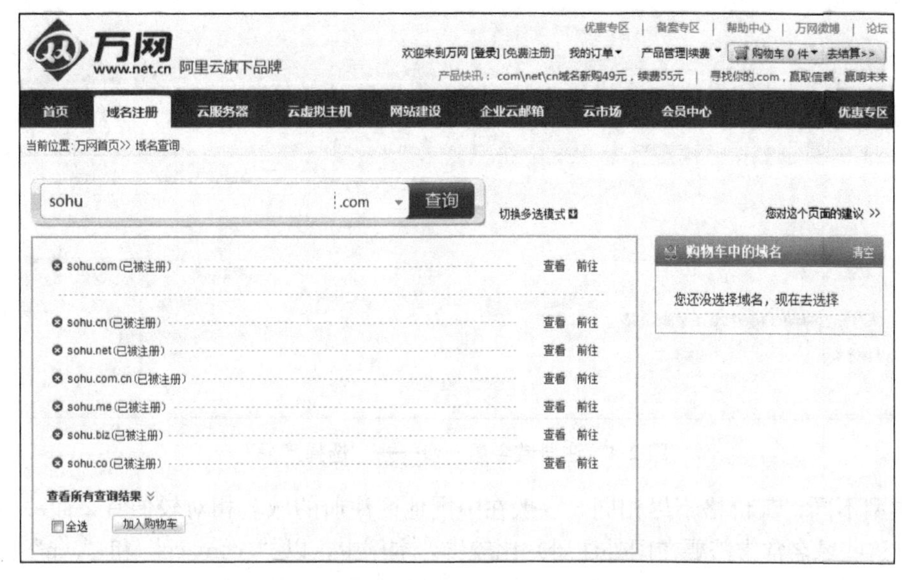

图 2-2 查询域名“sohu”的注册情况

2. 域名没有被注册

如果域名没有被注册，将出现如图 2-3 所示的窗口。接下来进入域名注册界面，如图 2-4 所示。

图 2-3 查询域名“zjchhome”的注册情况

①在“选择产品”窗口中，先要选择注册年限。可统一选择年限，也可以为每个域名注册不同的年限。本例中使用了统一注册年限（这也是最常用的选择）。不同域名

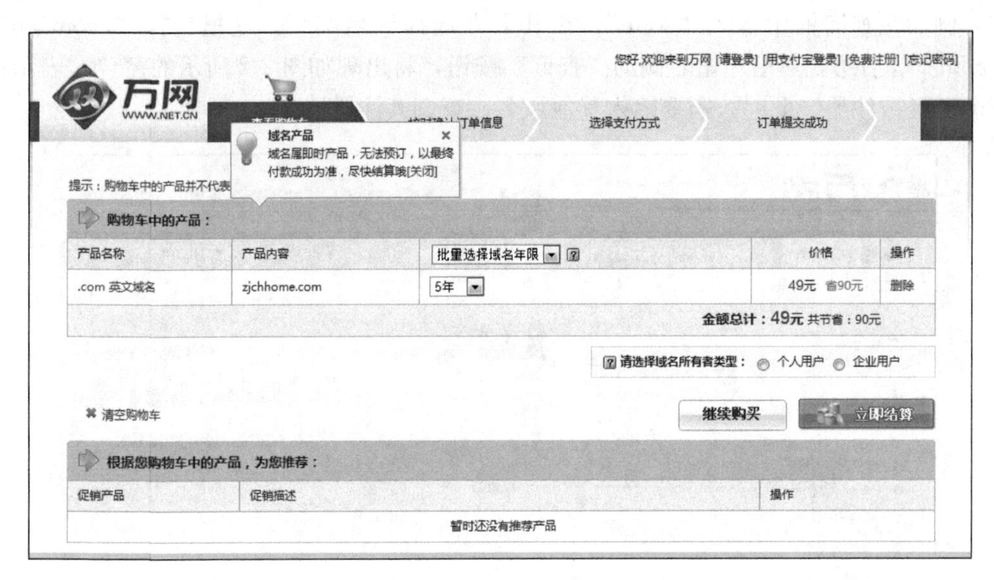

图 2-4　注册域名第一步——“选择产品”

由于类型不同，其价格不尽相同，一般在中国地区注册的域名相对较便宜，而一些顶级域名（这些域名常常需要在国外注册）比较贵。本例中，以“.com.cn”和“.cn”为后缀的中国地区域名价格为一年49元，以“.com”为后缀的顶级域名一年需要49元。

选择注册年限后，单击“下一步”按钮，进入注册的第二步“填写信息”，如图2-5所示。

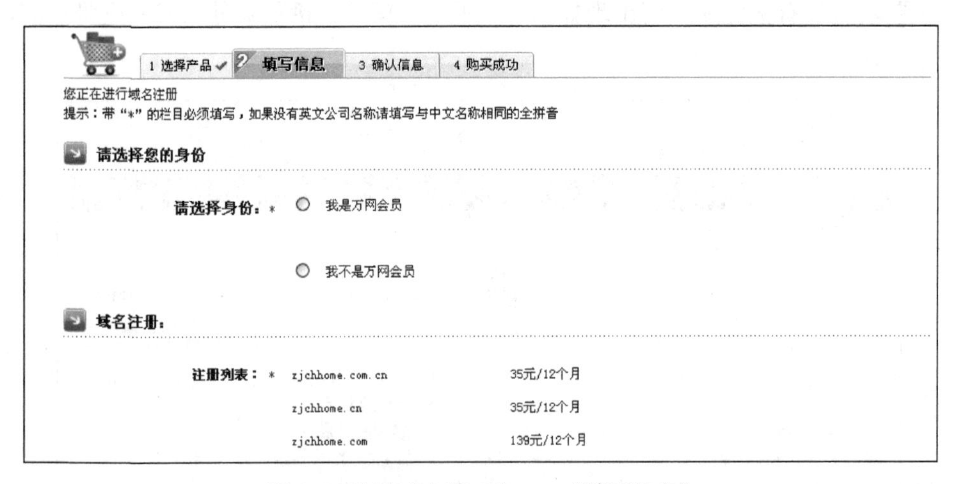

图 2-5　注册域名第二步——“填写信息”

②在域名注册的第二步中，首先要选择注册者的身份。如果是万网的会员，选择“我是万网会员”选项，以会员的身份注册；如果不是，选择“我不是万网会员”选项，在注册完成后，万网将给注册用户一个随机生成的数字ID，作为查询或再次使用的身份认证。

然后弹出“域名注册”页面，列出用户选择注册的列表，其下是“域名密码”。用户应输入不少于6个字符的密码，作为查询和再次登录的密码。

再后面需要填写各种用户信息，包括注册用户的中文名称、英文名称、联系方式和电话号码等内容。用户需要认真、准确地填写这些资料。

最后选择“域名解析服务器”。由于网站的域名在使用时要解析为 IP 地址，因此最少需要有一台域名解析服务器来记录网站的域名和 IP 地址的对应关系。在这里，注册用户可以选择使用万网的域名服务器，也可以使用其他公司或组织提供的域名服务器。

四项内容全部输入完成后，单击“继续下一步”按钮，进入第三个注册页面——“确认信息”，如图 2-6 所示。

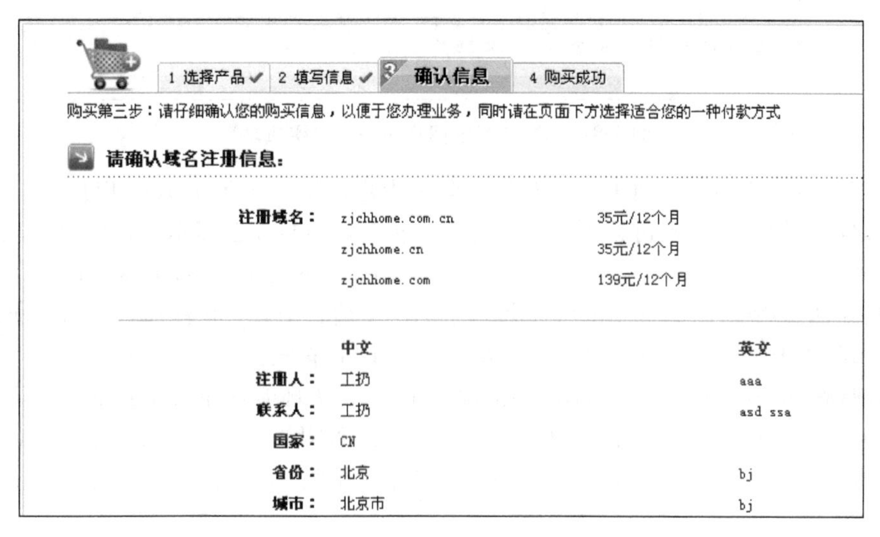

图 2-6　注册域名第三步——“确认信息”页面 1

③在“确认信息”页面中列出了前两个步骤中注册用户选择和填写的信息，以便用户检查并确认。最后，用户应选择“结算方式”。这里有两种选择，一个是“自动结算”，采用这种方式，需要注册用户事先将租金以预付款的方式存入万网，在选购产品后由万网代为扣除；另一个是“手动结算”，采用这种方式，选购域名后，该域名暂时不能使用，需要注册用户通过各种渠道缴纳租金后，才可正式开通，其页面如图 2-7 所示。

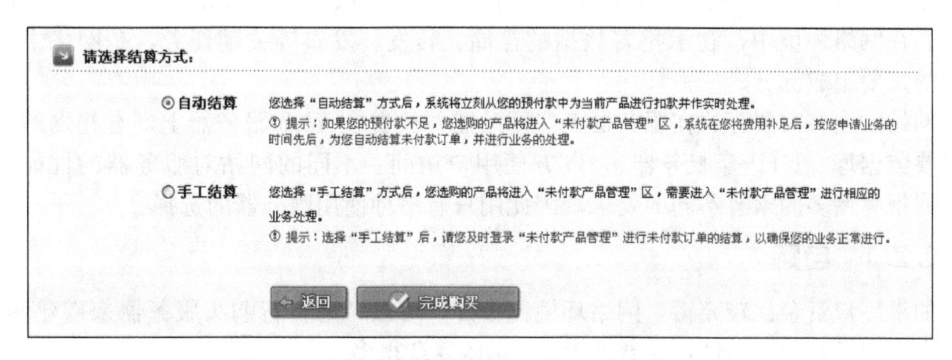

图 2-7　注册域名第三步——“确认信息”页面 2

单击“完成购买”按钮，进入注册的最后一步——“购买成功”，如图 2-8 所示。

图 2-8 注册域名第四步——“购买成功”

④在“购买成功”页面中，万网为非会员用户提供一个数字 ID，以便用户查询或下次登录时使用。如果预付款不足或没有支付租金，本页面会提示，并列出付款方式。

至此，域名注册的填写工作就完成了。需要注意，刚才所做的实际上只是在网上提交了域名注册的申请，万网会在 CNNIC（中国网络信息中心）预注册，并给注册用户填写的通信邮箱中发送域名注册成功邮件及汇款登记邮件等。用户根据要求，将下载的国内域名注册登记表、委托书、营业执照副本复印件等认真填写并加盖公章后邮寄到万网公司，同时支付租金。收到所需材料后，万网会在 CNNIC 处为用户正式注册域名，并给用户邮寄注册交费发票及 CNNIN 颁发的域名证书。至此，域名注册的全过程宣告结束。

小贴士

国内域名是每年交费一次，国际域名是每两年交费一次。如果到期不交费，CNNIC 会自动取消用户域名的注册资格。

2.2 服务器规划

服务器（Server）指的是在网络环境中为客户机（Client）提供各种服务的专用计算机。在网络环境中，它承担着数据的存储、转发、发布等关键任务，是网络中不可或缺的重要组成部分。

网站的内容需要存放在服务器上（网站需要放置在 Web 服务器上，有些网站可能还需要数据库、FTP 等服务器），以方便用户访问。不同的网站对服务器的性能、费用、回报等诸多因素有不同的要求，因此用户有多种使用服务器的选择。

2.2.1 自购

如果用户资金比较充裕，网络环境比较好，可以考虑自行购买服务器来搭建网站。但是由于服务器的专用性，比普通 PC 的选购复杂得多。

1. 服务器的四大主要特性

虽然服务器与普通 PC 在理论架构上完全一样，但是由于服务器在某些方面有特殊要求，因此其实际的软、硬件复杂程度远远高于普通 PC。正因为如此，全球范围内只有 IBM、HP、Sun 等少数几家公司有实力生产高端服务器，Dell 等公司只能生产中、低端 PC 服务器，国内能够生产真正的高端服务器的厂商几乎没有。究其原因，主要是因为服务器的四大主要特性（通常也称之为“四性”），即可靠性、可扩展性、可管理性和高利用性。

（1）可靠性

作为一台服务器，首先要求的是必须能够可靠地使用，即可靠性。服务器面对的是整个网络的用户，只要网络中存在用户，服务器就不能中断工作，甚至有些服务，即使没有用户使用，也得不间断地工作（这种方式被专业人士称为“7×24 小时工作”）。因此，服务器首先要具备极高的稳定性能。

（2）可扩展性

服务器需要具有一定的可扩展功能，即可扩展性。由于网络发展的速度非常快，为了不必频繁更换服务器，服务器需要有能力支持未来一段时间内的使用，也就是说，即使网络进行了升级或扩容，服务器不需要变动，或进行小规模升级后可以继续为网络用户服务。为了实现这个目标，通常在服务器上要有一定的可扩展空间和冗余件（如磁盘矩阵位、PCI 和内存条插槽位等）。

（3）可管理性

服务器还必须具备一定的自动报警功能，并配有相应的冗余、备份、在线诊断和恢复系统功能，以备故障时及时恢复服务器的运作。这种特性称为服务器的可管理性。虽然服务器可以支持长时间的不间断工作，但再好的产品都有可能出现故障，如果故障后对服务器停机维修，将可能造成整个网络瘫痪，对企业造成巨大损失。

为此，服务器生产厂商提出了许多解决方案，比如冗余技术、系统备份、在线诊断技术、故障预报警技术、内存查纠错技术、热插拔技术和远程诊断技术等，使绝大多数故障能够在不停机的情况得到及时修复和纠错。

（4）高利用性

服务器还要具备高利用性。由于服务器需要同时为很多用户（有可能是几十个用户，也有可能是几万个用户，比如有些门户网站，每一时段的访问量可以达到几万，甚至几十万的规模）提供一种或多种服务，如果没有高性能的连接和运算能力，将无法保障正常服务。因此，服务器在性能和速度方面与普通 PC 有着本质的区别。

服务器一般是通过采用多对称处理器、大容量高速内存、千兆级网络连接等技术来保证性能的。比如，有的服务器主板上可以同时安装几个甚至几十、上百个（如 Sun 的 FIRE 15K 可以支持到 106 个 CPU）服务器专用 CPU。这些 CPU 与普通 PC 中的 CPU 有些是完全一样的，但是服务器 CPU 的主频比较低，这主要是出于稳定性的考虑。另外，服务器可通过多对称处理器系统大幅提高服务器的整体运算性能，因此根本没必要在单个 CPU 中通过主频的提高来提高运算性能。在服务器 CPU 的配置方面还要注意一点，服务器的 CPU 个数一定是双数，即所谓的“多对称处理器系统”。

由于服务器具有以上四种特性，虽然服务器与普通 PC 在理论结构（即计算机分为五大部分：控制部分、运算部分、存储部分、输入部分和输出部分）上是相同的，但这些硬件均不是普通 PC 所使用的，而是经过专门研发，应用在服务器特定环境中的。

因此，服务器的价格通常非常高，中档服务器在几万元左右，高档的可能达到几十、上百万元。

当然，市面上也能见到许多标价仅几千元的服务器（比如 Dell 和联想公司就有这样的服务器），但都属于入门级的服务器，在性能方面仅相当于一台高性能 PC，因此也可以将其称为“PC 服务器”。这种服务器主要是为了满足一些小型企业或个人的需求而开发的。

随着 PC 技术的不断发展以及市场的需求，服务器和普通 PC 在技术上出现了一些反常现象。原来一直都是 PC 技术落后于服务器技术，PC 的许多技术都是从服务器中移植过来，现在却发生了改变，因为 PC 中的许多性能得到极大提高，如 CPU 的高主频、800MHz 总线频率、SATA 串行磁盘接口、PCI-Express 接口和超线程技术等，这些新技术对于服务器来说同样是从未有过的，而且其相应的性能好于服务器原有的性能，所以这些技术很快在最新的服务器中广泛应用。现在有些服务器已经大量采用普通 PC 上的部件，以便达到甚至超过专用服务器的性能。

当然，服务器仍有许多先进的特殊性能。

2. 服务器的分类

按照不同的标准，服务器分为许多种类型，下面介绍几种常用的分类方法和具体的类型。

（1）按网络规模划分

按网络规模，分为入门级服务器、工作组级服务器、部门级服务器和企业级服务器。

①入门级服务器应用在只有十几台甚至几台计算机的网络环境中，它是最基础的一类服务器，也是最低档的服务器。随着 PC 技术日益提高，现在许多入门级服务器与 PC 的配置差不多，所以目前有人认为入门级服务器与“PC 服务器”等同。图 2-9 所示的 IBM System x3100 是一款高性价比的单路入门级服务器。

②工作组服务器是一个比入门级高一个层次的服务器，但仍属于低档服务器之类。它应用于计算机在几十台左右或者对处理速度和系统可靠性要求不高的小型网络中，其在性能方面的要求也相应较低。图 2-10 所示的是 HP 公司的塔式工作组服务器 ML350 G5。

图 2-9 IBM System x3100 单路入门级服务器
（图片来源于网络）

图 2-10 HP 塔式工作组服务器 ML350 G5
（图片来源于网络）

③部门级服务器应用于计算机在百台左右、对处理速度和系统可靠性要求中等的中型网络，其硬件配置相对较高，可靠性居于中等水平。这类服务器属于中档服务器之列，一般都是支持双CPU以上的对称处理器结构，具备比较完全的硬件配置，如磁盘阵列、存储托架等。它是企业网络中分散的各基层数据采集单位与最高层的数据中心保持顺利连通的必要环节，一般为中型企业的首选，也可用于金融、邮电等重要行业。部门级服务器一般采用IBM、Sun和HP等公司各自开发的CPU芯片。这类芯片通常是RISC结构，采用UUNIX系列操作系统（由于技术发展，Linux也在部门级服务器中广泛应用）。图2-11所示是HP公司的DL380 G5部门级服务器。

④企业级服务器用于联网计算机在数百台以上、对处理速度和数据安全要求最高的大型网络，其硬件配置最高，系统可靠性要求最高。企业级服务器属于高档服务器行列，正因如此，只有少数几个企业能够生产这种服务器（主要是国外企业，国内企业最高只能生产出部门级服务器），其最少采用4个以上CPU的对称处理器结构，有的高达几十个、几百个。另外，这类服务器具有独立的双PCI通道和内存扩展板设计，具有高内存带宽、大容量热插拔硬盘和热插拔电源、超强的数据处理能力和群集性能等。企业级服务器的机箱更大，一般为机柜式的，有的由几个机柜组成，像大型机一样。图2-12所示是IBM公司的System p-企业级服务器。

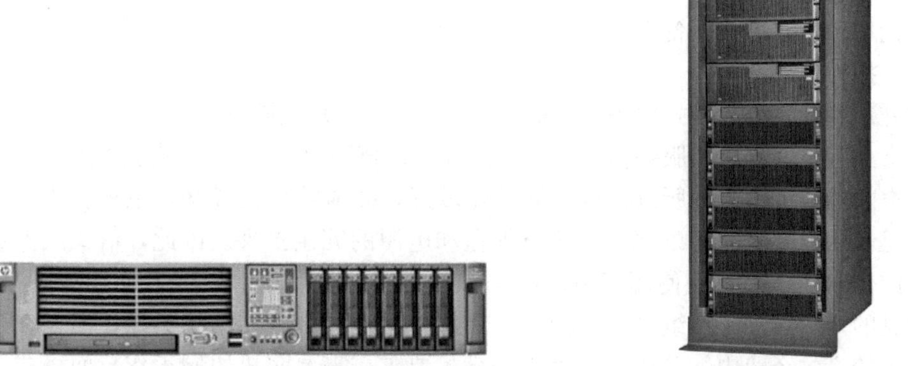

图2-11　HP公司的DL380 G5部门级服务器
（图片来源于网络）

图2-12　IBM公司的System p-企业级服务器
（图片来源于网络）

（2）按架构划分

按不同的架构，分为CISC（基于复杂指令计算机）架构的服务器和RISC（精简指令集计算机）架构的服务器。

CISC架构主要指的是采用Intel架构技术的服务器，即常说的“PC服务器”。RISC架构的服务器指采用非Intel架构技术的服务器，如采用Power PC、Alpha、PA-RISC、Sparc等RISC CPU的服务器。RISC架构服务器的性能和价格比CISC架构的服务器高得多。近几年来，随着PC技术的迅速发展，IA（Intel体系）架构服务器与RISC架构的服务器之间的技术差距大大缩小，用户倾向于选择IA架构服务器，但是RISC架构服务器在大型、关键的应用领域中仍然居于非常重要的地位。

基于 RISC 架构的服务器采用精简指令系统，与 Unix 搭档，能有效提高系统处理能力和效率，加之各厂商一贯将其定位于中高端应用，在硬件设计上对可靠性、扩容能力、灵活性、管理方便性方面进行优化，所以它适用于对大型数据库系统、大型计算系统、大型应用软件和稳定性、可靠性要求非常高的关键业务系统，如银行、证券行业的交易结算系统，电信计费账务系统，大型企业的 ERP 系统等，其代价是相对昂贵的成本支出。

基于 CISC 架构的 PC 服务器因为采用复杂指令系统，所以其处理效率和稳定性弱于 Unix 小型机。在安装 Windows 操作系统时，虽然安全性和稳定性受到不少质疑，但它能够实现更友好的人机界面，可管理性强，操作和维护简易，软、硬件兼容性好，而且具有价格优势。对于可以牺牲一些稳定性和效率的非关键业务和中低端应用，采用 PC 服务器具有更高的性价比。当然，随着技术发展，PC 服务器及 Windows 操作系统在性能、稳定性、安全性等方面不断提高和完善，加之 PC 服务器还支持现在流行的 Linux、SCO Unix、Solaris for x86 等 Unix 操作系统，所以其应用范围非常广泛，特别是在中小企业市场占有绝对优势。

（3）按用途划分

按用途不同，分为通用型服务器和专用型服务器。

通用型服务器是没有为某种特殊服务专门设计的提供各种服务功能的服务器。当前大多数服务器都是通用型的。专用型服务器是专门为某一种或某几种功能专门设计的服务器，它在某些方面与通用型服务器有所不同。比如，光盘镜像服务器是用来存放光盘镜像的，它需要配备大容量、高速的硬盘以及光盘镜像软件。

（4）按外观划分

按外观不同，分为塔式服务器、机架式服务器和刀片式服务器。

①塔式服务器：塔式服务器的外形和普通立式 PC 相似。由于塔式服务器的外形及结构对空间的要求不高，所以其可扩展性比较好，插槽数量比较多，主板稍大，而且会预留足够的内部空间，以便日后进行硬盘和电源的冗余扩展。因此，塔式服务器的应用范围非常广，是目前使用率最高的一种服务器。就使用对象或者使用级别来说，目前常见的入门级和工作组级服务器基本上都采用这种服务器结构类型，但是在一些应用需求较高的企业中，单机服务器无法满足要求，需要多机协同工作，而塔式服务器个头太大，独立性太强，协同工作在空间占用和系统管理上都不方便。这也是塔式服务器的局限性。

塔式服务器的优点是扩展相对容易，空间自由，所以维护起来很方便。这类服务器的功能、性能基本上能满足大部分中小企业用户的要求，其成本通常较低，因此它拥有非常广泛的应用支持。图 2-9 和图 2-10 所示就是塔式服务器。

②机架服务器：机架服务器实际上是工业标准化下的产品，其外观按照统一标准来设计，配合机柜统一使用。在空间上，主要用 U（1U 等于 44.45mm）来衡量其高度。图 2-13 所示就是一台 Dell 公司的机架式服务器。机架服务器在内部做了多种结构优化，其设计宗旨主要是为了尽可能减少服务器空间的占用，而减少空间的直接好处就是在机房托管的时候价格会便宜很多。这种设计不但使得服务器的生产和外形有了标准，也使得与其他 IT 设备（比如交换机、路由器和磁盘阵列柜等设备）一样，可以

放到机架上统一管理。

现在很多互联网的网站服务器都是由专业机构统一托管的，网站经营者只是维护网站页面，硬件和网络连接交给托管机构负责。因此，托管机构会根据受管服务器的高度来收取费用，1U 服务器在托管时的费用比 2U 的便宜很多，这就是这种结构的服务器广泛应用于互联网的原因。机架式服务器因为其空间比塔式服务器大大缩小，所以在扩展性和散热问题上受到一定的限制，其单机性能有限，应用范围也有限，只能专注于某一方面的应用，如远程存储和网络服务的提供等，但由于很多配件不能采用塔式服务器那样的普通型号，其自身又有空间小的优势，所以机架式服务器一般比同等配置的塔式服务器贵 20%～30%。

③刀片式服务器：刀片式服务器在 2001 年才出现，由于它对空间更加节省，而且集成度更高，所以从技术发展来看是未来的大趋势，现在被许多用户接受，成为银行、电信、金融以及各种数据中心青睐的产品。刀片式服务器是一种高可用、高密度、低成本的服务器，是专门为特殊应用行业和高密度计算机环境设计的，其每一块“刀片”实际上是一块系统主板，它们通过本地硬盘启动自己的操作系统。每一块“刀片”运行自己的系统，服务于指定的不同用户群，相互之间没有关联。不过，可以用系统软件将这些“刀片”集合成一个服务器集群。

在这种模式下，所有主板可以连接起来提供高速的网络环境，共享资源，为相同的用户群服务。在集群中插入新的“刀片”，可以提高整体性能，而且由于每块“刀片”都支持热插拔，因此系统可以轻松地替换，并且将维护时间减少到最小。刀片式服务器比较适合多操作系统用户的使用，应用于大型数据中心或者需要大规模计算的领域。但是其对电力供应的要求和散热处理都是很大的问题，一般企业不会采用。图 2-14 所示是一款刀片式服务器。

图 2-13 Dell 公司的机架式服务器（图片来源于网络）

图 2-14 刀片式服务器（图片来源于网络）

3. 服务器的选购

如果用户的资金比较充裕，有空间放置服务器，并且有良好的网络连接环境，那么购买一台服务器将是比较好的选择。由于服务器种类繁多，价格差异较大（有的几千元，有的达到几十万元），因此用户需要从自身角度出发，以应用为基点，通盘考虑业务、技术、投资成本、节能环保等各方面因素，确定最合适的选择。

服务器按运行的软件和承担的功能不同，分为数据库服务器、应用服务器、网管服务器、邮件服务器、文件服务器、DNS 服务器和计费认证服务器等。不同功能的服务器，其硬件要求不尽相同，比如数据库服务器需要配置大容量、高速的存储系统。

用户可以根据应用软件用户数、数据量、处理能力的要求，将多个功能部署在同一台服务器上，或者将多个功能分别布置在多台服务器上，甚至将同一个功能的服务按照某种规则（比如负载均衡原则）分别部署在多台服务器上。对一个特定用户而言，不同应用系统的重要性不尽相同，系统越重要，对其硬件平台的稳定性、可用性要求越高。

（1）CPU和内存的选择

CPU作为计算机系统的核心，其主频、缓存、数量及技术的先进性决定了服务器的运算能力。提高这些指标，将增强系统性能，但并非线性提升，具体要参考测试指标以及实际应用的情况。在Unix服务器中，CPU能否支持混插、热拔插将直接影响系统的可用性。扩大内存能够减少系统读取外部存储，提升系统处理性能。实践中需要根据不同的应用系统选择CPU与内存的配比，对耗用内存比较大的应用软件和数据库，需要配置更大的内存。

（2）硬盘的选择

服务器内置硬盘用于安装和存放系统软件、应用程序以及部分数据。可以选择支持内置硬盘较多的服务器来存储数据或者作为文件服务器，不够存储的部分再通过购买磁盘阵列解决。硬盘的主要技术指标包括容量、转速及支持的技术。为提高磁盘系统的稳定性和可靠性，厂商一般会通过RAID技术来增加磁盘容错能力。服务器支持的硬盘主要有SCSI、SAS、SATA等。SATA支持的硬盘容量大，但硬盘转速低，性能不及SCSI和SAS盘；SAS和SCSI的稳定性和转速高，但容量相对小一些。

（3）I/O的选择

服务器一般都会集成一定的网络接口、管理口、串口、鼠标键盘接口等，能满足一些基本应用。但实际中可能需要更多外设连接，用户可通过扩展槽增加适配卡来实现，比如增加冗余网络接口卡、磁盘阵列卡、远程管理卡、显卡、串口卡等。这些适配卡的选择因网络连接方式、双机、存储系统连接方式、管理需要等需求的不同而有所区别。

（4）电源和风扇的选择

对于一些扩容能力较高的服务器，增加一定数量的组件后，系统功耗增加，采用多个电源的方式将提高系统的灵活性。另外，电源是有源电子部件，内嵌风扇这样的“易损件”，其故障几率很高，一些关键业务系统还需要双路供电，所以常常采用冗余设计方式来提高系统的可靠性和可用性。

（5）操作系统的选择

各厂商PC服务器都能够很好地支持Windows系统；对于Linux系统，服务器厂商会对主流Linux品牌主要版本进行测试并公布支持性，未经测试的品牌及版本需要用户通过其他渠道确认（如Linux系统供应商的成功案例），主要涉及驱动程序和补丁包。Unix服务器的情况比较复杂，主流Unix服务器都绑定自己的Unix系统，厂商之间的软/硬件不能交叉安装，所以选择一个品牌的服务器，也就选定了操作系统。例如，基于SUN SPARC CPU的服务器安装Solaris，IBM Unix服务器安装AIX，HP Unix服务器安装UX。

应用软件与服务器是否兼容，也是选购时的关键问题。对于新增加的应用系统，需要评估应用软件与硬件平台及操作系统能否兼容；在对现有系统升级扩容时，如果打算更换服务器平台，必须考虑应用软件迁移成本。在一种操作系统平台上开发运行的应用软件，更换一种新的操作系统平台，需要对现有代码重新编译、测试。如果应用软件与操作系统的关联度比较大，可能面临修改软件，甚至重新开发的情况。对于一些大型软件，这将是一项复杂的任务。

小贴士

除了上述购买服务器时需要注意的问题之外，服务器的保养及维护也很重要。这不仅影响设备的采购成本和未来的运行维护成本，还会影响到服务器上应用系统的业务可靠性。服务器出厂时一般都带有基本服务，比如一年或者三年的返修和 5 天×8 小时电话支持。用户可以根据需要，购买更高级别的服务。不同厂商对服务级别的定义不尽相同，有的厂商分为 5 天×8 小时服务，7 天×24 小时服务；有的厂商定义为金、银、铜级别，不同级别的服务享有不同的响应速度、备件返修速度、返修时限以及现场支持、电话热线支持、软件升级级别。对于 Unix 服务器，硬件和软件服务购买的年限和级别不一定相同。

在选择服务器时，用户需要根据需要购买相应的服务，同时要让供应商提供设备服务的详细说明。另外，购买的服务一般都是以设备出厂日期计算（考虑到设备运输和渠道因素，有些厂商有一定的后延，如 3 个月），这些因素都会影响到设备的运营成本。

随着近年来 IT 系统的快速发展，各企业都采购了大量服务器设备，若这些设备自带或购买的维护服务已经到期，如果需要继续接受原厂或者渠道的保修和技术支持，要续买维护服务，类似于给设备买保险。设备的续保费用与设备的型号、设备的详细配置、维护服务级别、原厂服务还是代理提供服务等因素相关。如果设备在购买合同签订时已经超出保修期，部分厂商还要收取设备检测费。原厂和代理通过设备序列号确认该设备的保修期。对于一些停产时间过长的设备，会出现不能继续购买服务的情况。

4. 网站服务器的选购

网站是现代网络中最重要的应用之一，主要需要两种服务的支持，一个是数据库服务，另一个是 Web 服务。

如果网站的规模比较小，访问量不大，可以选择入门级的“PC 服务器”，并可以将两种服务安装在同一台服务器中。如果网站的规模比较大，访问量也比较大，需要选择高级别的工作组级或是部门级的服务器，将多种服务分别安装在不同的服务器上，甚至可以冗余配置。

网站的开发环境、运行环境以及数据的存储环境是选购服务器时需要考虑的重点。现在网站的开发环境一般有三种：使用 ASP 语言开发、使用 PHP 语言开发和使用 JSP 语言开发。其中，ASP 只支持 Windows 操作系统。因此，如果网站是在 ASP 环境开发的，只能选购支持 Windows 操作系统的服务器。数据的存储环境也是一样的，比如

SQL Server 和 Access 数据库只能运行在 Windows 操作系统平台上。

本书中使用的实例“紫禁城房地产网站”是一个规模相对较小的网站，它对数据存储的要求比较低，不需要为大量（成千上万的用户）用户同时提供服务，因此该网站选购一台“PC 服务器”用于安装数据库服务和 Web 服务，另外，由于网站开发使用的是 PHP 语言，数据库使用的是 MYSQL，这两种软件都可以在 Windows 或 Unix/Linux 环境中运行，因此操作系统平台的选择不需要特别注意。

小贴士

本例中数据库服务、Web 服务的详细配置请参看第 5 章的内容。

2.2.2 托管

有的企业由于空间不足，不能选购服务器，可以采用服务器托管的方式搭建网站。

服务器托管是指客户自行采购主机服务器（主机尺寸应按规定选购，比如服务器的高度是几 U 的），并安装相应的系统软件及应用软件，以实现用户独享专用高性能服务器。

网上有很多主机托管的网站，下面以万网为例来介绍。首先进入万网的首页（www.net.cn），在其菜单中选择“云服务器”，如图 2-15 所示。

图 2-15　在万网（www.net.cn）中选择云服务器

在其右侧将显示出托管的费用。如果用户需要了解托管机房的详细情况，点击“机房介绍”中相应机房的链接。了解托管信息后，点击“服务器托管合同”下载并签订合同，然后按照合同的要求安装交费和托管服务器，之后就可以正常使用了。

服务器托管为用户节省了空间，但是由于是在异地放置服务器主机，因此其管理与维护只能通过网络来操作，投入也比较多。

2.2.3　租用

租用服务器或是租用网站空间，都是指用户由于种种原因，无法购买主机，只能根据业务需要，提出对硬件配置的要求，从服务提供商处租用一台主机或是一部分空间。

1. 租用服务器

租用服务器（也称为租用独享主机），是指服务器由服务商提供，用户采取租用的方式，安装相应的系统软件及应用软件，实现用户独享专用高性能服务器。这使得用户的初期投资压力减轻，可以更专注于业务的研发。

下面以万网为例，说明如何租用服务器。进入万网后，选择“云服务器”→“轻云服务器”，在右侧显示出相应的产品目录，如图 2-16 所示。

图 2-16　万网的轻云服务器页面

用户根据需要选择相应的产品后单击“购买”，进入产品购买页面，如图 2-17 所示。先选择要购买的产品，然后分别执行“填写信息”、“信息确认”、“购买成功”等步骤，这与图 2-5～图 2-8 所示的页面相似，这里不再赘述。

2. 租用网站空间

租用网站空间，也称为购买虚拟主机，是指用户从服务提供商处的服务器中租用一部分空间。这是最省钱的方法，而且用户不必考虑网站空间的安全等问题，但是这种方法受到的限制比较多，比如网站空间的大小、数据库的大小以及开发环境和数据库类型等。

下面以万网为例，说明如何租用网站空间。使用浏览器进入万网后，选择“主机服务”→“云虚拟主机”，在右侧显示出相应的产品目录，如图 2-18 所示。

在此页面中，用户可以选择万网推荐的服务（右侧给出的推荐选项），也可以在左侧的“主机快速筛选”中选择价格范围、主机空间大小、支持数据库和语言支持等选项，其右侧将显示满足要求的产品列表，如图 2-19 所示。

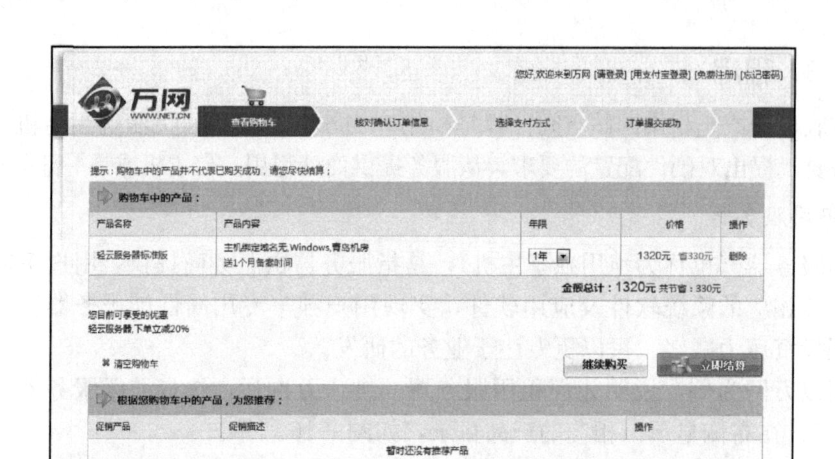

图 2-17 轻云服务器的产品购买页面

图 2-18 云虚拟主机页面

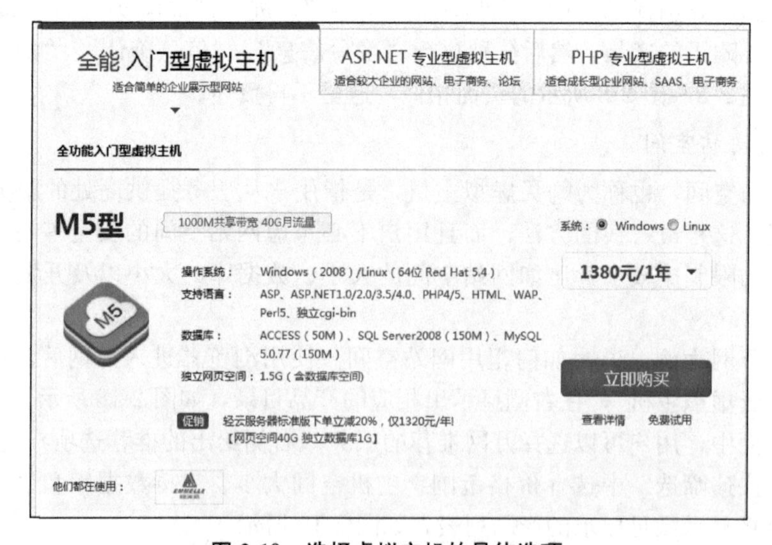

图 2-19 选择虚拟主机的具体选项

确定产品后，单击“购买”按钮，进入产品购买的具体选择过程，分为四个步骤，与独享主机的产品购买相似。

网站空间购买完成后，就可以使用了，但用户只能通过网络管理和维护网站。一般网站的上传需要使用 FTP 工具。

2.3　接入规划

随着电信竞争加剧，用户规模扩大，业务量增长以及业务种类增多，尤其是用户对各种新业务、宽带业务的需求越来越高，传统的用户接入网络的方式越来越不适应新形势，成为整个电信网络发展的瓶颈。因此，宽带化、综合化、IP 化、智能化成为用户接入网络的发展新方向。

2.3.1　拨号接入方式

ADSL 是目前 DSL 技术系列中最适合宽带上网的技术。理论上，ADSL 可在 5km 的范围内，在一对铜缆双绞线上实现下行速率 8Mbps、上行速率 1Mbps 的数据传输。但由于受骨干网带宽、网站服务器速度以及线路状况的限制，基于经济性等方面的考虑，现阶段运营商在开放 ADSL 接入业务时提供的下行带宽一般限制在 512kbps～2Mbps 范围内。

ADSL 的标准化很完善，产品的互通性很好，随着使用量的增大，价格将大幅下降，而且 ADSL 接入能提供 QoS 服务，确保用户能独享一定的带宽。ADSL 作为最经济、便捷的宽带接入途径，是目前中国两大固定网络运营商重点发展的宽带技术。

ADSL 接入方式也存在一定弊病。众所周知，困扰 ADSL 发展的一大问题是线缆质量和串扰会严重影响 ADSL 的开通率，制约 ADSL 的业务拓展。但随着 DSLAM 不断向用户端推进，接入距离的缩短会在很大程度上解决 ADSL 的串扰问题。不过 ADSL 的传输速率终究有限，无法与光纤接入以及 FTTx＋LAN 接入等高速接入技术匹敌；ADSL 的非对称性也会严重制约交互式多媒体业务的开展。

（注：DSLAM 是 Digital Subscriber Line Access Multipcexer 的简称，中文名称是“数字用户线路接入复用器”。它是各种 DSL 系统的局端设备，属于最后一公里接入设备，主要功能是接纳所有的 DSL 线路，汇聚流量，相当于一个二层交换机。）

为解决目前 ADSL 的部分问题，ADSL 技术本身不断改进。2002 年 7 月，ITU 发布了 ADSL 的两个新标准 G. 992. 3 和 G. 992. 4，也称为 ADSL2。2003 年 3 月，ITU 又制定了 G. 992. 5，也就是 ADSL2＋。ADSL2/ADSL2＋在性能和功能上优于 ADSL，必将成为今后铜线宽带接入的重要发展方向，其产品已步入市场。

2.3.2　专线接入方式

DDN 专线将数字通信技术、计算机技术、光纤通信技术以及数字交叉连接技术等有机地结合在一起，提供了一种高速度、高质量、高可靠性的通信环境，为用户规划、建立安全、高效的专用数据网络提供了条件，因此在多种 Internet 接入方式中深受用户青睐。

DDN 专线向用户提供的是半永久性数字连接，沿途不进行复杂的软件处理，因此延时较短，避免了传统分组网中传输协议复杂、传输延时大且不固定的缺点；通信信道容量的分配与控制均在计算机上进行，具有极大的灵活性和可靠性，使用户可以开通种类繁多的信息业务，传输任何合适的资料信息。具体来说，DDN专线接入Internet的服务特点主要有以下几个方面：

①DDN专线接入能提供高性能的点到点通信，通信保密性强，特别适合金融、保险等保密性要求高的客户需要。

②DDN专线接入还适用于20/80业务规则的大中型企业，即80%的网络业务在内部网络（Intranet）传输，只有20%的网络业务在内部网络（Intranet）与外部网络（这里主要的指Internet）之间传输。

③DDN专线接入传输质量高，通信速率可根据用户需要在N×64kbps（N=1～32）之间选择，网络延时小。

④DDN专线信道固定分配，充分保证了通信的可靠性，保证用户使用的带宽不会受其他客户使用情况的影响。

⑤通过DDN这条国际互联网信道，用户可构筑自己的Intranet，建立自己的Web网站、E-mail服务器等信息应用系统。

⑥局域网整体接入Internet，使局域网用户共享互联网的资源。

⑦专线用户可以免费得到多个合法的Internet IP地址和一个免费的国内域名。

⑧实现每天24小时全天候的信息发布，即用户可建立自己的Web站点，向国际互联网发布信息或提供信息服务。

⑨提供详细的计费、网管支持，还可以通过防火墙等安全技术保护用户局域网的安全，免受不良侵害。

⑩通过VPN（Virtual Private Network，虚拟私有网络）功能，利用本公司的网络综合平台实现安全、可靠的企业国际网络互连，构建企业的国际私有互联网络。

企业采用DDN线路连接到Internet（Chinanet），可享受24小时不间断的Internet访问和被访问服务，企业可以通过电子邮件、浏览器、FTP等来访问Internet资源；同时，可建设提供给外部用户访问的本企业网站，增强企业外部与企业内部以及企业内部之间沟通的能力；而且随着Internet网络带宽、国际出口带宽的持续扩展，Internet目前可以很好地支持虚拟专用网（Virtual Private Network，简称VPN）、VIP网络电话（Voice Over IP）等应用。

2.3.3 无线接入方式

无线接入方式由于摆脱了线缆的束缚，而有巨大的吸引力。根据终端的可移动特性，宽带无线接入分为固定无线接入、可小范围低速移动的无线接入（如WLAN）和可大范围高速移动的无线接入（如3G）等。

无线局域网（WLAN）是利用无线接入手段的新型局域网解决方案，具有良好的发展前景。

基于WLAN的各类新应用，如提供话音业务的Wi-Fi电话已走向市场。但目前WLAN产品的价格偏高，现阶段只是作为有线接入的补充手段，固定网络运营商主要是利用WLAN来补充固定网络宽带接入的覆盖，移动运营商将WLAN作为2.5G或

3G 的补充。总体来看，运营商提供的公众 WLAN 业务处在起步阶段，规模非常有限，商业模式有待完善，市场需求要进一步培育，投资效益亟待提升。公众 WLAN 面临的问题远比企业级和个人用户复杂得多，如安全问题、运营维护、可管理性、漫游等。并且安全问题在很大程度上会制约 WLAN 的应用和发展，802.11b 采用的安全协议 WEP 存在安全漏洞。

WLAN 的覆盖范围非常有限，为此 IEEE 提出了无线城域网（WMAN）的概念，并制定了 802.16a。该标准是固定宽带无线接入的空中接口规范，工作在 2～11GHz 频段，覆盖范围达 31 英里，峰值速率 70Mbps。具备移动性的 WMAN 标准 802.16e 也在制定中，下一步还会推出无线广域网 802.20 技术。这一系列技术是完全根据 IP 业务要求和适应网络分组化而发展起来的，将来可能与 3G 形成竞争。802.16a 的商用产品已推向市场，国际上已成立 WiMAX 组织来推动 802.16 的发展。

2.3.4　局域网接入方式

光纤接入能提供的带宽潜力是其他接入方式无法比拟的。光纤到户（FTTH）是局域网接入的根本解决手段，不过现阶段 FTTH 还不是经济可行的，现阶段主要是实现光纤到大楼/小区。在光纤到大楼/小区后，实现光纤接入的主要技术手段有 ATM 多业务接入、SDH 接入、千兆以太网接入等有源光纤接入技术和无源光纤接入技术 PON。

与有源光纤接入技术相比，PON 由于消除了局域网端与用户端之间的有源设备，使得维护简单、可靠性高、成本低，而且能节约光纤资源，将是未来 FTTH 的主要解决方案。随着 PON 成本逐步降低，现阶段在某些适合树形光缆结构的 FTTB/FTTC 场合，PON 也有一定的应用市场。

由于 PON 尚处在市场启动和推广阶段，现阶段有源接入方式依然是光纤接入的主要手段。对于商务大楼，由于业务类型繁多，宜采用能提供多种业务接口的综合光纤接入设备。典型的设备主要是基于 ATM 的多业务接入平台或基于 SDH 的多业务传送平台 MSTP。MSTP 由于与传统运营商的 SDH 网有很好的兼容性而在近年受到青睐，得到了较广泛的应用。

由于 MSTP 的优势在于将传输设备与二层交换设备良好地结合在一起，非常适合多业务汇聚和综合接入，因此该技术主要定位在城域传送网的汇聚层和接入层，实现各类业务网在汇聚层和接入层的“合网建设”。

2.4　网站设计文档

2.4.1　设计文档的编写

开发网站之前，必须进行设计规划，具体的就是编写设计文档。设计文档一般有以下两个功能：

①指导后序工作的进行。

②作为档案，供以后修改或升级时参考使用。

基于上述原因，在软件工程设计中，特别重视设计文档的编写。在绝大部分网站开发公司中，设计文档的编写工作比开发文档重要。

设计文档一般分为需求分析、总体设计、详细设计等部分。总体设计是要规划出软件的结构，比如模块与模块之间的关系、模块内部的接口与接口之间的关系等内容。详细设计就是规划出软件里的流程，可以认为是贯穿全局的算法。

设计文档不是越细越好，写得细了也没人看，稍微发生变化又要去修改。因此，合理的设计文档应当是结构清晰、重点突出，也就是总体设计和关键部分的详细设计。

总体设计是对软件结构的描述，包括类的责任、接口的责任。

关键部分详细设计，是对贯穿全局的算法思路的描述。结构的描述，采用类图就可以完成；而贯穿全局的算法，用序列图、活动图可以描述，用文字能表述清楚，也可以用文字描述。

设计文档不但为开发人员提供指示和升级的参考，也在设计评审时，供评委评价。

2.4.2 设计文档示例

下面给出一个文档示例，由于篇幅有限，这里对原设计文档进行了修改，只将主要部分显示出来，里面的内容也有大量的删减。

设计文档示例如图 2-20～图 2-27 所示。

本章小结

本章主要介绍了网站建设前期需要完成的一些准备工作，包括域名规划、服务器规划和接入规划。

域名是网站的名称，是用户访问网站的唯一标识，因此域名命名得好坏非常重要。本章详细介绍了域名的命名规则，并简要介绍了域名注册的方法。

服务器是网站存储、运行的硬件平台，本章介绍了三种比较流行的方法，企业可以根据资金、技术等多方面的情况选择一种合适的方法。

网站建设完成后，对其访问或维护都需要通过网络完成，因此选择一种方便、经济的网络连接方式非常重要。本章给出了四种网络接入方式，企业可以根据自身情况来选择。

最后，本章介绍了设计文档，并给出了一份简略的设计文档实例。

实践课堂

1. 给自己的个人网站起一个域名，并在网上注册。
2. 试编写一份网站设计文档。

家庭作业

为自己的个人网站规划一种服务器使用方式，以及网站接入方式。

紫禁城房地产网站
详细设计

变更记录

版本编号	*变化状态	*简要说明	完成日期	变更人	批准日期	批准人
V1.0	新建	新建文档	2009-11-21	关忠		
V2.0	新增、修改	内容调整	2013-9-25	关忠		

*变化状态：新增，修改，删除

*简要说明：要求注明变更内容和变更范围

I

图 2-20　设计文档标题及变更记录

详细设计

目录

II

图 2-21 设计文档第 2 页

1 系统概述

1.1 项目简介

本网站受“紫禁城房地产公司”（以下简称公司）委托，建立的一个以宣传公司形象和介绍公司各项业务为主的网站，通过本网站用户可以方便地对公司所提供的业务进行访问，并在此基础上进行交易。本网站要求分为前台和后台两部分，前台是供普通用户浏览访问使用，后台供公司内专门的管理员维护信息使用。本网站界面友好、美观，与公司的整体形象一致，能够提升公司在业界的地位。

1.2 开发环境

需求名称	详细要求
操作系统	Win XP + IIS
数据库	ACCESS 2003
浏览器	IE 6.0 以上
开发语言	ASP.net
开发工具	Dreamweaver

1.3 运行环境

1.3.1 服务器端运行环境

需求名称	详细要求
操作系统	Win 2003 Server 以上系统
数据库	ACCESS
浏览器	IE 6.0
组件	IIS 6.0 以上

1.3.2 客户端运行环境

需求名称	详细要求
操作系统	Win XP 以上系统
浏览器	IE 6.0 以上

图 2-22　设计文档第 3 页

2 模块清单

2.1 模块清单

编号	模块名称	模块描述	源文件名
1	主页	首页，用于显示基本信息、图片和分类链接	Index. aspx
2	楼盘信息	详细显示楼盘信息，以图片列表方式显示	Loupan. aspx
3	房屋购买	通过查询给出房屋售卖信息，并通过网上提交购买信息	Goumai. aspx
4	房屋租赁	通过查询给出房屋租赁信息，并通过网上提交租赁申请	Zulin. aspx
5	政策法规	通过列表形式显示政策法规	Fagui. aspx
6	在线帮助	通过视频、网上留言板为用户提供帮助	Bangzhu. aspx
7	联系我们	显示联系方式	Lianxiwomen. aspx
8	管理员登录	管理员登录的首页，提供用户名和密码的输入框，并检查输入是否正确	Guanliyuan. aspx
9	用户操作	对用户信息进行操作	Yonghuxinxi. aspx
10	楼盘信息操作	对楼盘信息进行操作	Loupanxinxi. aspx
11	…	…	…

图 2-23　设计文档第 4 页

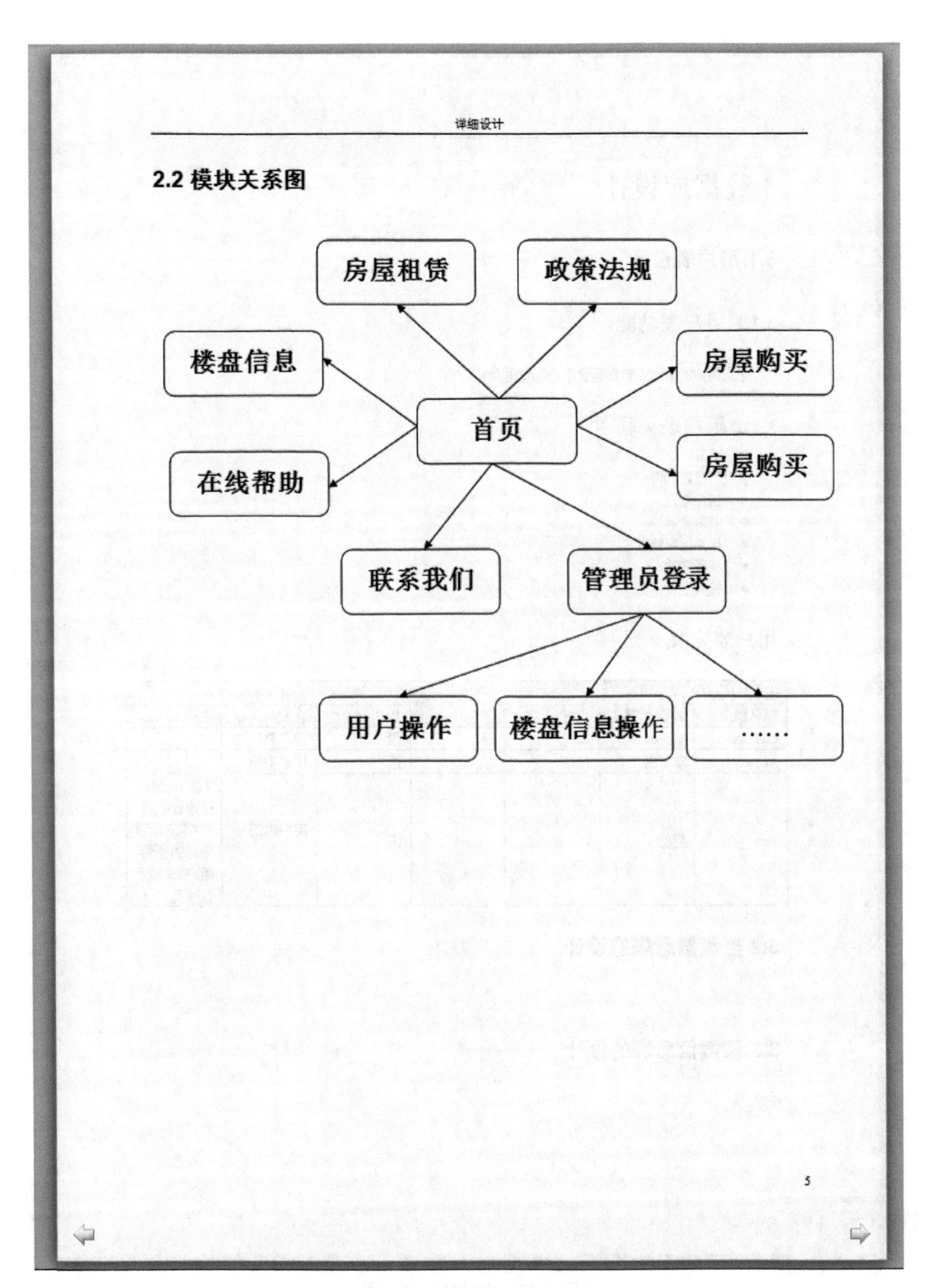

图 2-24　设计文档第 5 页

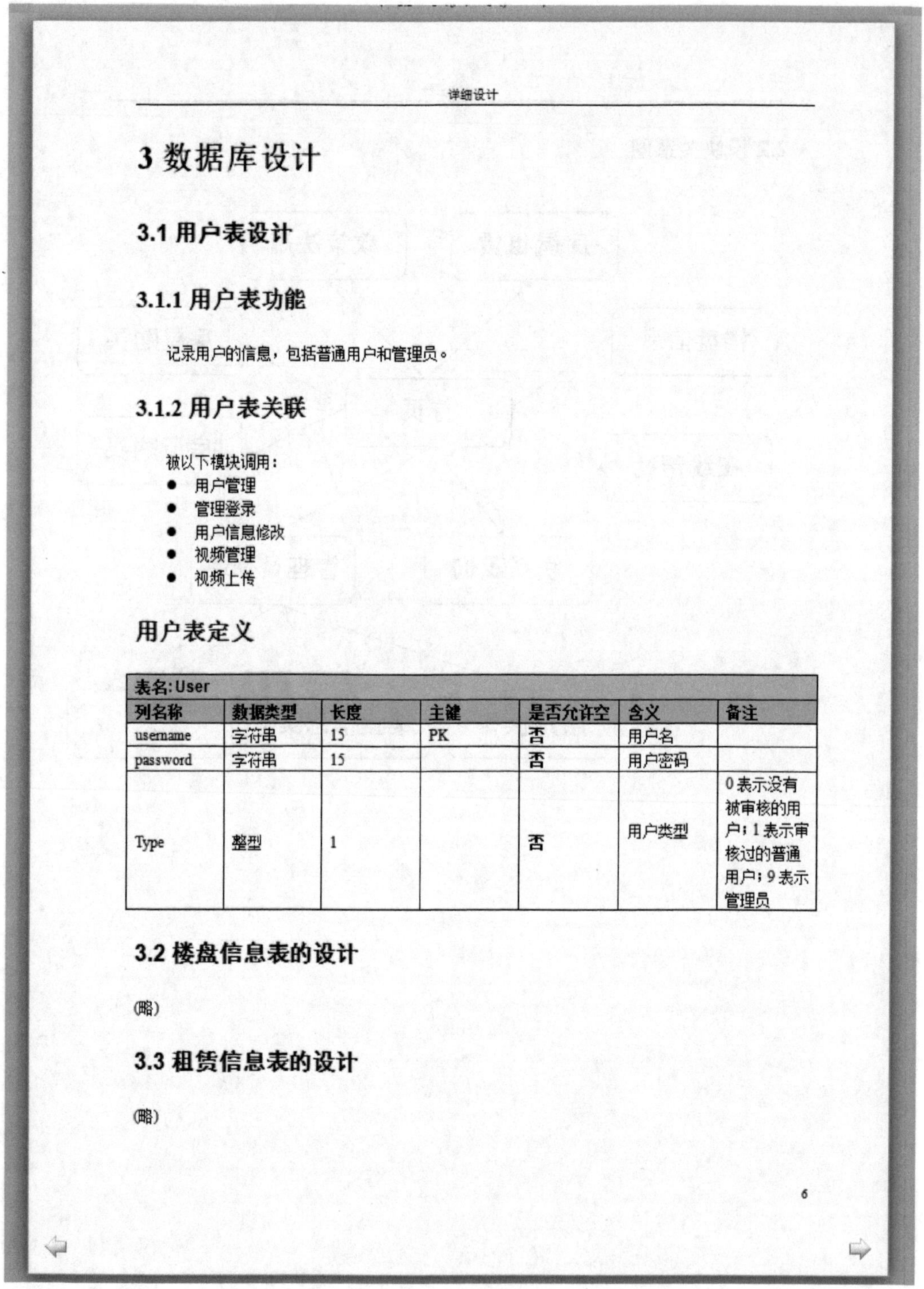

详细设计

3 数据库设计

3.1 用户表设计

3.1.1 用户表功能

记录用户的信息，包括普通用户和管理员。

3.1.2 用户表关联

被以下模块调用：

- 用户管理
- 管理登录
- 用户信息修改
- 视频管理
- 视频上传

用户表定义

表名: User						
列名称	数据类型	长度	主键	是否允许空	含义	备注
username	字符串	15	PK	否	用户名	
password	字符串	15		否	用户密码	
Type	整型	1		否	用户类型	0 表示没有被审核的用户；1 表示审核过的普通用户；9 表示管理员

3.2 楼盘信息表的设计

(略)

3.3 租赁信息表的设计

(略)

6

图 2-25　设计文档第 6 页

详细设计

3.4 租赁信息表的设计

(略)

3.5 数据表关系图

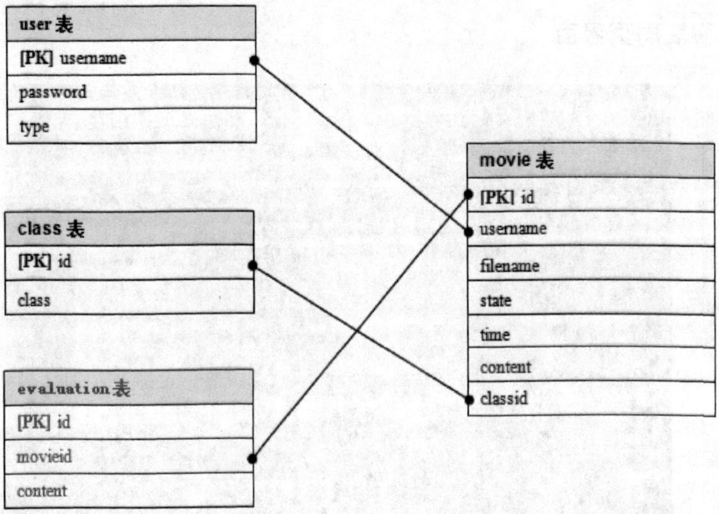

user 表
[PK] username
password
type

movie 表
[PK] id
username
filename
state
time
content
classid

class 表
[PK] id
class

evaluation 表
[PK] id
movieid
content

7

图 2-26　设计文档第 7 页

4 网站首页设计

4.1 网页功能

网站首页，主要用于显示公司信息和相应的功能

4.2 网页界面

4.3 处理流程

（略）

4.4 测试用例

编号	操作	结果
1	点击楼盘信息	进入楼盘信息网页
…	…	…

图 2-27 设计文档第 8 页

第3章 工具规划

本章导读

随着企业业务越来越复杂，服务器选择合适的操作系统显得越来越重要。服务器的操作系统在商务活动的组织和实施过程中发挥着支配作用。现在，企业在操作系统方面有了更大的选择性。但同时应认识到，操作系统对企业业务的成败至关重要，如果选错了操作系统，企业在业务上的损失可能是天文数字。人们不愿意在下一代强有力的应用程序出现的时候还用着一个不能支持它的操作系统。虽然将多个操作系统集成起来的做法可能有效，但有时会涉及互操作性问题。

3.1 Windows 操作系统

在众多的服务器操作系统中，企业必须选择一个适合自己需要的操作系统。那么，企业如何才能选择到合适的操作系统呢？在整个 IT 媒体里面，这方面的资料的确很少。下面将总结这方面的资料，结合当前市场上几款主流的服务器操作系统，指导读者选择适合的产品。

目前，服务器操作系统主要有三大类，一类是 Windows，其代表产品就是 Windows Server 2008；一类是 Unix，代表产品包括 HP-UX、IBM AIX 等；还有一类是 Linux，它虽说是后起之秀，但由于其开放性和高性价比等特点，近年来发展迅速。

本节主要介绍 Windows Server 2008。

3.1.1 Windows Server 2008

Windows Server 2008 是专为强化下一代网络、应用程序和 Web 服务的功能而设计的，是有史以来最先进的 Windows Server 操作系统。拥有 Windows Server 2008，即可在企业中开发、提供和管理丰富的用户体验及应用程序，提供高度安全的网络基础架构，提高和增加技术效率与价值。

Windows Server 2008 的最低配置如下所述：

①处理器：最低 1.0GHz x86 或 1.4GHz x64。推荐 2.0GHz 或更高。

②内存：最低 512MB，推荐 2GB 或更多。内存最大支持 32 位标准版 4GB、企业版和数据中心版 64GB，64 位标准版 32GB，其他版本 2TB。

③硬盘：最少 10GB，推荐 40GB 或更多。内存大于 16GB 的系统需要更多空间用于页面、休眠和转存储文件。

备注：光驱要求 DVD-ROM；显示器要求至少 SVGA 800×600 分辨率或更高。

Windows Server 2008 相比于以前的版本，有以下十大亮点。

（1）虚拟化

微软 Hyper-V 的虚拟化技术绝对是一个亮点，大型企业中已经有 75%应用了虚拟化技术。用户利用虚拟化技术，可以在完全不影响工作的前提下——一切就像所有应用程序运行在自己计算机上一样，明显节省成本和提高安全性。

（2）Server Core

Server Core 是 Server 2008 的最小版本，不包含 GUI，提高了稳定性，但它提供 DHCP、DNS 等基础网络服务。相比完整版本的系统，这一版本明显减少了维护和管理的时间。

（3）IIS

IIS 7 是 Server 2008 中的大规模改进之一，它提供了更高的安全特性。此外，其管理委派的功能大大节省了管理员的时间。

（4）基于角色的 Server Core 安装

Server Core 是完全可定制的组件系统，用户可以选择只安装需要的网络服务部分。

（5）只读的域控制器（RODC）

为尽量减少出现问题的几率，RODC 帮助活动目录数据库成为只读状态，在提高可靠性和安全性的同时减少了流量消耗。

（6）增强的终端服务

TS RemoteApp 允许用户访问中央应用程序，看起来就跟运行在本地一样。TS Gateway 加密了 http 会话通信，用户不再需要 VPN 连接到 Internet，本地打印也变得更简单。

（7）网络访问保护（NAP）

运行防火墙，并且符合企业的安全策略。Windows Vista SP1、XP SP3 都包含来自 Server 2008 的 NAP，可见其重要性。

（8）Bitlocker

Bitlocker 程序能够通过加密逻辑驱动器来保护重要数据，还提供了系统启动完整性检查功能。

（9）Windows PowerShell

全新的管理方式，基于 .net 技术的命令行模式，管理员们可以通过简单的方法完全控制 Server 2008，而不需要 GUI。

（10）更高的安全性

Windows Server 2008 的安全性不仅仅体现在一个方面，安全已经形成一个整体，几乎系统的每一块都考虑到了安全机制，在使用时用户就可以感受到。例如，Address Space Load Randomization，让缓冲区溢出攻击变得非常困难。

Windows Server 2008 的安装过程如下所述：

①将 Windows Server 2008 安装光盘放入 DVD-ROM。请确定将系统的启动顺序设为 DVD-ROM 优先启动。重新启动系统，得到如图 3-1 所示的 Windows Server 2008 安装界面。

②启动安装程序，加载 boot.wim，启动 PE 环境。

③安装程序启动，选择要安装的语言类型，同时选择适合的时间和货币显示种类及键盘和输入方式，如图 3-2 所示。

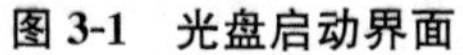

图 3-1　光盘启动界面

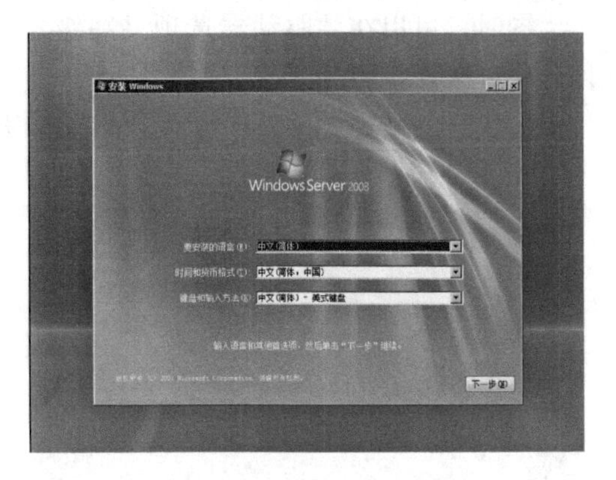

图 3-2　安装程序启动界面

④输入“产品密钥”，接受许可协议。

⑤与 Windows Server 2008 内核相同，共分两大类，即完全安装版和服务器核心版，有 6 个版本（标准版、企业版和数据中心版）。如果选择完全安装版，同 Windows 2003 安装后一样，具备图形化界面。如果选择服务器核心版，安装后只具有 cmd 命令行模式，没有图形化界面，类似 Linux 不安装 GUI 界面，如图 3-3 所示。

⑥选择安装类型，升级或自定义（推荐）。如果选择的是“用安装光盘引导启动安装”，则升级是不可用的，如图 3-4 所示。

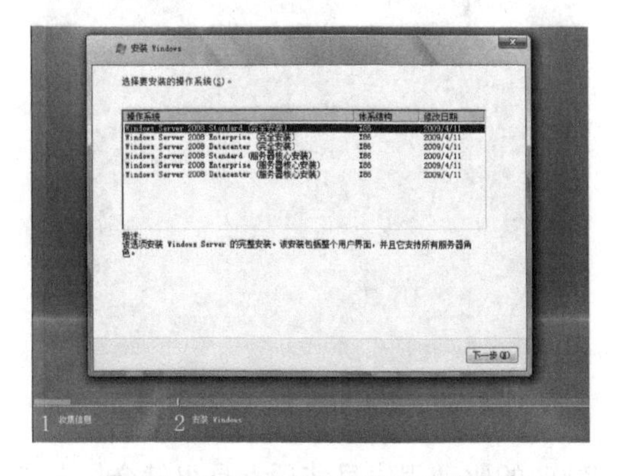

图 3-3　选择要安装的操作系统类型

图 3-4　选择安装类型

⑦设置安装分区，如图 3-5 所示。安装 Windows Server 2008 需要一个干净的大容量分区，否则安装之后分区容量会变得很紧张。需要特别注意的是，Windows Server 2008 只能安装在 NTFS 格式分区下，并且分区剩余空间必须大于 8GB。如果使用 SCSI、RAID 或者 SAS 硬盘，安装程序无法识别硬盘，需要在这里提供驱动程序。单击“加载驱动程序”图标，然后按照屏幕上的提示提供驱动程序，即可继续设置。

加载驱动程序改变了必须用软驱加载的先例，可以用 U 盘或移动硬盘等设备直接添加驱动。安装好驱动程序后，单击“刷新”按钮，让安装程序重新搜索硬盘。如果硬盘是全新的，还没有使用过，硬盘上没有任何分区及数据，还需要在硬盘上创建分区。此时，单击“驱动器选项（高级）”按钮新建分区，或者删除现有分区（如果是老硬盘的话）。

同时，可以在“驱动器选项（高级）”方便地进行磁盘操作，如删除、新建分区，格式化分区，扩展分区等。

⑧执行安装，如图 3-6 所示。安装过程中，计算机会重新启动几次。

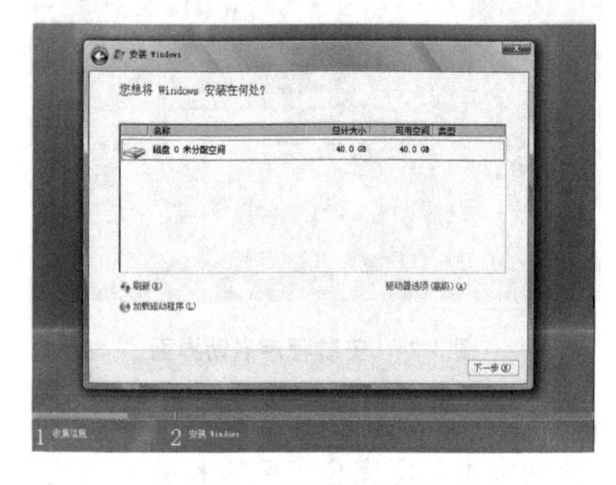

图 3-5　设置安装分区

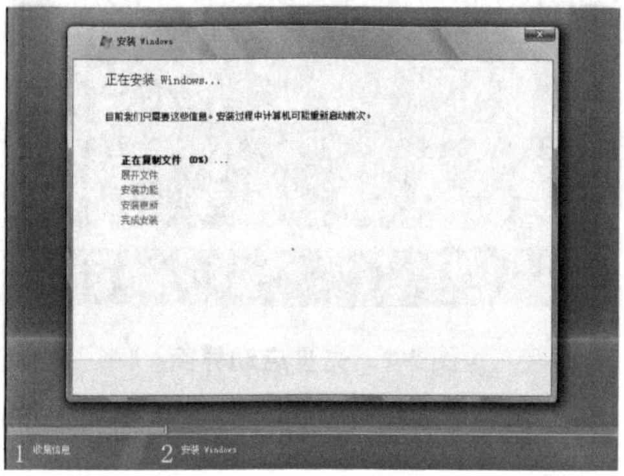

图 3-6　正在安装界面

⑨安装重启后，要求输入新的密码，如图 3-7 所示。

⑩完成安装后，Windows Server 2008 清爽、干净的桌面如图 3-8 所示。

图 3-7　设置登录密码

图 3-8　Windows Server 2008 桌面

⑪硬件设备驱动加载。Windows Server 2008 的驱动程序目前还不是很健全，尤其是对于一些老的硬件设备，碰到未知设备，在随机自带的光盘自动扫描驱动，以解决未知设备驱动问题。若扫描不到，到相关网站下载 Windows Server 2008 驱动。

3.1.2　IIS 的安装

IIS 是 Internet Information Services 的简称，中文译为 Internet 信息服务。它是 Windows Server 2008 的一个重要服务器组件，主要向客户提供各种 Internet 服务。例如架设 Web 服务器、提供用户网页浏览服务、架设新闻组服务器、提供文件传输服务等功能，本次任务将完成 IIS 的安装。

IIS 7.0 从核心层讲，被分割为 40 多个不同功能的模块，如验证、缓存、静态页面处理和目录列表等功能全部被模块化。这意味着 Web 服务器可以按照用户的运行需要来安装相应的功能模块。可能存在安全隐患和不需要的模块将不会加载到内存中，程序的受攻击面减小，性能方面得到增强。

作为 Windows Server 2008 的一个新功能，服务器管理器工具让用户在一个配置界面完成以下任务：安装/卸载服务器角色和功能；快速查看已安装的角色的状态；访问角色管理工具。下面主要介绍通过服务器管理工具来安装、配置 IIS 7.0。

1. *启动服务器管理器*

单击“开始”→“所有程序”→“管理工具”→“服务器管理器”，启动服务器管理器，界面如图 3-9 所示。

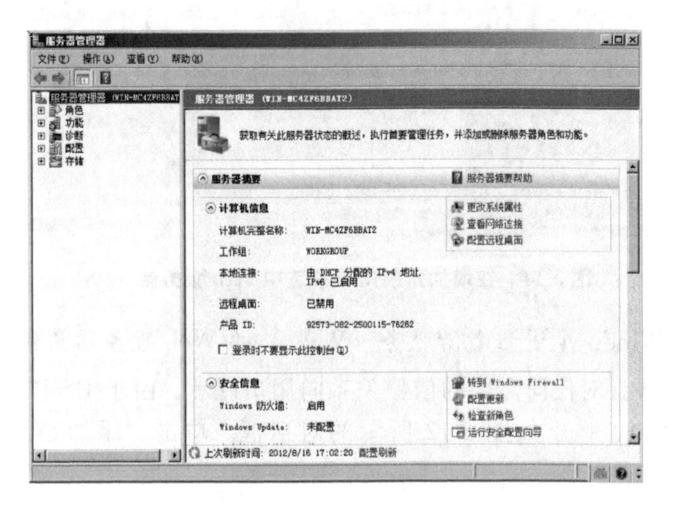

图 3-9 服务器管理器

2. *增加一个服务器角色*

在服务器管理器中选择角色。角色视图如图 3-10 所示。

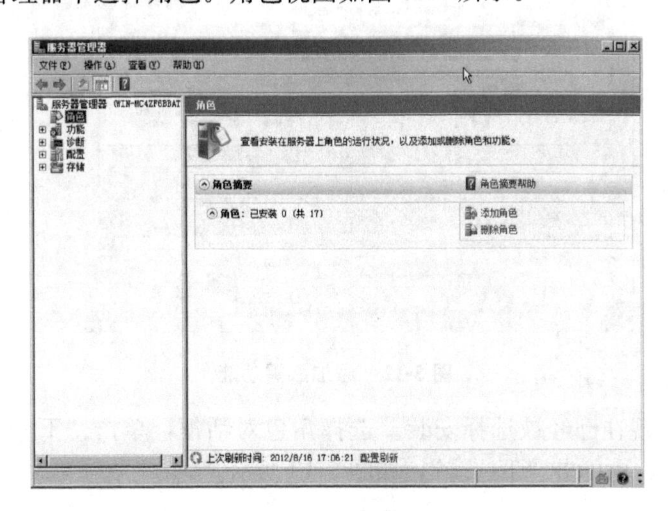

图 3-10 角色视图

3. 安装Web服务器（IIS）角色

单击“添加角色”，启动添加角色向导。单击“下一步”，然后选择要安装的角色，如图3-11所示。

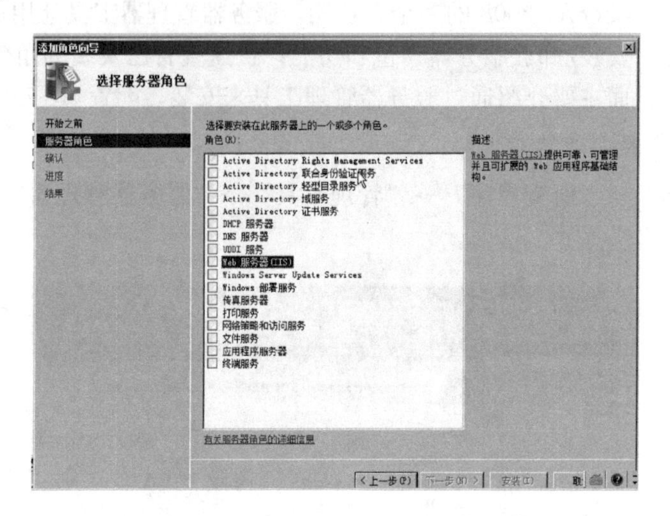

图3-11 在增加角色向导中选中Web服务器（IIS）

4. 依赖于Windows进程激活服务（WAS）的Web服务器角色

添加角色向导针对任何需要的依赖关系向用户提示。由于IIS依赖Windows进程激活服务（WAS），弹出如图3-12所示的对话框。单击“添加必需的功能”，继续操作。

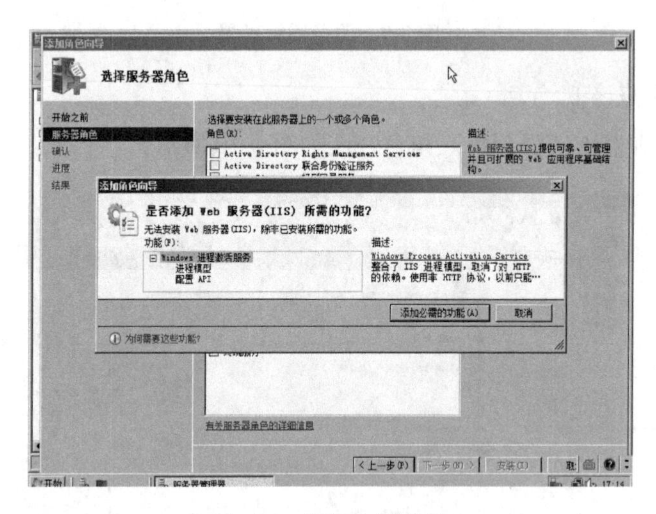

图3-12 添加必需功能

Web服务器现在已经被选择安装。选择角色对话框，单击“下一步”，弹出Web服务器简介窗口，再单击“下一步”，如图3-13所示。

5. 为IIS 7.0选择要安装的角色服务

IIS 7.0是一个完全模块化的Web服务器，这一点从这个步骤中可以看出。单击每

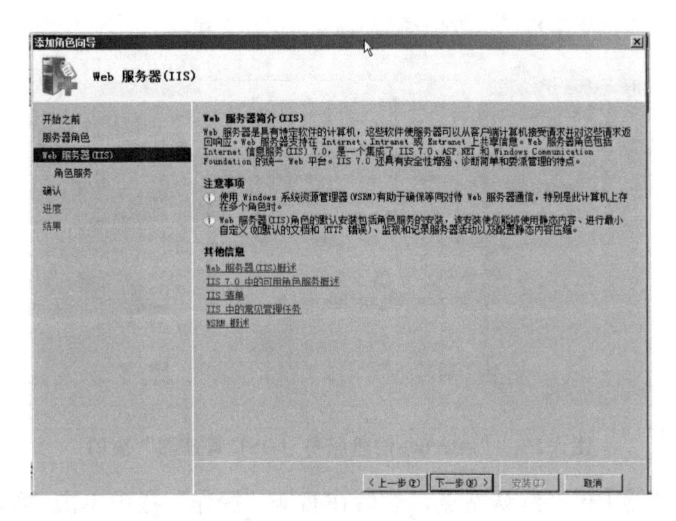

图 3-13 Web 服务器简介窗口

一个服务选项在右边会出现对该服务的详细说明，如图 3-14 所示。

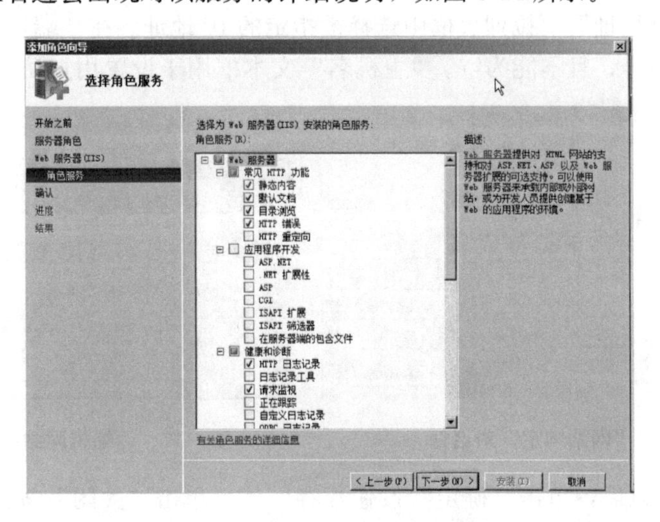

图 3-14 选择要安装的角色服务

6. 确认安装

确认选择安装的服务种类和设置。如果有问题，单击“上一步”修改设置；如果没问题，开始安装。

7. 单击“确认”后，系统自动开始安装 IIS 7.0。安装完成后给出安装结果信息。

3.1.3 在 IIS 上配置 Web 服务器

通过上一节的操作，在服务器上添加了 IIS。本节是要在 IIS 上配置用户自己的 Web 站点。

1. 配置 IP 地址和端口

①单击“开始”→“管理工具”→“Internet 信息服务（IIS）管理器”命令，打开“Internet 信息服务（IIS）管理器”窗口，如图 3-15 所示。

图 3-15 “Internet 信息服务（IIS）管理器”窗口

②在 IIS 管理器中选择默认站点，然后在右侧“操作”栏中单击“绑定”，弹出如图 3-16 所示的“网站绑定”对话框。默认端口为 80，使用本地计算机中的所有 IP 地址。

③选择该网站，然后单击“编辑”按钮，显示如图 3-17 所示的“编辑网站绑定”对话框。在“IP 地址”下拉列表框中选择欲指定的 IP 地址。在“端口”文本框中设置 Web 站点的端口号，且不能为空。“主机名”文本框用于设置用户访问该 Web 网站时的名称，当前可保留为空。

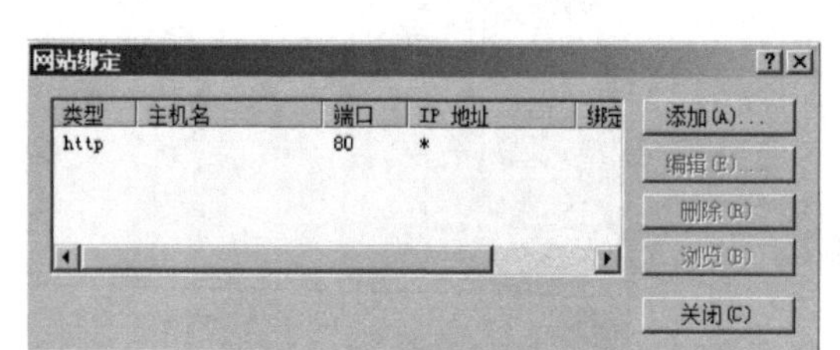

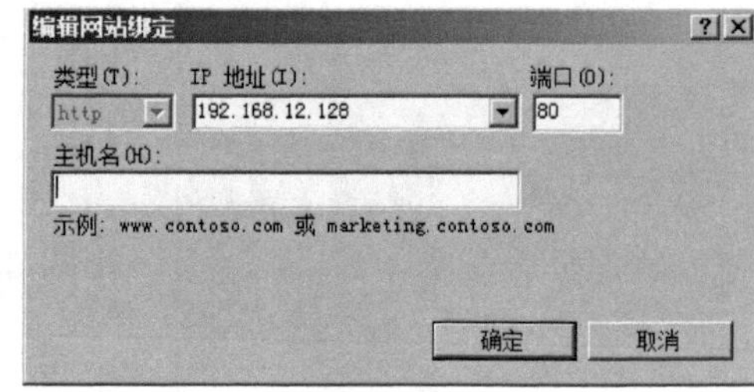

图 3-16 “网站绑定”对话框

图 3-17 “编辑网站绑定”对话框

④设置完成以后，单击“确定”按钮保存，然后单击“关闭”按钮。此时，在 IE 浏览器的地址栏中输入 Web 服务器的地址，显示如图 3-18 所示的窗口，表示可以访问 Web 网站。

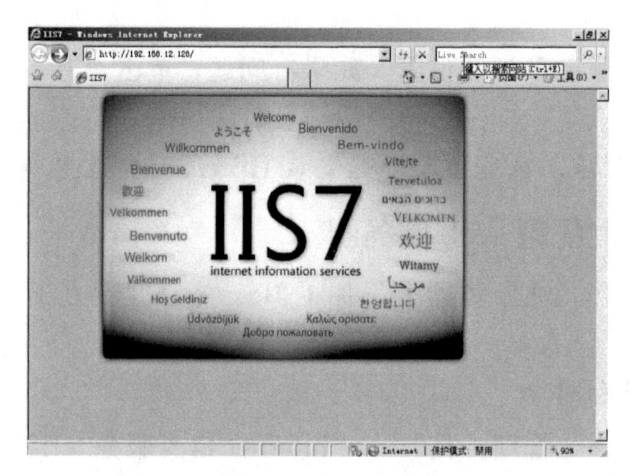

图 3-18 Web 网站

2. 配置主目录

主目录也就是网站的根目录，用于保存Web网站的网页、图片等数据，默认路径为“C：\Intepub\wwwroot”。但是，数据文件和操作系统放在同一磁盘分区中存在安全隐患，并可能影响系统运行，因此应设置为其他磁盘或分区。

①打开IIS管理器，如图3-15所示，选择欲设置主目录的站点，在右侧窗格的“操作”选项卡中单击“基本设置”，显示如图3-19所示的“编辑网站”对话框。在“物理路径”文本框中显示的就是网站的主目录。

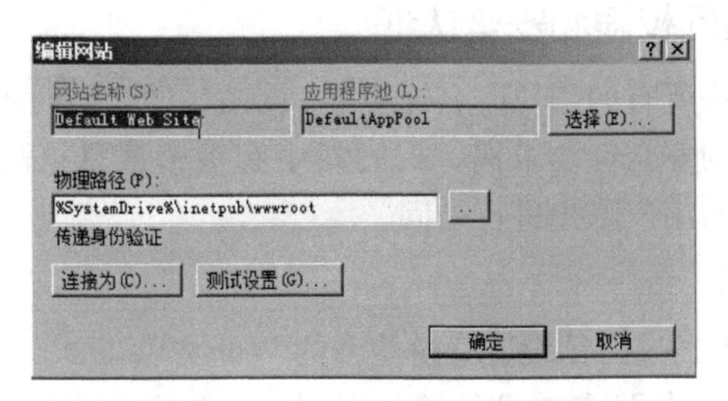

图3-19 “编辑网站”对话框

②在“物理路径”文本框中输入Web站点的新主目录路径，或者单击“浏览”按钮选择。最后，单击“确定”按钮保存。

3. 指定默认文档

用户访问网站时，通常只需输入网站域名，无需输入网页名。实际上，此时显示的网页就是默认文档。一般情况下，Web网站需要至少一个默认文档，当用户使用IP地址或域名访问且没有输入网页名时，Web服务器显示默认文档的内容。

①在IIS管理器的左侧树形列表中选择默认站点。在中间窗格显示的默认站点主页中，双击“IIS”选项区域的“默认文档”图标，显示如图3-20所示的“默认文档”列表。有6种默认文档，当用户访问时，IIS自动按顺序由上至下依次查找与之相对应的文件名。

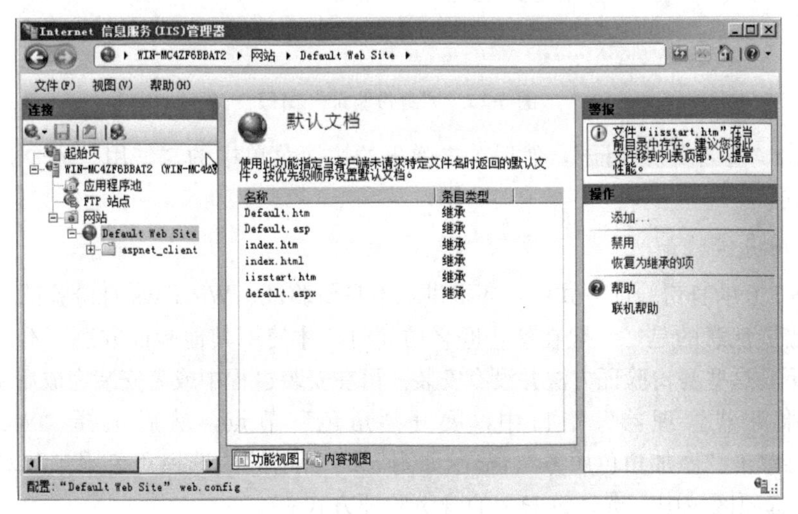

图3-20 “默认文档”列表

②单击右侧“操作”任务栏中的“添加”链接，显示如图 3-21 所示的“添加默认文档”对话框。在“名称”文本框中输入欲添加的默认文档名称。

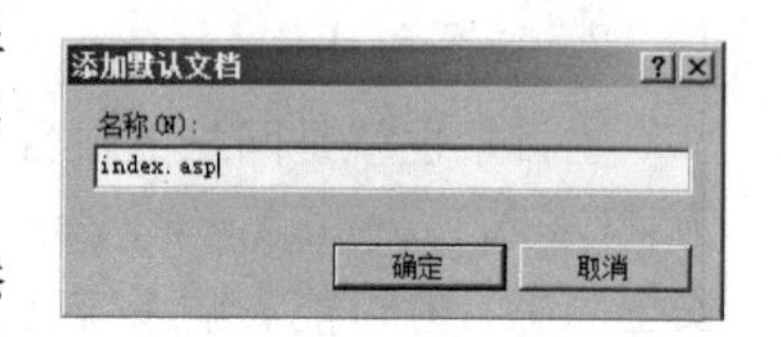

图 3-21 “添加默认文档”对话框

③单击“确定”按钮，即可添加该默认文档。新添加的默认文档自动排列在最上方，可通过单击右侧“操作”栏中的“上移”和“下移”超级链接来调整各个默认文档的顺序。

3.1.4 配置访问权限和安全认证

默认状态下，允许所有的用户匿名连接 IIS 网站，即访问时不需要使用用户名和密码登录。如果对网站的安全性要求高，或网站中有机密信息，需要限制用户，禁止匿名访问，只允许特殊的用户账户进行访问。

1. 禁用匿名访问

①在 IIS 管理器中，选择欲设置身份验证的 Web 站点。

②在站点主页窗口中双击“身份验证”，显示“身份验证”窗口。默认情况下，“匿名身份验证”为“启用”状态，如图 3-22 所示。

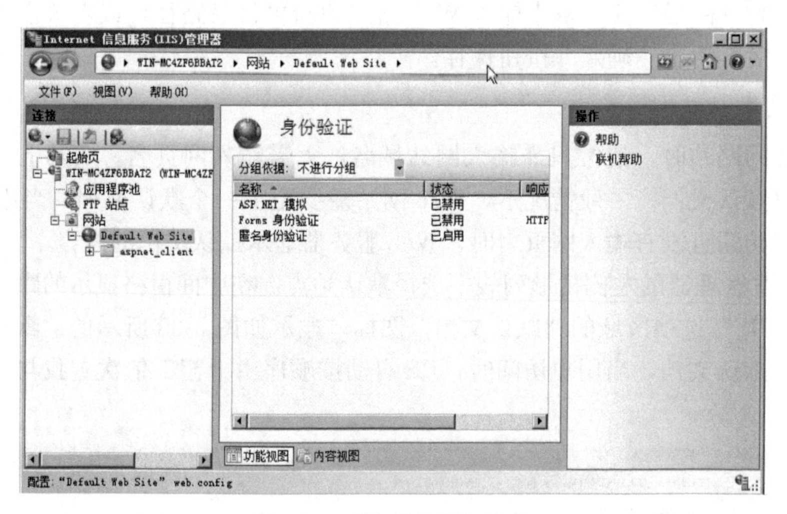

图 3-22 “身份验证”窗口

③右击“匿名身份验证”，然后单击弹出的快捷菜单中的“禁用”命令，即可禁用匿名用户访问。

2. 使用身份验证

在 IIS 7.0 的身份验证方式中，还提供基本身份验证、Windows 身份验证和摘要式身份验证。需要注意的是，一般在禁止匿名访问时，才使用其他验证方法。不过，在默认安装方式下，这些身份验证方法并没有安装。可在安装过程中或者安装完成后手动选择。

在“服务器管理器”窗口中，展开“角色”节点，然后选择“Web 服务器(IIS)”，再单击“添加角色服务”，显示如图 3-23 所示的“选择角色服务”对话框。在“安全性”选项区域中，选择欲安装的身份验证方式。

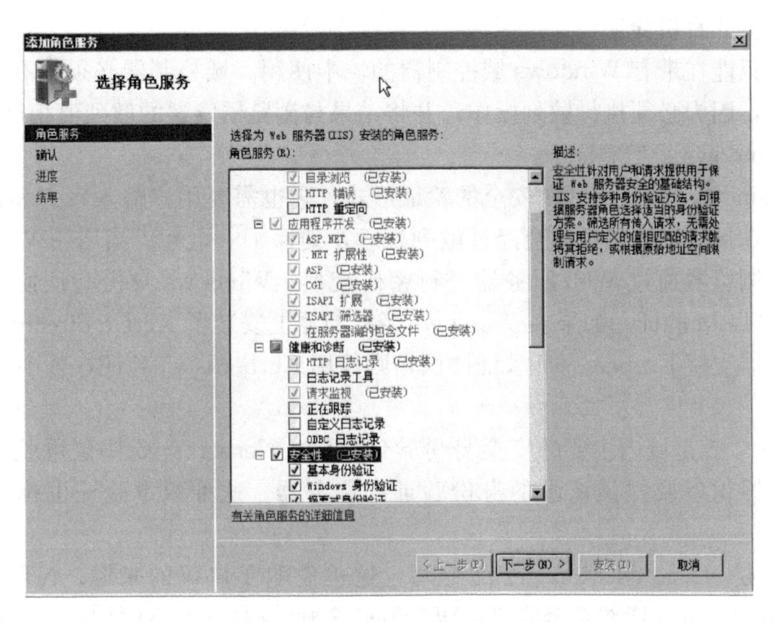

图 3-23　“选择角色服务”对话框

安装完成后，打开 IIS 管理器，再打开“身份验证”窗口，所安装的身份验证方式显示在列表中，并且默认均为禁用状态，如图 3-24 所示。

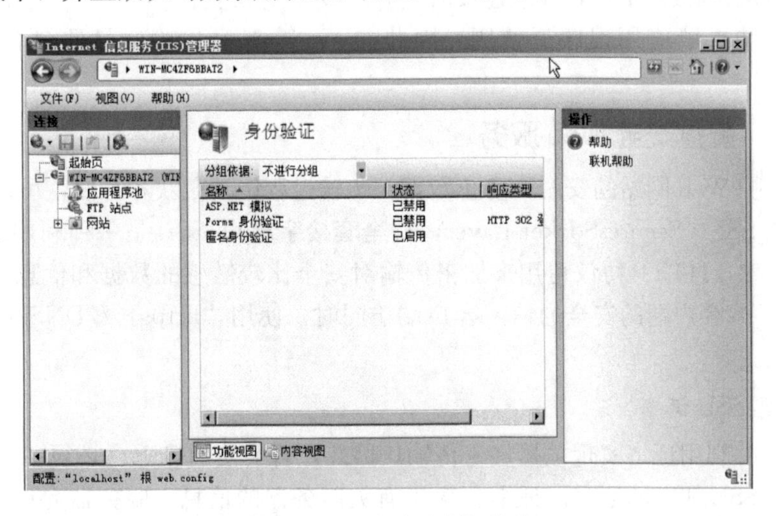

图 3-24　“身份验证”窗口

可安装的身份验证方式共有三种，说明如下。

(1) 基本身份验证

该验证会“模仿”为一个本地用户（即实际登录到服务器的用户），在访问 Web 服务器时登录。因此，若欲以基本验证方式确认用户身份，用于基本验证的 Windows 用户必须具有“本地登录”用户权限。默认情况下，Windows 主域控制器（PDC）中的用户账户不授予“本地登录”用户的权限。但使用基本身份验证方法将导致密码以未加密形式在网络上传输。蓄意破坏系统安全的人可以在身份验证过程中使用协议分析程序破译用户密码。

（2）摘要式身份验证

该验证只能在带有 Windows 域控制器的域中使用。域控制器必须具有所用密码的纯文本复件，因为必须执行散列操作，并将结果与浏览器发送的散列值相比较。

（3）Windows 身份验证

集成 Windows 验证是一种安全的验证形式，它也需要用户输入账户和密码，但用户名和密码在通过网络发送前会经过散列处理，确保了安全性。当启用 Windows 验证时，用户的浏览器通过 Web 服务器进行密码交换。Windows 身份验证使用 Kerberos v5 验证和 NTLM 验证。如果在 Windows 域控制器上安装了 Active directory 服务，并且用户浏览器支持 Kerberos v5 验证协议，则使用 Kerberos v5 验证，否则使用 NTLM 验证。

Kerberos v5 是域内主要的安全身份验证协议。Kerberos v5 协议可验证请求身份验证的用户标识以及提供请求的身份验证的服务器。这种双重验证也称为相互身份验证。

NTLM 是 NT LAN Manager 的缩写，这也说明了协议的来源。NTLM 是 Windows NT 早期版本的标准安全协议，Windows 2000 支持 NTLM 是为了保持向后兼容。

Windows 身份验证优先于基本验证，但它不提示用户输入用户名和密码；只有 Windows 验证失败后，浏览器才提示用户输入其用户名和密码。Windows 身份验证非常安全，但是在通过 HTTP 代理连接时，Windows 身份验证不起作用，无法在代理服务器或其他防火墙应用程序后使用。因此，Windows 身份验证最适合企业 Intranet 环境。

3.1.5 配置安全 Web 服务

为了保护 Web 网站的安全，防止数据在传输过程中被截获和篡改，可以在 Web 服务器上配置 SSL（Secure Socket Layer，安全套接字层）。SSL 是一种利用证书实现数据加密的技术，HTTP 协议可用来加密传输对安全比较敏感的数据和信息，实现 Web 服务端与 Web 客户端的安全通信。客户端访问时，使用“https：//DNS 域名或 IP 地址”的形式。

1. 创建 SSL 证书

由于 SSL 利用证书实现数据加密传输，因此，若要使用 SSL，必须在 Web 服务器端创建用于 SSL 加密的证书。证书包含了有关服务器的信息。服务器允许客户在共享敏感信息之前对其识别。Web 服务器只有安装有效服务器证书后，才拥有安全通信功能。

①在“Internet 信息技术（IIS）管理器”窗口中选择服务器名称，在“主页”的“IIS”区域双击“服务器证书”图标，显示如图 3-25 所示的“服务器证书”窗口。网络管理员可以导入已有证书，或者创建新证书。

②以创建一个自签名证书为例，在“操作”任务栏中单击“创建自签名证书”超级链接，显示如图 3-26 所示的“创建证书申请”对话框。在“为证书指定一个好记名称”文本框中为新证书设置一个名称。

③单击“确定”按钮，自签名证书创建完成，并显示在证书列表中。

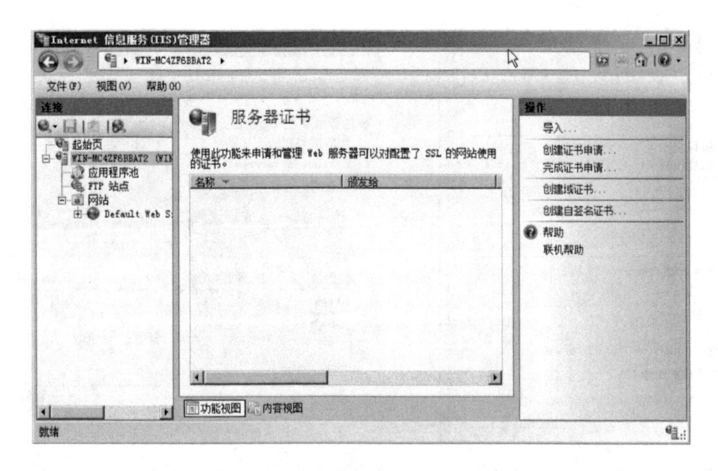

图 3-25　“服务器证书”窗口

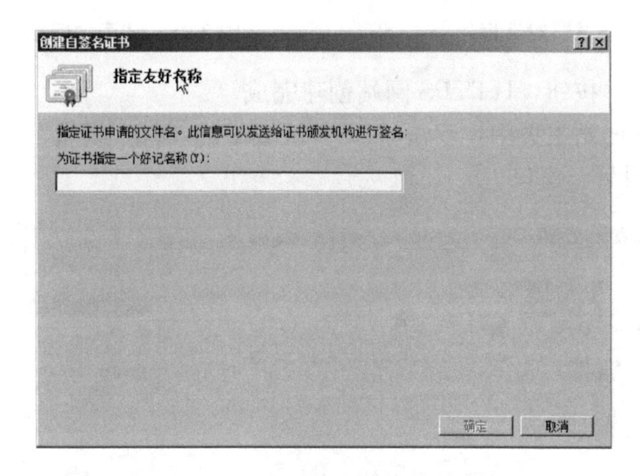

图 3-26　“创建证书申请”对话框

④选择新创建的证书，然后在右侧“操作”栏中单击“查看”链接，显示如图 3-27 所示的“证书”对话框，查看该证书的名称、颁发者、颁发给、到期日期和证书哈希等详细信息。最后，单击“确定”按钮。

2. 创建 SSL 网站

当 SSL 证书创建完成以后，即可创建 HTTPS 站点，并启用 SSL 设置。需要注意的是，HTTPS 站点只能在创建 SSL 证书后创建，不能将已创建的 HTTP 站点更改为 HTTPS 站点。

①在 IIS 管理器窗口的“连接”栏中右击“网站”，在弹出的快捷菜单中单击“添加网站”命令，显示“添加网站”窗口。设置网站名称、物理路径，然后在“类型”下拉列表中选择“https”，在“IP 地址”下拉列表中指定 IP 地址。“端口”使用默认的“443”即可。在“SSL 证书”下拉列表中选择该网站欲使用的证书，如图 3-28所示。

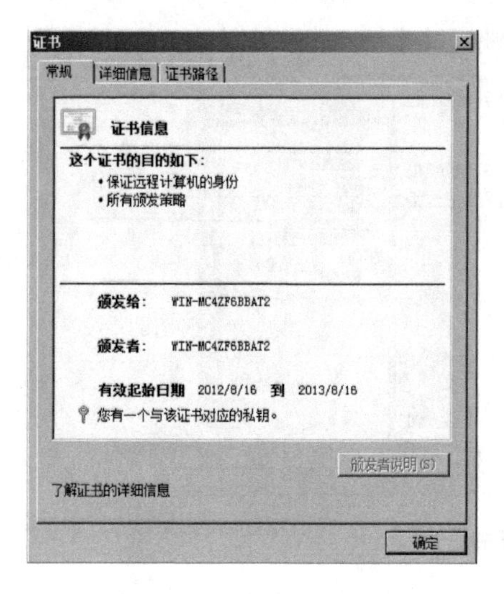

图 3-27 “证书”对话框

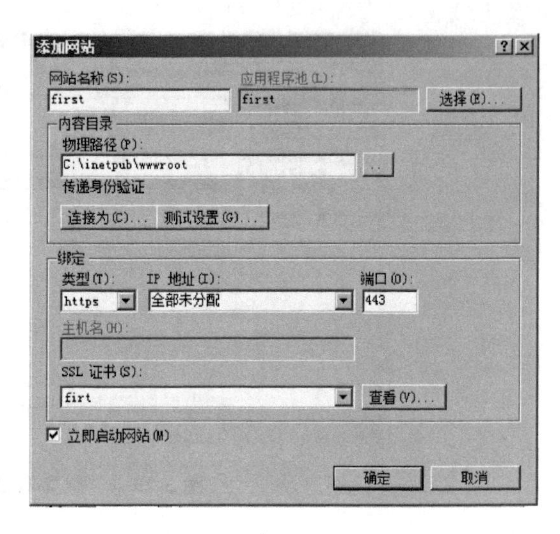

图 3-28 “添加网站”对话框

②单击“确定”按钮，HTTPS网站创建完成。

③在HTTPS网站主页中，双击“IIS”区域中的“SSL设置”图标，显示如图3-29所示的“SSL设置”窗口。

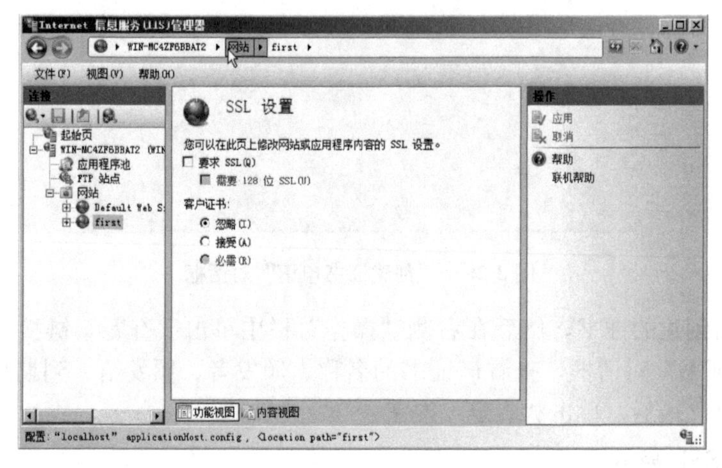

图 3-29 “SSL设置”窗口

④勾选“要求SSL”复选框，默认启用40位数据加密方法。如果勾选“需要128位SSL”复选框，则启动128位数据加密方法。在“客户证书”选项区域中有三种证书接受方式供选择，分述如下。

- 忽略：系统默认设置，不接受提供客户端证书，因此安全性最低。
- 接受：启用服务器端的SSL设置，并接受客户端证书（若提供），在允许客户端获得内容访问权限之前验证客户端身份。这里选择该项。
- 必需：在接受访问之前要求用户必须提供证书，以验证客户端身份的有效性，安全性最高。

设置完成后，在右侧“操作”栏中单击“应用”链接，应用所有设置。

3.2　APMServ

目前网上提供常用的 PHP 集成环境主要有 APMServ、phpStudy、AppServ、WAMP 和 XAMPP 等软件。这些软件区别不大。每种集成包都有多个不同的版本。本节主要以 APMServ 为例，介绍集成环境。

3.2.1　APMServ 概述

APMServ 5.2.6 是一款拥有图形界面的快速搭建 Apache 2.2.9、PHP 5.2.6、MySQL 5.1.28&4.0.26、Nginx 0.7.19、Memcached 1.2.4、phpMyAdmin 2.11.9.2、OpenSSL、SQLite、ZendOptimizer，以及 ASP、CGI、Perl 网站服务器平台的绿色软件。它无需安装，具有灵活的移动性，将其复制到其他目录、分区或别的计算机时，只需单击 APMServ.exe 中的“启动”按钮，即可自动进行相关设置，将 Apache 和 MySQL 安装为系统服务并启动。APMServ 集合了 Apache 稳定、安全的优点，并拥有跟 IIS 一样便捷的图形管理界面，同时支持 MySQL 5.0 & 4.0 两个版本；虚拟主机、虚拟目录、端口更改、SMTP、上传大小限制、自动全局变量、SSL 证书制作、缓存性能优化等设置，只需用鼠标一点即可完成。

在使用 APMServ 时需要注意的事项如下所述：

①APMServ 程序所在路径不能含有汉字和空格。

②MySQL 默认用户名为：root，密码为空。

③MySQL 数据库文件的存放目录是：MySQL5.1\data 或 MySQL4.0\data。

④网站根目录是［HTML，PHP］www\htdocs［ASP］www\asp［CGI，Perl］www\cgi-bin。

⑤访问本机，请用 http：//127.0.0.1/或 https：//127.0.0.1/（如果开启 SSL）。

⑥非默认端口，网址为 http：//127.0.0.1：端口/或 https：//127.0.0.1：端口/。

⑦如果在“扩展功能”中选择使用 Memcached，它的端口为“11211”。

⑧APMServ 集成了以下软件：

- Apache 2.2.9　［HTTP 服务器］
- Nginx 0.7.19　［HTTP 服务器］
- NetBox 2.8 Build 4128　［HTTP 服务器+ASP 脚本解释引擎］
- PHP 5.2.6　［PHP 脚本解释引擎］
- MiniPerl 5.8　［Perl 脚本解释器］
- Memcached 1.2.4　［key-value 内存缓存系统］
- MySQL 5.1.28　［MySQL 数据库服务器］
- MySQL 4.0.26　［MySQL 数据库服务器］
- phpMyAdmin 2.11.9.2　［MySQL 数据库在线管理工具］
- eAccelerator 0.9.5.3　［PHP 脚本加速引擎］
- ZendOptimizer 3.3.3　［PHP 脚本加速引擎］

- OpenSSL 0.9.8h　　　［HTTPS（SSL）安全传输协议］

3.2.2 APMServ 操作

1. 显示界面

文件释放后，双击“APMServ.exe”文件，即可出现 APMServ 5.2.6 的操作界面，如图 3-30 所示。

图 3-30　APMServ 5.2.6 操作界面

2. 启动服务

单击右下角的“启动 APMServ”绿色图标，底部状态栏显示：“√Apache 已启动”、“√MySQL5.1 已启动”，表示服务启动成功。单击右上侧“访问用户本地网站”图标，测试默认 Web 网站（即访问默认目录\APMServ5.2.6\www\htdocs 下的 phpinfo.php 文件）。测试成功后，代表本地 PHP 平台搭建完成。

3. 移动站点文件至默认 Web 目录

软件默认 Web 目录为\APMServ5.2.6\www\htdocs。先将目录中的 phpinfo.php 文件删除，再将站点文件全部复制到该目录下。如果是 ASP 站点，请将目录复制到 ASP 程序目录 APMServ5.2.6\www\asp 中。

4. 访问站点

如果站点为 PHP，直接单击“访问用户本地网站”图标进行访问；若为 ASP 站点，需单击界面顶部的“网站目录”菜单，然后在下拉列表中选择“访问 ASP 程序网站”进行访问。

5. 管理 MySQL 数据库

单击界面右侧的“管理 MySQL 数据库”图标，弹出 phpMyadmin 登录界面。按照“安装注意事项”的提示进行登录。登录成功后，便可管理站点 MySQL 数据库。

3.3 开发工具

3.3.1 网页设计编辑排版工具

Adobe Dreamweaver 是集网页制作和网站管理于一身的所见即所得网页设计软件，是第一套针对专业网页设计师特别开发的视觉化网页开发工具，利用它可以轻而易举地制作出跨越平台限制和跨越浏览器限制的充满动感的网页。

除了可视化网页设计之外，Dreamweaver 还有网站管理的功能。在使用 Dreamweaver 开发网站时，可利用 FTP、SFTP、WebDAV 及 RDS 等协议与 Web 服务器连接，把本地设计好的网页上传到远程服务器。

Dreamweaver CS4 版的特点是界面设计有了很大的变化。

3.3.2 网页图像设计工具

1. Photoshop CS4

Photoshop 是 Adobe 公司推出的一款图像绘制处理软件。Adobe 公司是世界上久负盛名的图形图像多媒体公司之一，其推出的软件被公认是世界范围内功能最强大的图形图像制作软件。Photoshop 以其简单的操作方法和强大的功能，赢得了全世界众多图像制作人员的青睐，并成为图形图像制作和设计领域事实上的标准软件。

Photoshop 拥有众多的插件（滤镜）和工具，能够很容易地实现各种绚丽多彩的效果，因此是网页设计中图像设计的首选软件。

2. Flash CS4

Flash 同 Fireworks 及 Dreamweaver 一样，原属于 Macromedia 公司，后由 Adobe 收购。Flash 是一种二维矢量动画软件，用于设计和编辑 Flash 文档。目前 Flash 动画是 Web 动画的标准。网页设计是一个感性思考与理性分析相结合的复杂过程，它的方向取决于设计的任务，它的实现依赖于网页的制作。

3.3.3 动态网站设计工具

ASP 全名 Active Server Pages，是一个 Web 服务器端的开发环境，利用它可以产生和执行动态的、互动的、高性能的 Web 服务应用程序。ASP 采用脚本语言 VBScript（Java Script）作为开发语言。

ASP. NET 是 Microsoft. net 的一部分，作为战略产品，不仅仅是 Active Server Page（ASP）的下一个版本，它还提供了统一的 Web 开发模型，其中包括开发人员生成企业级 Web 应用程序所需的各种服务。

PHP 是一种跨平台的服务器端的嵌入式脚本语言。它大量地借用 C、Java 和 Perl 语言的语法，并耦合 PHP 自己的特性，使 Web 开发者能够快速地写出动态产生页面。它支持目前绝大多数数据库。还有一点，PHP 是完全免费的，可以从 PHP 官方站点（http：//www. php. net）自由下载，而且不受限制地获得源码，甚至可以加进自己需要的特色。

JSP 是由 Sun 公司倡导、许多公司参与一起建立的一种动态技术标准。JSP 技术是以Java语言作为脚本语言的，JSP网页为整个服务器端的Java库单元提供了一个借口来服务于HTTP的应用程序。

上述四种开发工具的技术特点如下所述。

1. ASP

①使用VBScript、JScript等简单易懂的脚本语言，结合HTML代码，即可快速地完成网站的应用程序。

②无需compile编译，容易编写，可在服务器端直接执行。

③使用普通的文本编辑器，如Windows的记事本，即可编辑、设计。

④与浏览器无关（Browser Independence），客户端只要使用可执行HTML码的浏览器，即可浏览Active Server Pages设计的网页内容。Active ServerPages使用的脚本语言（VBScript、Jscript）均在Web服务器端执行，客户端的浏览器不需要能够执行这些脚本语言。

⑤Active Server Pages能与任何ActiveX Script语言兼容。除了可使用VB Script或JScript语言来设计外，还通过plug-in的方式，使用由第三方提供的其他脚本语言，如REXX、Perl、TCL等。脚本引擎是处理脚本程序的COM（Component Object Model）对象。

⑥可使用服务器端的脚本来产生客户端的脚本。

⑦ActiveX Server Components（ActiveX服务器组件）具有无限可扩充性。可以使用Visual Basic、Java、Visual C＋＋、COBOL等程序设计语言来编写所需要的ActiveX Server Component。

2. ASP. NET

相对于ASP. NET的前身ASP来说，ASP. NET具有如下特点。

（1）效率增强

ASP采用解释执行的方式，用户每一次访问页面时，从头到尾解释一遍，效率较低。ASP. NET采用编译后运行的方式，当用户第一次访问页面时，对页面进行编译，以后再访问时就直接运行。这样做尽管第一次会稍微慢些，但以后的速度会大大提高（当然，如果修改了源代码，需要再次编译）。

（2）顶级开发工具支持

ASP. NET可以在Visual Studio. NET中开发，支持所见即所得、拖放控件和自动部署等功能，使开发效率显著提高。

（3）程序结构清晰

在ASP中，ASP代码和HTML标记是掺杂在一起的，其实是将ASP代码嵌入到HTML文档中。ASP. NET可以将程序代码和HTML标记分开，使得程序结构更清晰。

（4）开发简单

ASP. NET中的很多特性使得开发更简单。例如，它提供的验证控件可以方便地验证客户是否正确填写表单内容，不需要自己编写大段验证代码。另外，提交表单后，可以自动保留客户在表单内输入的内容。

（5）移植方便

在ASP中，如果要使用第三方组件，需要在服务器端注册该组件，甚至需要重新启动服务器，极不方便。而在ASP.NET中，可以向目标服务器直接复制组件。当需要更新时，重新复制一个即可。ASP.NET自动地逐步用新的组件替换旧的组件。

（6）Web服务

所谓Web服务，就是一种特殊的Web组件，该组件有一些属性和方法，其他网上应用程序或传统应用程序可以远程调用这些属性和方法，并返回一个简单的结果。比如，你提供一个计算存款到期本利和的Web服务，其他用户可以在自己的程序中向你传递相应的参数，并返回计算后的本利和，然后继续用在自己的程序中进行其他的处理；而传统的网站只能提供一个页面，其他人在你的页面中输入有关参数，并计算得到相应的结果。

3. PHP

PHP可以编译成具有与许多数据库相连接的函数。PHP与MySQL是绝佳的群组合。用户还可以自己编写外围函数去间接存取数据库。通过这种途径，当更换使用的数据库时，可以轻松地修改编码，以适应变化。PHPLIB就是最常用的提供一般事务需要的一系列基库。但PHP提供的数据库接口支持彼此不统一，比如对Oracle、MySQL、Sybase的接口，彼此不同。这也是PHP的一个弱点。

4. JSP

（1）将内容的产生和显示分离

使用JSP技术，Web页面开发人员可以使用HTML或者XML标识来设计和格式化最终页面，使用JSP标识或者小脚本来产生页面上的动态内容。产生内容的逻辑被封装在标识和JavaBeans群组件中，并且捆绑在小脚本中，所有的脚本在服务器端执行。如果核心逻辑被封装在标识和Beans中，其他人，如Web管理人员和页面设计者，能够编辑和使用JSP页面，而不影响内容的产生。在服务器端，JSP引擎解释JSP标识，产生所请求的内容（例如，通过存取JavaBeans群组件，使用JDBC技术存取数据库），并且将结果以HTML（或者XML）页面的形式发送回浏览器。这有助于用户保护自己的代码，又保证任何基于HTML的Web浏览器的完全可用性。

（2）强调可重用的群组件

绝大多数JSP页面依赖于可重用且跨平台的组件（如JavaBeans或者Enterprise JavaBeans）来执行应用程序所要求的更为复杂的处理。开发人员能够共享和交换执行普通操作的组件，或者使这些组件被更多的使用者或者用户团体所使用。基于组件的方法加速了总体开发过程，并且使得各种群组织在他们现有的技能和优化结果的开发努力中得到平衡。

（3）采用标识简化页面开发

Web页面开发人员不会都是熟悉脚本语言的程序设计人员。JavaServer Page技术封装了许多功能，这些功能是在易用的、与JSP相关的XML标识中产生动态内容所需要的。标准的JSP标识能够存取和实例化JavaBeans组件，设定或者检索群组件属性，下载Applet，以及执行用其他方法更难以编码和耗时的功能。

通过开发定制化标识库，JSP 技术是可以扩展的。今后，第三方开发人员和其让他人员可以为常用功能建立自己的标识库。这使得 Web 页面开发人员能够使用熟悉的工具和如同标识一样执行特定功能的构件来工作。

JSP 技术很容易整合到多种应用体系结构中，以利用现有工具和技巧，并且扩展到支持企业级的分布式应用。作为采用 Java 技术家族的一部分，以及 Java 2EE 的一个成员，JSP 技术支持高度复杂的基于 Web 的应用。由于 JSP 页面的内置脚本语言是基于 Java 程序设计语言的，而且所有的 JSP 页面都被编译成为 Java Servlet，JSP 页面具有 Java 技术的所有好处，包括健壮的存储管理和安全性。

作为 Java 平台的一部分，JSP 拥有 Java 程序设计语言“一次编写，各处执行”的特点。随着越来越多的供货商将 JSP 支持加入到他们的产品中，用户可以使用自己选择的服务器和工具，修改工具或服务器并不影响目前的应用。

5. 动态网站设计工具比较

（1）应用范围

ASP 与 ASP. NET 是 Microsoft 开发的动态网页语言，继承了微软产品的一贯传统——只能运行于微软的服务器产品 IIS（Internet Information Server）（Windows NT）和 PWS（Personal Web Server）（Windows 98）上。Unix 下也有 ChiliSoft 的插件来支持 ASP，但是 ASP 本身的功能有限，必须通过 ASP＋COM 的组合来扩充。Unix 下的 COM 实现起来非常困难。

PHP5 可在 Windows、Unix 和 Linux 的 Web 服务器上正常运行，还支持 IIS、Apache等通用 Web 服务器。用户更换平台时，无需变换 PHP5 代码，可即拿即用。JSP 同 PHP5 类似，几乎可以运行于所有平台。如在 Win NT、Linux、Unix NT 下，IIS 通过一个插件，例如 JRUN 或者 ServletExec，就能支持 JSP。著名的 Web 服务器 Apache 已经能够支持 JSP。由于 Apache 广泛应用在 NT、Unix 和 Linux 上，因此 JSP 有更广泛的运行平台。虽然现在 NT 操作系统占了很大的市场份额，但是在服务器方面，Unix 的优势仍然很大，新崛起的 Linux 更是来势不小。从一个平台移植到另外一个平台，JSP 和 JavaBean 甚至不用重新编译，因为 Java 字节码都是标准的与平台无关的。

（2）前景分析

目前国内 PHP 与 ASP 应用最为广泛。ASP. NET 和 JSP 由于是较新的技术，国内采用的较少。但在国外，JSP 已经是比较流行的一种技术，尤其是电子商务类的网站多采用 JSP。四者中，JSP、PHP 和 ASP. NET 有着非常好的应用前景；PHP 由于其运行环境代码上的开源以及众多开发爱好者的支持，有着强劲的发展动力。ASP. NET 因为 Microsoft 的支持也有很好的发展，只不过运行环境等都不开源。JSP 因为其安全性，运行效率有很大的成长空间。

总之，ASP、ASP. NET、PHP 和 JSP 四者都有相当数量的支持者，它们各有所长。

本章小结

本章主要介绍了 Windows Server 2008 操作系统的安装、常用服务的配置方法和 Web 安全机制，以及网页的常用开发工具。由于篇幅有限，本章只是简单概述，希望读者能在网站建设中仔细体会。

实践课堂

1. 查找动态网站平台技术的相关资料，比较这四种技术。
2. 练习 APMServ 的基本操作。

家庭作业

1. 练习 Windows Server 2008 的安装。
2. 练习在 Windows Server 2008 中设置 IIS。

第4章　页面设计

本章导读

页面设计是指对网页的整体布局、网页色彩的搭配和网站首页的设计。网站所使用的CSS样式表等内容在制作网站之前应有整体的规划和设计，使整个网站的风格更加统一，色彩搭配更加合理，使得网站对访问者具有更大的吸引力，网站能得到最大的推广。

4.1　风格设计

网站的风格设计包括网站页面的整体布局、页面布局的具体方法和网页的色彩搭配设计。通过网页风格的设计，使网页布局趋于合理，色彩搭配更加赏心悦目。

4.1.1　布局

在现代网页设计过程中，网页布局设计越来越重要。网页的浏览者不愿意再看到只注重内容的站点。虽然内容仍然是最重要，但只有当网页布局和网页内容有机地结合在一起时，这种网页或者说站点才是最受浏览者欢迎的。如果过分偏重于内容而忽略网页的整体布局，或者网页布局异常华丽而没有实质性的内容，都无法留住越来越“挑剔”的访问者。

1. 网页布局的基本概念

当网页最初呈现在人们面前时，它就像一张白纸，需要设计者任意挥洒自己的设计才思。在设计之初，设计者需要明白，虽然自己能控制一切所能控制的东西，但如果知道什么是约定俗成的标准，或者说是大多数访问者的浏览习惯，就可以在此基础上添加自己的东西，尽情发挥想象，创造出满意的设计方案。对于初学者，在设计网页之前，要掌握网页布局的基本概念。

（1）页面尺寸

页面尺寸和显示器大小及分辨率有关。网页的局限性就在于设计人员无法突破显示器的约束，而且因为浏览器占去不少空间，留给设计人员的页面范围越来越小。一般分辨率为800×600时，页面的显示尺寸为780×428像素；分辨率为640×480时，页面的显示尺寸为620×311像素；分辨率为1024×768时，页面的显示尺寸为1007×600。由此可以看出，分辨率越高，页面尺寸越大。由于硬件环境不断改善，显示器的分辨率均在1024×768以上，因此设计人员可以考虑以1007×600作为网页的页面尺寸。

浏览器的工具栏也是影响页面尺寸的原因。目前的浏览器工具栏一般都可以取消或者增加，当显示全部工具栏或关闭全部工具栏时，页面的尺寸是不一样的。这也是网页设计之初设计人员应该考虑的问题。

在网页设计过程中，向下拖动页面是唯一给网页增加更多内容（尺寸）的方法。但需要注意的是，除非设计人员肯定站点的内容能够吸引用户拖动，否则不要让访问者拖动页面超过三屏。如果需要在同一页面显示超过三屏的内容，最好能在网页上使用页面内部链接，以方便浏览。

（2）整体造型

什么是造型？造型就是创造出来的物体形象。这里是指页面的整体形象。这种形象应该是一个整体，图形与文本的接合应该层叠有序。虽然显示器和浏览器都是矩形的，但对于页面的造型，设计人员可以充分运用自然界中的其他形状及其组合。常用的页面造型大致分为“国”字型、拐角型、标题正文型、左右框架型、上下框架型、综合框架型、封面型、Flash 型、变化型。下面分别论述。

①“国”字型：也称为“同”字型，是一些大型网站喜欢的类型，即最上面是网站的标题以及横幅广告条；接下来是网站的主要内容，左、右分列一些小条内容；中间是主要部分，与左、右一起罗列到底；最下面是网站的基本信息、联系方式、版权声明等。这是网页浏览者见到最多的一种结构类型。

②拐角型：这种结构与上一种其实只是形式上的区别，其实很相近，其上面是标题及广告横幅；接下来的左侧是一窄列链接，右列是很宽的正文；下面是一些网站的辅助信息。在这种类型中，常见最上面是标题及广告，左侧是导航链接。

③标题正文型：这种类型即最上面是标题或类似内容，下面是正文，比如一些文章页面或注册页面等。

④左右框架型：这是一种左、右分别为两页的框架结构。一般左面是导航链接，有时最上面有一个小标题或标志；右面是正文。浏览者见到的大部分大型论坛都采用这种结构，一些企业网站也喜欢采用。这种类型结构非常清晰，一目了然。

⑤上下框架型：与上述类型相似，区别仅在于是一种上、下分页的框架。

⑥综合框架型：是上面两种结构的结合，是相对复杂的一种框架结构，较常见的是类似于拐角型的结构，只是采用了框架结构。

⑦封面型：这种类型一般出现在网站的首页，大部分为精美的平面设计结合小的动画，放上几个简单的链接，或者仅是一个“进入”的链接，甚至直接在首页的图片上做链接而没有任何提示。这种类型大部分出现在企业网站和个人主页。如果处理得好，会给人带来赏心悦目的感觉。

⑧Flash 型：与封面型结构类似，只是这种类型采用了目前非常流行的 Flash，与封面型不同，由于 Flash 强大的功能，页面表达的信息更丰富，其视觉效果及听觉效果如果处理得当，绝不差于传统的多媒体。

⑨变化型：即上面几种类型的结合与变化，如果网页结构在视觉上很接近拐角型，但所实现的功能实质上是上、左、右结构的综合框架型。

在实际设计中具体采用哪种结构，是初学者可能会遇到的问题。其实这要具体情况具体分析。如果网站的内容非常多，考虑用“国”字型或拐角型；如果网站内容不算太多，而一些说明性的内容比较多，考虑采用标题正文型。几种框架结构的共同特点是浏览方便，速度快，但结构变化不灵活。如果一个企业网站想展示企业形象，或者个人主页想展示个人风采，封面型是首选；Flash 型更灵活。好的 Flash 能够丰富网页，但是它不能表达过多的文字信息。网站设计人员可随着网页设计经验不断提高而灵活采用不同类型的页面结构。

（3）页头

页头又称为页眉，其作用是定义页面的主题。比如，一个站点的名字多数显示在页眉里。这样，访问者能很快知道该站点包含什么内容。页头是整个页面设计的关键，它牵涉到下面的更多设计和整个页面的协调性。页头常放置站点名字的图片和公司标志以及旗帜广告等内容。

（4）文本

文本在页面中以行或者块（段落）为单位出现，其摆放位置决定了整个页面布局的可视性。过去因为页面制作技术所限，文本放置的位置的灵活性非常小。随着 DHT-ML 兴起，文本可以按照设计人员的要求放置到页面的任何位置。

（5）页脚

页脚和页头相呼应。页头是放置站点主题的地方，页脚是放置制作者或者公司信息的地方。

（6）图片

图片和文本是网页的两大构成元素，缺一不可。处理好图片和文本的位置，是整个页面布局的关键。设计人员的布局思维将体现在这里。

（7）多媒体

除了文本和图片，还有声音、动画、视频等其他媒体。虽然这些信息在目前不能被大量地应用到网页中，但随着动态网页的兴起，它们在网页布局上将变得更加重要。

2. 网页布局的方法

网页布局的方法有两种，第一种为纸上布局，第二种为软件布局。下面分别介绍。

（1）纸上布局法

许多网页设计人员不喜欢先画出页面布局的草图，而是直接在网页设计器里边设计布局边加内容。这种不打草稿的方法使设计人员在网页设计过程中遇到很多麻烦。所以在开始制作网页时，要先在纸上画出页面的布局草图。

准备若干张白纸和一支铅笔，设计如下内容。

①尺寸选择：800×600 的分辨率为约定俗成的浏览模式。目前的显示器分辨率均可达到 1024×768 以上，因此也可以 1024×768 的分辨率作为设计标准。

②造型的选择：先在白纸上画出象征浏览器窗口的矩形，作为网页布局的范围。选择一个形状作为整个页面的主题造型。本书的实例选择拐角型，即最上面是网站的标题以及横幅广告条，接下来的左侧是一窄列链接，右列是很宽的正文，最下面是网站的基本信息、联系方式、版权声明等。因为本书实例是一个房地产网站，选择这种结构比较大气，同时有利于浏览者访问。如果设计者一开始就想设计出完美的布局，这是比较困难的。还要注意一点，不要担心设计的布局是否能够实现。事实上，只要

是设计者能想到的布局，都能借助现今的 HTML 技术实现。

③增加页头：一般页头都位于页面顶部，包含网站的 Logo、网站的名称、欢迎信息或标准性的图片。通常使用 .jpg 图片文件或者 Flash 动画来表示，因此设计者需要设置相关的内容。

④增加文本和图片：指在页面的空白部分加入文本和图形。文本和图形的混排要适当。

经过以上几个步骤，一个时尚页面的大概布局就出现了。当然，它不是最后的结果，而是以后制作时的重要参考依据。

（2）软件布局法

如果设计人员不喜欢用纸来画出布局草图，可以利用软件来完成。这个软件就是 Photoshop。将 Photoshop 的图像编辑功能用到设计网页布局上，更显得心应手。不像用纸来设计布局，利用 Photoshop 可以方便地使用颜色、图形，并且利用层的功能设计出用纸张无法实现的布局意念。

3. 网页布局的技术

（1）层叠样式表的应用

在新的 HTML 4.0 标准中，CSS（层叠样式表）被提出来，它能完全精确地定位文本和图片。CSS 对于初学者来说有点复杂，但它的确是一个好的布局方法。设计者曾经无法实现的想法利用 CSS 都能实现。目前在许多站点上，层叠样式表的运用是表征站点是否优秀的体现。设计者可以在网上找到许多关于 CSS 的介绍和使用方法。

（2）表格布局

表格布局已经成为一个标准，随便浏览一个站点，一般是用表格布局的。表格布局的优势在于它能处理不同对象，而不必担心不同对象之间的影响。表格在定位图片和文本上比用 CSS 更加方便。表格布局唯一的缺点是当使用过多表格时，页面下载速度受到影响。对于表格布局，设计者可以随便找一个站点的首页，然后将其保存为 HTML 文件，再利用网页编辑工具打开它（要所见即所得的软件），就会看到该页面是如何利用表格的。

（3）框架布局

不知道什么原故，许多人不喜欢框架结构的页面，可能因为其兼容性稍差。但从布局上考虑，框架结构不失为一个好的布局方法。它如同表格布局一样，把不同对象放置到不同页面来处理，因为框架可以取消边框，所以一般来说不影响整体美观。

4.1.2 色彩

网页的色彩是树立网站形象的关键要素之一。色彩搭配却是网友们感到头疼的问题，即网页的背景、文字、图标、边框、超链接等应该采用什么色彩，应该搭配什么色彩，才能最好地表达出设计者的寓意？下面首先介绍色彩的基本知识。

1. 颜色

颜色是由于光的折射而产生的。

2. 三原色

红、黄、蓝是三原色，其他色彩都可以用这三种颜色调和而成。

网页 HTML 语言中的色彩表达就是用这三种颜色的数值表示。例如，红色是 color (255，0，0)，十六进制表示为 FF0000；白色为 FFFFFF。我们经常看到的“bgColor＝＃FFFFFF”就是指背景色为白色。

3. 颜色的分类

颜色分非彩色和彩色两类。非彩色是指黑、白、灰系统色。彩色是指除了非彩色以外的所有颜色。

4. 色彩的属性

任何色彩都有饱和度和透明度的属性，属性的变化产生不同的色相，所以可以制作出几百万种不同的色彩。

网页制作用彩色还是非彩色，因网页主题的不同而有所不同。专业机构的研究表明：彩色的记忆效果是黑白的 3.5 倍。也就是说，在一般情况下，彩色页面比完全黑白的页面更容易吸引人们的注意。但有些网站采用纯黑白的色彩搭配，同样可以达到非常好的效果，使人印象深刻。

大部分设计人员采用主要内容文字用非彩色（黑色），边框、背景、图片用彩色的配色方案。这样，页面整体不单调，用户浏览主要内容也不会眼花。

5. 非彩色搭配

黑白是最基本和最简单的搭配，白字黑底、黑底白字都非常清晰、明了。灰色是万能色，可以和任何彩色搭配，也可以帮助两种对立的色彩和谐过渡。如果实在找不出合适的色彩，采用灰色同样会取得不错的效果。

6. 彩色的搭配

色彩千变万化，彩色的搭配是网页制作研究的重点。下面进一步介绍有关色彩的知识。

（1）色环

将色彩按红→黄→绿→蓝→红依次过渡渐变，可以得到一个色彩环。色环的两端是暖色和寒色，当中是中型色。红、橙、橙黄、黄、黄绿、绿、青绿、蓝绿、蓝、蓝紫、紫、紫红、红，即暖色系、中性系、寒色系、中性系。

（2）色彩的心理感觉

不同的颜色会给浏览者不同的心理感受。红色是一种激奋的色彩，具有刺激效果，能使人产生冲动、愤怒、热情、活力的感觉。绿色介于冷、暖两种色彩的中间，给人和睦、宁静、健康、安全的感觉。它和金黄、淡白搭配，可以产生优雅、舒适的气氛。橙色也是一种激奋的色彩，具有轻快、欢欣、热烈、温馨、时尚的效果。黄色具有快乐、希望、智慧和轻快的个性，它的明度最高。蓝色是最具凉爽、清新、专业的色彩。它和白色混合，能体现柔顺、淡雅、浪漫的气氛（像天空的色彩）。白色给人洁白、明快、纯真、清洁的感受。黑色具有深沉、神秘、寂静、悲哀、压抑的效果。灰色给人中庸、平凡、温和、谦让、中立和高雅的感觉。

每种色彩在饱和度、透明度上略微变化，就会产生不同的效果。以绿色为例，黄绿色有青春、旺盛的视觉意境，蓝绿色则显得幽宁、阴森。

7. 网页色彩搭配的原理

网页色彩搭配的原理主要有以下几点：

①色彩的鲜明性。网页的色彩要鲜艳，容易引人注目。

②色彩的独特性。要有与众不同的色彩，使得浏览者对网站的印象强烈。

③色彩的合适性。色彩和网站表达的内容相适合。例如，用粉色体现女性站点的柔性。

④色彩的联想性。不同色彩会让人产生不同的联想，人们从蓝色想到天空，从黑色想到黑夜，从红色想到喜事等。选择色彩，要和网页的内涵相关联。

8. 网页色彩掌握的过程

随着网页制作经验的积累，设计人员在色彩的使用上有这样的一个趋势：单色→五彩缤纷→标准色→单色。一开始因为技术和知识缺乏，设计人员只能制作出简单的网页，色彩单一；在有一定基础和材料后，他们希望制作漂亮的网页，将最心仪的图片、最满意的色彩堆砌在页面上；但是时间一长，他们发现色彩杂乱，没有个性和风格，于是重新定位网站，选择切合主题的色彩，这时推出的站点往往比较成功；当设计人员的设计理念和技术达到顶峰时，将返朴归真，用单一色彩甚至非彩色，就可以设计出简洁、精美的站点。

9. 网页色彩搭配的技巧

如何能够快速地掌握色彩搭配的原则？参考以下几点意见：

①用一种色彩。这里是指先选定一种色彩，然后调整透明度或者饱和度（通俗地说，就是将色彩变淡或加深），产生新的色彩，用于网页。这样的页面看起来色彩统一，有层次感。

②用两种色彩。先选定一种色彩，然后选择它的对比色（在 Photoshop 里按 Ctrl＋Shift＋I 键）。

③用一个色系。简单地说，就是用一个感觉的色彩，例如淡蓝、淡黄、淡绿；或者土黄、土灰、土蓝。

④用黑色和一种彩色。比如，大红的字体配黑色的边框，感觉很“跳”。

10. 配色的禁忌

①不要将所有颜色都用到，尽量控制在三种色彩以内。

②背景和前文的对比尽量要大（绝对不要用花纹繁复的图案作为背景），以便突出主要文字内容。

4.2　主页设计

在任何 Web 站点上，主页是最重要的页面，比其他页面有更大的访问量。主页对企业收入的影响比简单的商务增收方法大得多：主页是企业对外的脸面。在做任何生意之前，越来越多的潜在客户将查看企业在网上的形象，而不考虑企业是否在网上有真正的商务活动。

主页最重要的作用在于它能够表现出企业的概貌，显示出与竞争对手相比或与物理世界相比的优势，并能将所提供的产品或服务展示给访问主页的用户。因此在设计网站的首页时，既要使用户了解到网站提供的各种功能，又不至于将这些功能都塞在主页上，令经验不足的用户感到困惑。重点突出而又一目了然，同时充分理解用户的目的，这些都是主页设计的关键。

4.2.1 设计原则

网站要容易使用，并遵循一些设计规则。因为用户在访问一个网站时，难以记住任何特殊的交互诀窍，于是会把更多的时间花在更容易使用的网站上。因此在设计企业主页时，遵循这些原则尤为重要。主页经常是第一个（也有可能是最后一个）吸引并留住客户的机会，在这点上，主页和报纸的头版非常相像。所有主页都应该像报纸头版那样着重对待，并由编辑来决定主页上登载的重要内容，并保证网站风格的一致性、连续性。

当然，这只是指导原则，不是“放之四海而皆准”的公理。凡事皆有例外，虽然按照这些原则能提高主页的作用，但网页设计人员还需要和用户广泛交流，学习相关领域的知识，了解用户需求，并进行实际用户测试，不断地将反馈的信息融入到开发周期中。只有在不断的反馈、修改过程中，才能制作出令用户满意的网页。

网站主页包含的主要元素如下所述。

1. 日期、时间和数字

用户需要了解看到的信息是否是当前的最新信息，但不需要查看每个条目的日期和时间。

①仅对时间敏感的信息显示日期和时间。不要对没有时间敏感性的信息显示时间和日期，不必显示星期几。例如，本书的实例房地产网站中，房屋的买卖和租赁信息就应该显示日期和时间。

②显示最后更新的时间，而不是计算机生成的时间。对于房地产网站来说，在提交新的房源信息时，最好同时提交信息的提交日期和时间，而不要使用计算机自动生成的时间。因为在计算机中，有时时间是不准确的。

③日期的书写：不要只用数字表示日期，比如“01/02/03”，它可能是2月1日，也可能是1月2日，因为有些国家的习惯不同。

④当显示一列数字时，要对齐小数点。

在主页上微小的优化工作，都能减小主页的混乱程度。

2. 收集用户信息

很多站点一开始就在主页上向用户索要信息，比如用户的电子邮件地址等。绝大多数网站并不向用户解释为什么这样做。通常情况下，很多用户（更不用说有经验的用户了）都直接放弃填写个人信息，因为他们知道，那将会经常收到一大堆不期而至的电子邮件，将收件箱塞得满满当当。

3. 站点内容的控制

用户访问网站是来看内容的，要避免在主页上大量充斥有关网站的无用的赞美信息，或在主页上介绍自己的网站无所不能，这些都是需要用户在访问网站的过程中亲身体会的。所以，在主页上要控制关于本网站的赞誉信息，绝大多数用户并不关心所访问的网站是否已经入选某些人选出的“今日热门站点”之类的内容。但同时，独立的权威机构发表的赞誉、认证和优秀站点的评价是提高网站可信度的有效途径。

对建立信任度来说，产品质量或服务的奖项比网站本身的奖项通常更有帮助。在任何情况下，都不要过分强调奖项的内容，以至于让用户反感。而且，过分强调过去获得的奖项会降低信誉度，因为它说明最近网站还没有做出令人称道的事情。

4. 突发事件处理

有时网站会出现一些问题，或者企业受到突发事件的影响。事故发生后，用户需要获得相关信息，应及时更新主页。

①如果网站瘫痪，或者网站的某个重要部分不能使用了，要在主页上明确说明。要讲明大概需要多长时间才能修复故障，而不是仅显示“稍候重试”之类的话。在网站瘫痪期间，要通知用户可以做其他事情。例如，“我们的客户服务部门随时为您服务，电话 010-12345678”。要将这些信息作为关键信息保留在网站上，不要给用户显示网站的某些部分“正在建设中”之类的信息。

②有一个应付突发事件的计划。例如，事先准备好主页的备份版本，它有与正在显示的主页相同的信息。当前主页出现故障或被非法篡改后，能够利用备份网页迅速地恢复网站主页。

5. 广告

网站设计人员需要注意的是，现在的用户已经对网站上的广告相当有经验了，绝大部分访问者会选择忽视广告内容。不幸的是，在忽视广告的同时，访问者经常会忽视任何和广告类似的东西，或者和广告相邻的内容。如果在网站中使用了公司外的广告设计，必须保证网站内容和风格的一致性。失去客户的代价也许会远远超过广告带来的收益。设计者选择添加网站新闻时，可采用以下策略：

①将公司广告放在页面边缘。绝对不要把广告放在最重要的条目旁边，那会使这些条目被用户忽视。例如，一些文件下载网站经常将下载地址放在广告堆中，或者只有在单击广告后才允许用户下载文件，这些设计可能使用户感到厌烦，并且失去对网站的信任。

②为其他公司做的广告要慎重采用，要尽量小，并尽量和主页的核心内容相关。

③最好给广告加上标签，说明它们是广告，而不是网站内容。如果将广告放在页面上方的标准广告区域，就不用加标签。

④避免用广告的惯用方式显示网站的常见特性。内容越像广告，就越没有人看。

6. 欢迎词

很多网站似乎很想在主页上包含欢迎词。在主页上显示友好的“欢迎”、“welcome”等词汇是因特网早期剩下的残羹冷炙，那时能在有限的网站上见到一个这样的词汇，实在是值得庆贺的事情，可是现在人们已经习以为常了。不要将主页上最重要的区域用于向用户打招呼。对用户最好的欢迎是让他们知道能在网站上做什么。本原则的一个例外是：在网站确认注册用户的身份后，使用欢迎词。

7. 新闻和公告信息

为了更有效地在主页上发布新闻，需要用心雕琢标题和新闻概要，这对发布网站所属企业的信息和其他新闻同样适用。标题和内容要直接切入正题，而不是仅仅引诱用户点击后才能看到真正的信息。帮助用户不用点击不感兴趣的内容是很重要的，否则经过多次无意义的点击之后，用户可能最终选择放弃正在访问的网站。

①标题应该简洁，采用叙述语言，用尽量少的文字表达尽量多的信息。

例如，标题“土地放量新盘增多 楼市紧张情况将缓解”比“北京市国土资源局新增住宅用地，房地产市场将迎来供应高峰”的字少，但包含更多的信息。标题和它下面的内容提要的相关程度应该高于和整篇文章的相关程度。

②精心编辑在主页上重点突出的新闻内容提要。

不要只是照抄或改写文章的第一段，因为第一段往往不适合作为一个单独的部分。要给用户真正的内容，而不仅仅是对后面内容的描述。要用尽量具体的内容来吸引用户点击并阅读全文。

③不必在新闻提要中列出日期和时间，除非它确实是一条爆炸新闻并且经常更新。如果主页经常更新，主页上的时间足以说明新闻内容的时效。但是，在一篇文章的显著位置显示日期是很重要的，因为很久以后可能还要查找相关内容，如果不标明包括年份的完整日期，老新闻可能会被当作当前的新闻。

8. 网址

尽可能使主页的网址易于记忆是非常重要的。不仅要让用户记住访问过的网址，而且要能快速猜到公司的域名。一旦用户锁定某个网站，简单的网址能让其迅速登录正确的网站，而复杂的网址不利于记忆，有可能出现登录错误。

①商业网站的主页默认的是“www. 公司名 .com”或“www. 公司名 .com. cn”这样的域名。不要在域名后面加复杂的代码，甚至“index. htm”之类的内容，没有用户愿意输入一长串网址。网站的主页应在配置网站时将其设置为默认文档。

②如果条件允许，要为站点注册不同的拼写、缩写或常见的拼写错误域名。如果域名有不同的拼写方法，选择一个作为正式版本，将其他的重新定向到此网址。

9. 窗口标题

每一个主页都有一个简单、直接的窗口标题。虽然很多人在上网时或许不会留意窗口标题，但它在给窗口加标签和用搜索引擎查找网站时起到关键作用。当用户把网站加入收藏夹时，窗口标题是默认的标签。当用户浏览收藏列表来访问网站时，标题应该以最能将用户和网站联系起来的词作为开头。与之类似，搜索引擎在搜索结果中显示窗口标题，用户据此决定搜索内容和搜索项的关联程度，所以在一长串搜索结果列表中，标题必须方便浏览，内容独特。为方便浏览，窗口标题应以尽量短的句子表达尽量多的内容。

（1）用最能传达信息的词语（通常是公司的名字）作为窗口标题开头

用户经常浏览而不是阅读屏幕上的文字，所以如果不能用最初几个词语吸引用户，可能就不会引起其注意。如果没有用企业名称中最重要的词作为窗口标题的开头，企业名称就不会在书签列表和搜索结果中出现。很多网站以“欢迎”、“主页”开头，独立地看，很不错，但在首先出现的词中未表示出任何有关网站的独特信息。

（2）不要在窗口标题中包括顶级域名（如“. com”）

除非确实是公司名的组成部分，诸如“. com”的后缀对于窗口标题来说是不必要的，并且会使公司形象在网上和网下不一致。当用户进入网站时，早已知道是在网上，所以不需要加“. com”。

（3）在窗口标题中包括对网站的简短描述

这段描述对尚未广为人知的网站尤为重要，即使用户早已将网站加入收藏夹，或者在搜索列表中查看，能轻易记住或理解网站的用途。可以考虑采用网站标签行的内容（如果网站有标签行的话）作为简短描述。

（4）标题不要太长

太长的标题不容易阅读，尤其在书签列表中更是如此。

10. 版面设计

图形设计应该有助于将用户的注意力吸引到页面的重要元素上，但在主页上最好不要以图形设计作为起始点。

①在页面上要限制字体的样式和其他文本格式，例如文字大小、颜色等。因为繁多的文字样式容易分散用户对文字本身的注意力。如果文本样式看起来过于图形化，用户会把它当作广告而忽略。

②使用高对比度的文字颜色和背景颜色，使文字尽量清晰。

③在 800×600 分辨率下，避免水平滚屏。

水平滚屏不可避免地导致使用问题，最大的问题是用户有时候不会注意滚动条，从而忽略其中的信息。

④页面并非越长越好。

在设计主页时，尽量将主页控制在一个半版面之内。如果主页的长度超过了用户通常使用的满屏高度的 4 倍，应该简化主页，将一部分内容移到次级页面上。另一方面，不要将所有的东西都塞在一个屏幕范围之内，只将最能反映网站重要特性和功能的内容显示在主页上即可。

⑤最好使用动态页面设置，使主页大小可根据屏幕分辨率来调整。

⑥慎重使用标志图案。

除了站点本身的标志图案外，仅在用户能了解标志的实际意义时才使用它们，以便吸引用户的注意。因为其他的标志图案更像是广告，而不是链接。

11. 图形和动画

用图形来表现网站的内容，可以大大提高主页的表现力。但另一方面，图形会增加页面的混乱程度，并增加页面的下载时间。与之类似，动画尤其如此。

①用图形表现真正的内容，而不是主页的装饰。

使用和内容有关的照片，人们会被图片吸引。如果图片与所要表现的内容无关，会分散用户的注意力。

②如果图形或图片在上下文中的意义不明确，应有简短的解释。

例如，在关于电影节的文章里显示了一部电影的静态图片，要清楚地说明这幅图片是那部电影的，并对该电影作一些简单的介绍。另一方面，如果夸张的图片可以在读者快速浏览页面时了解故事内容，则不需要解释其意思。

③以适当的尺寸编辑图片，并加上图片的 Alt 属性。

数量过多的图片并不会传递过多的信息，反而使页面看起来更加混乱。避免使用带水印的图片，它会使页面更加混乱，经常会减弱视觉效果。即使这些图片和内容相关并且有吸引力，用户也不能清楚地看到它，所以应减少水印效果的使用。

④在主页上，不要仅为吸引用户注意力而使用动画，因为它会减弱用户对其他元素的注意程度。

12. 搜索

搜索是用户能轻松找到所需资料的主要方法。要在主页上设置搜索引擎，建议将搜索引擎放置在主页中醒目的位置，让用户可以直接看到它，使用简单并查找范围广泛。

①最好在主页上就设置搜索引擎。如果在主页上找不到搜索功能，用户会认为网站没有提供该功能。

②搜索引擎最好放置在页面的上方，在最右面或最左面的角部位置。搜索引擎用文本框表示。根据用户的习惯，文本框的颜色最好是白色，且宽度应足够宽，以便用户能看到和编辑标准的查询。文本框应至少能输入 18 个字符。

③如果网站有高级搜索但并不常用，就不要在主页上包含一个指向它的链接，而是当显示查找结果时，再向用户提供高级查询的选项。

④主页的搜索功能应默认的是整个网站。

如果要限制用户查找，绝对不要对用户隐藏查找范围。用户总是以为查找的是整个网站，找不到时，会以为网站没有要找的功能。

13. 导航

主页设计的初衷就是使得在网上访问其他内容更加方便，所以让用户能方便地找到适当的导航区域是很重要的。设计人员在设计导航区域时，应该使导航栏能够显示站点最重要的内容，以使用户查看顶级类别时就对内容有很好的感觉。

①在显著位置放置主导航区域。

要避免在页面的顶端放置导航区域，因为用户经常把屏幕顶端的条形区域当作广告而忽略，这在大量的测试中得到验证。比如，微软网站顶部的导航区域，就是一个易被用户忽视的区域。

②在导航区域将链接条目分组，不要有多个导航区域指向同一类型的链接。

分组能帮助用户区别相似和有关联的类别，从而容易查看到网站提供的全部产品或内容。但是，分组太细，会使界面复杂并显得支离破碎，给用户有条理地理解和掌握界面带来困难。

③在主页中不要包含指向该主页的动态链接。

例如，如果将“主页”作为导航条的一部分，在该主页上它应该处于不可点击的状态；否则，肯定有用户点击它，结果不过是页面重载了一次，用户会有一种上当的感觉。当然，其他页面应当有一个回到主页的链接。

④导航区域的语言表述应该简单、明了。

类别名应能明显区分开，如果在导航区使用了自造词或业内术语，用户不便区分，所以应尽量避免这些情况的发生。

14. 链接

链接不仅仅在主页上有，但由于主页是网站的门户，应该比一般的页面有更多的链接。关于主页链接的设计原则，有以下几点。

（1）尽量使链接更容易阅读

用带更多信息的文字作为链接的开头。因为用户经常只会浏览链接的头一两个词来决定是否阅读，所以要精心处理链接文字，使其言简意赅，不要在每个链接开头都包含冗余信息，无区别的文字只能使用户寻找关键词时更加困难。例如，如果在发布公司新闻时，每条新闻都用公司名开头，通过浏览器快速找到每条新闻的主旨就不太容易。以这种形式列出新闻条目，会呈现给用户一大堆相同的词，给阅读造成不便。

尽量用带下划线的文字标识链接，除非是公认的链接区域。越来越多的网站热衷于将链接的下划线去掉，使用户不知道哪些是链接，哪些不是，有时候只能靠将鼠标移上去看是否变成小手指来判断。这样做的后果是很多链接失去作用。

（2）注意链接名称

不要用普通的指令作为链接名称，如“点击”、“Click”等，而要采用有意义的名称，比如“点击下载”。不要在普通列表后使用诸如“更多…”、“more…”等，而要告诉用户点击将得到什么东西，比如“更多新闻”、“更多软件”等。

（3）用不同的颜色来表示链接状态

用容易区分的、不太饱和的颜色表示访问过的链接。虽然很多网站用灰色表示访问过的链接，但是灰色一般不容易阅读，而且灰色通常是控件不可用的标志，所以建议将已访问过的链接颜色设置成与正文、未访问过的链接和正在访问的链接颜色不同即可，使用户很容易区分出哪些是未访问过的链接、哪些是正文、哪些是已经访问过的链接。

如果链接的作用不是打开另一个 Web 页面，而是链接到一个 PDF 文件、打开一段声音或视频、打开应用程序等，注意要明确说明点击链接以后要发生什么，比如用小图标来说明。

15. 主页内容

写出令人印象深刻的内容是所有 Web 页面设计最重要的方法之一。绝大多数用户只会大致浏览标题内容，而不会仔细阅读，所以必须优化内容，用尽量少的词语表达尽量多的信息，使之适合快速阅读。主页必须用尽量少的空间容纳尽量多的标题含义。

①使用用户关注的词语。类别和科目要按照用户的取向划分，而不要按照公司的意愿来划分。

②避免冗余内容。为了强调某些条目（例如类别或链接）的重要性而不断地在主页上重复显示，反而会减少受关注的程度。而且冗余的条目会使页面显得更加拥挤，导致所有的条目都不再引人注目，因为它们在互相竞争。为了突出重点，应将重点信

息放在清晰的位置。另一方面，如果在多个类别中包含相同条目，或者文字标题不同但实际上指向同一页面的链接，只要标题文字用的是用户感兴趣的语言，冗余内容还是有帮助的。

③不要使用成语、行话作为内容的标题，否则用户很难明白网站所表达的意思。

当用户看到语义模糊或充满术语的标题时，当用户必须靠点击链接以后查看具体内容才能明白链接文字所表达的意思时，很快会失去耐心。当然，不是说主页上的文字必须是干巴巴的白话，它必须包含丰富的信息，而且不能模棱两可。

④如果页面上某个区域中的内容已经有效地说明自身作用，就不需要给这个定义明确的区域贴上标签命名。一般来说，不必给主要新闻标题再贴标签，因为其大小和位置已经说明它的作用。与之类似，如果网站中有一个要突出某产品或信息的矩形区域，就不用再给该区域的产品或信息添加特色标题了，这样的标题通常给人画蛇添足的感觉，意味着浪费空间。

⑤尽量少用命令式语言。除非在法定或约定俗成的情况下，或作适当强调时，才使用诸如“输入城市或邮政编码”等命令语言。例如可以说：“请输入城市名查看天气情况”。在页面上，访问者会很自然地被告诉他们需要做什么的文字所吸引，尤其是当文字后面是一个熟悉的控件时，例如是一个输入框或下拉菜单时，而且经常会忠实地按照指令去做，因为访问者认为自己必须按照指令说的那样做。

⑥避免使用感叹号。感叹号是文本中经常用到的符号，但不应该在主页上出现。感叹号看起来像是在向用户喊叫。因为主页上的所有条目都是重要的。

⑦为强调效果，要避免不恰当地使用空格和停顿。

例如，“周 公 制 作”或“周 . 公 . 制 . 作””，看起来也许很有趣，但会让用“周公”作为关键词查找的用户找不到此项，同时减慢用户的阅读速度。

16. 公司信息

除了主页上的标签行外，所有商业 Web 站点都需要提供查找企业信息的清晰方法。无论企业大小，产品或服务是单一还是广泛，都应该如此。访问者愿意知道自己是在和谁做生意，有关企业的详细信息可增加网站的可信度。对一些网站来说，例如大集团公司的网站，有时候人们访问的唯一目的或许是想获取公司信息。即使是提供单一产品或服务的网站，很多用户仍然想知道是谁在提供产品或服务。

下面这些原则也适用于政府网站和其他非盈利机构的网站。

①在一个独立的区域组织好公司的信息。

给内容分类，使用户明确知道去哪里查询相关信息，使不关心这类信息的用户只需关注页面上的其他内容。

②在主页上建立一个“关于我们”的链接，使用户了解公司的概况。

还要建立公司产品、服务、公司价值、商业观点、管理团队等相关内容的详细链接。建议该链接叫做“关于（公司名）”。

③如果想要发布公司新闻，在主页上放置一个专门的链接。

当报刊记者想报道某个公司时，会很喜欢并依赖这部分内容。

④提供统一的表达方式，让用户在网站上觉得是和公司而不是和页面本身打交道。当提到公司的网站时，不要使用“公司名 . com”，将网站从公司中独立出来，而要直

接使用公司名。这样，用户会感觉到他们是在和一个不可分割的、紧密联系的公司打交道。

⑤在主页上放置一个“联系我们”的链接，指向一个包含公司所有联系信息的页面。如果想鼓励网站访问者直接和公司联系，应该在主页中直接放置公司的联系信息，例如地址 、电话、E-mail 等，用户就不用在网站中寻找了。

⑥不要在公司网站上包含公司内部信息（这种信息针对的是雇员，应该在公司内部网上发布）。这些内部信息不仅使公共站点更加拥挤，而且如果用户认为这些信息是针对自己时，会产生误会。

招聘信息是公司的焦点内容之一，在内部网和因特网上都颇受关注。因为招聘信息针对的是潜在的雇员，而不是当前的员工。

⑦如果网站要搜索用户信息，应该在主页上放置一个隐私策略的链接。

⑧如果网站的盈利模式不明显，应解释网站是怎样赢利的。

大家都知道，天下没有免费的午餐。如果用户不能轻易看出公司或网站的商业模式（例如靠销售或广告赢利），他们对网站的信任度就会降低。因为他们害怕在网站中有某种隐藏的攫取其财富的方法。

17. 网站特色

在企业的主页上必须强调商标、品牌和公司最重要的目标。主页还必须具有独特的、令人印象深刻的外观，以便用户能认出它就是该站点的起始页面。

①在显著的位置，以适当的大小显示公司名称或标志。

此标志区域不需要很大，但应该比周围条目更大、显著，以便引起用户注意。根据用户的习惯，页面的左上角通常是放此标志的最佳位置。但有些站点例外，比如雅虎的主页，标志就在上方居中。

②有一个简单的标签行。

此标签行必须简单、短小并一语中的。其内容可以直截了当地概括站点提供什么服务或商品。模糊或过于专业术语化的标签行只能让用户更加茫然。

③从用户观点出发，强调站点的价值，以及公司和主要竞争对手的区别。

如果能简洁表达，标签行是很好的地方。一个点出公司特色的简单标签行，可以让用户对公司产生与众不同的感觉，以及明白该站点能提供什么信息

④强调最重要的任务或工作，以便用户对主页有清晰的第一印象。

既然要强调，就应该把这些工作或任务放在显要位置，例如页面的中上方，并且不要排列太多信息。换句话说，如果你什么都想强调，则任何事情都不会引起重视。所以，要限制核心工作的数量，一般应该在 4 个以内，其周边不要有干扰信息。如果在重要的内容旁放上广告，很多用户会把这些内容当作广告对待。

这个原则最大的挑战是，必须依据用户的要求决定什么是最重要的任务或工作。所以在决定之前，必须对用户需求有深入的了解。在设计主页之前，通过各种细节了解目标客户想要什么。

⑤为每一个网站明确设计一个主页。

在网站内要限制“主页”、“首页”等术语的使用范围，这些信息仅指主站点的首页面。如果要设置到各分部门或子站点的首页，要用明确的词语表达清楚。如果让用

户面对连接到其他子网站的多个“主页”按钮或链接，他肯定感到迷茫。当然，如果是大集团公司，主站点的主页上应该有到其他单独的、和母公司分离的站点的链接。

⑥“网站”这个词语仅代表公司在因特网上的全体站点，而不要有别的意思。

如果“网站”代表的是整个站点的一部分而不是整体，会使用户感到迷惑，他们会很自然地认为网站中别的独立站点属于另外的公司。

如果在多个分离的站点上提供服务，一些用户或许会直接登录到一个Web服务站点，而不再通过公司主页来访问。这对那些特殊的子站点来说当然效果不错，但从总公司的角度来看，在主页上将子站点分门别类更好，使它们作为整体的一部分展示给用户，而不是各个单独的部分。

⑦设计主页时，要是主页和站点上所有其他页面有明显的区别，可以考虑使用一个稍微不同的外表设计（仍要和整个网站的视觉风格保持一致）；或者在导航部分，有一个显著的位置指示器。界面上的差别和导航标志可保证用户在搜索部分子站点并返回后，还能认识站点的起始位置。

4.2.2 首页设计案例

在设计“紫禁城房地产”网站时，网页的布局采用拐角型，它上面是标题及广告横幅，接下来的左侧是一窄列链接等，右列是很宽的正文，下面也是一些网站的辅助信息。这种类型的网页布局，有助于访问者浏览。

网页的色彩主要以灰色系为背景，灰色具有中庸、平凡、温和、谦让、中立和高雅的感觉。整个网站给人以高雅的感觉，适合大多数访问者的口味。

网站首页包含的主要元素如下所述。

1. 日期时间和数字

由于是房地产网站，所以对当前时间比较敏感，因此对于发布的每一条房产信息，其日期都有明确的表示，而且为防止理解错误，日期和时间采用标准的****-**-** **：**：**格式表示，一目了然。

2. 收集用户信息

在本书提供的房地产网站的首页上并没有提供注册链接，因为绝大部分网站访问者只是希望通过浏览网站获得自己感兴趣的房屋买卖和租赁的相关信息，而对网站提供的其他功能并不感兴趣，所以本网站只在“会员专区”提供了注册链接。为那些想要获得更多的网站服务或为他人提供服务的用户提供注册服务。

3. 站点内容的控制

本网站的主页上并未大量充斥有关网站的无用的赞美信息，而是以为用户服务为本，用实际的服务质量来赢得用户的赞誉。

4. 广告

为了用户访问方便，本网站并未添加广告信息。

5. 欢迎词

本网站为了表示对用户的尊敬，依旧提供了欢迎词“welcome to www.zjchhome.com”，尽管已经过时，但对于拉近用户和经销商的关系非常有用。

6. 新闻和公告信息

为了更方便用户查询信息，在网站的首页提供了“新闻公告”超链接，使用户方便、快捷地了解房地产最新消息。

7. 图形和动画

本网站提供了大量与文字介绍相结合的图片信息，使用户更方便、形象地了解房源信息。

8. 搜索

本网站提供了五种房源信息查询方法，分别为“房源类型”、“环线查询”、“价格查询”、“户型查询”、“区域查询”，方便用户查询房源信息。

9. 导航

本网站提供了简单、明了的导航栏，包括“首页”、“招聘”、“二手房”、“租房”“二手车”、“二手市场”、“宠物狗”、“团购”、“服务大全”、“游戏”、“手机 58”、“58 帮帮”等。用户可以方便地通过导航栏查看感兴趣的信息。

10. 链接

网站上提供了大量的房产信息链接，而且内容明确，用户查看方便。设计的主页效果图如图 4-1 所示。

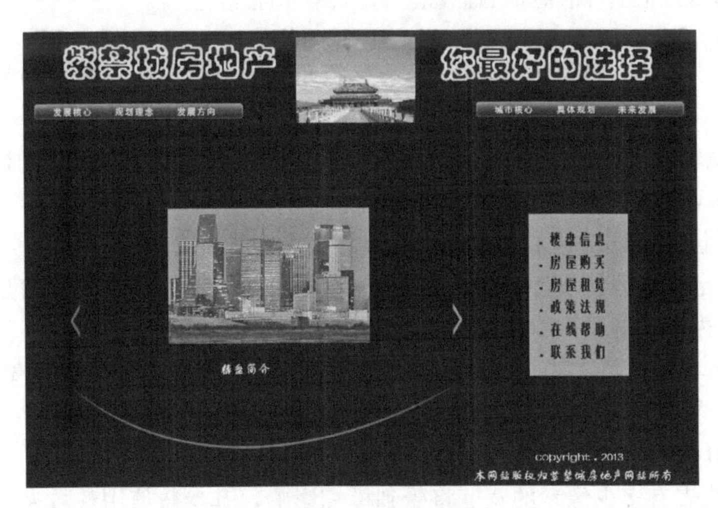

图 4-1　主页效果图

小贴士

主页是访问者首先看到的网页界面，其设计好坏直接影响到网站的访问量。

4.3　其他设计

在网站设计中，除页面设计外，还包括网页的库设计和网页的样式表设计等内容。

4.3.1 库设计

库是一种用来存储想要在整个网站上经常重复使用或更新的页面元素（如图像、文本和其他对象）的方法。这些元素称为库项目。

使用库的意义是：很多网页设计师讨厌频繁地改动网站，使用 Dreamweaver 的库，可以很好地解决这个问题！如果使用库，可以通过改动库更新所有采用库的网页，不用一个一个地修改网页元素或者重新制作网页。使用库比使用模板有更大的灵活性。

4.3.2 样式表设计

CSS（Cascading Style Sheets）的最新版本为 CSS3，是能够真正做到网页表现与内容分离的一种样式设计语言。相对于传统 HTML 的表现而言，CSS 能够对网页中对象的位置排版进行像素级的精确控制，支持几乎所有的字体、字号和样式，拥有对网页对象和模型样式编辑的能力，并能够进行初步交互设计，是目前基于文本展示最优秀的表现设计语言。借助 CSS 的强大功能，将使网页内容更加丰富。

CSS 的代码由一些最基本的语句构成，其基本语句结构如下所示：

选择符｛属性：属性值｝

例如，定义页面样式的语句是：

```
div{width:200;filter:blur(add=true,direction=35,strengh=20);}
```

在上面的语句中，DIV 是选择符，选择符可以是 HTML 中的任何标识符。比如 P、DIV、IMG 甚至 BODY，都可以作为选择符。这里用 DIV 作为选择符，就是说在 HTML 中，编辑在<DIV>中的页面格式将以上述语句中大括号内定义的格式显示。

括号内的 WIDTH 和 FILTER 就是属性。

WIDTH 定义了 DIV 区域内页面的宽度，200 是属性值。

FILTER 定义了滤镜属性，BLUR 是它的属性值。该属性值产生的是一种模糊效果，其小括号内定义的是 BLUR 属性值的一些参数。

ADD 参数有两个值：True 和 False，分别指定图片是否被设置成模糊效果。

Direction 参数用来设置模糊的方向。0°代表垂直向上，然后每 45°一个单位。每一个度数单位都代表一个模糊方向。

Strengh 代表有多少像素的宽度将受到模糊影响，其参数值用整数来设置。

通过上面的讲解可以看到，用很简单的 CSS 语句可以实现许多需要专业软件才可以达到的效果。利用属性，可以设置字体、颜色、背景等页面格式；利用定位，可以使页面布局更加规范、好看；利用滤镜，可以使页面产生多媒体效果。

从上面的例子可以看到，CSS 语句是内嵌在 HTML 文档内的。所以，编写 CSS 的方法和编写 HTML 文档的方法是一样的，可以采用任何一种文本编辑工具来编写。比如，Windows 下的记事本和写字板、专门的 HTML 文本编辑工具（Frontpage、Ultraedit 等），都可以用来编辑 CSS 文档。

CSS 文档加入网页有以下 3 种方法。

①把 CSS 文档放到<head>文档中，比如，

```
<style type="text/css"> …… </style>
```

其中，<style>中的“type＝‘text/css’”表示<style>中的代码是定义样式表单的。

②把 CSS 样式表写在 HTML 的行内，比如，

```
<p style="font-size:14pt;color:blue">蓝色 14 号文字</p>
```

这是采用<Style＝“ ”>的格式把样式写在 html 中的任意行内，比较方便、灵活。

③把编辑好的 CSS 文档保存成“.CSS”文件，然后在<head>中定义。定义的格式为：

```
<head> <link rel=stylesheet href="style.css"> …… </head>
```

可以看到，这里应用了一个<Link>，“rel＝stylesheet”指连接的元素是一个样式表（stylesheet）文档。一般这里不需要改动。后面的“href＝‘style.css’”指的是需要连接的文件地址。只需把编辑好的“.CSS”文件的详细路径名写进去就可以了。这种方法非常适宜同时定义多个文档。它能使多个文档同时使用相同的样式，减少了大量的冗余代码。

小贴士

灵活使用 CSS，会使网站丰富多彩。

由于篇幅所限，用户可自行查阅相关的 CSS 属性列表，本书不过多介绍。

本章小结

本章主要介绍了页面设计时对网页整体布局、网页色彩搭配和网站主页设计的方法，并且简单介绍了库的作用和 CSS 样式表的使用方法，用户可在实际应用中认真体会。

实践课堂

自行设计一个 CSS 样式表文件，然后嵌入到网页中应用。

家庭作业

自行设计一个网站的整体规划，包括布局、色彩和主页的规划图，并设计该网站使用的 CSS 样式表。

第5章 后台设计

本章导读

随着Internet的普及，越来越多的企业建立了自己的WWW网站。企业通过网站可以展示产品，发布最新动态，与用户交流和沟通，与合作伙伴建立联系，开展电子商务等。以上功能仅靠静态网页是无法实现的，必须结合后台程序设计，实现网页的动态更新。本章将讲解使用PHP和MySQL数据库相结合的方法创建网站后台程序。

5.1 数据库设计

对于后台程序的开发，数据库操作是必不可少的。本节将讲述现在网页程序开发中比较常用的MySQL数据库的基本概念，数据库的创建方法以及PHP和MySQL的连接方法。

5.1.1 MySQL数据库

目前，市面上的数据库产品多种多样，从大型企业的解决方案到中小企业或个人用户的小型应用系统，可以满足用户的多样化需求。这里介绍的MySQL数据库是众多关系型数据库产品中的一个，相比较其他系统而言，MySQL数据库称得上是目前运行速度最快的SQL语言数据库。除了具有许多其他数据库不具备的功能和选择之外，MySQL数据库最大的优点就是它是一种完全免费的产品，用户可以直接从网上下载数据库，用于个人或商业用途，不必支付任何费用。

总体来说，MySQL数据库具有以下主要特点：

①同时访问数据库的用户数量不受限制。

②可以保存超过50 000 000条记录。

③是目前市场上现有产品中运行速度最快的数据库系统。

④用户权限设置简单、有效。

如今，包括Siemens和Silicon Graphics这样的国际知名公司也开始把MySQL作为其数据库管理系统，这更加证明了MySQL数据库的优越性能和广阔的市场发展前景。本节将重点介绍MySQL数据库的基本操作，包括如何与数据库建立连接，如何设置数据库，以及如何执行基本的命令等，希望对读者学习和掌握MySQL数据库并使用其作为数据库建立企业或个人网站有所帮助。

1. 远程登录 MySQL 数据库

一般情况下，管理员在访问 MySQL 数据库时，喜欢使用 Telnet 远程登录安装有数据库系统的服务器，然后进入 MySQL 数据库。MySQL 数据库的连接命令如下所示：

```
    mysql -h hostname -u username -p[password]
或者
    mysql -h hostname -u username --password=password
```

其中，hostname 代表装有 MySQL 数据库的服务器名称，username 和 password 分别是 MySQL 数据库用户的登录名称和口令。如果 MySQL 数据库安装和配置正确，用户在输入上述命令之后会得到如图 5-1 所示的系统反馈信息。

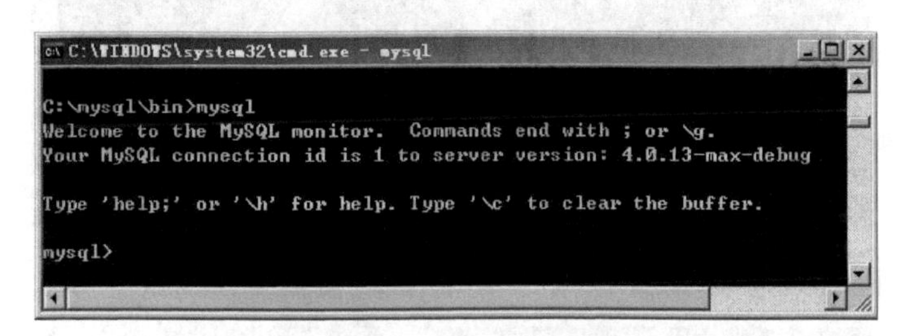

图 5-1　MySQL 登录界面

小贴士

如果 MySQL 服务器就是本地计算机，可以不用指定-h hostname 参数，直接指定用户名和密码，即可登录 MySQL 服务器。

这样，用户就成功进入 MySQL 数据库系统，可以在“mysql>”命令提示符之后输入各种命令。

2. MySQL 常用管理命令

下面将列出一些 MySQL 数据库的主要管理命令供读者参考。

（1）帮助命令

用户也可以在命令符之后输入“help”、“\ h”或“?”得到命令的简单说明，如图 5-2 所示。“?（\ h）”的作用与 help 命令相同。

（2）显示服务器当前信息

如果用户想获得正在使用的 MySQL 数据库服务器的当前信息，输入 status 命令，如图 5-3 所示。

```
mysql> status (\s)
```

该命令用于显示服务器当前信息。

（3）退出数据库命令

用户操作完成后，使用 quit 或 exit 命令退出 MySQL 数据库，效果如图 5-4 所示。

```
C:\WINDOWS\system32\cmd.exe - mysql

mysql> help

For the complete MySQL Manual online visit:
   http://www.mysql.com/documentation

For info on technical support from MySQL developers visit:
   http://www.mysql.com/support

For info on MySQL books, utilities, consultants, etc. visit:
   http://www.mysql.com/portal

List of all MySQL commands:
   (Commands must appear first on line and end with ';')

help    (\h)    Display this help.
?       (\?)    Synonym for `help'.
clear   (\c)    Clear command.
connect (\r)    Reconnect to the server. Optional arguments are db and host.
ego     (\G)    Send command to mysql server, display result vertically.
exit    (\q)    Exit mysql. Same as quit.
go      (\g)    Send command to mysql server.
notee   (\t)    Don't write into outfile.
print   (\p)    Print current command.
prompt  (\R)    Change your mysql prompt.
quit    (\q)    Quit mysql.
rehash  (\#)    Rebuild completion hash.
source  (\.)    Execute a SQL script file. Takes a file name as an argument.
status  (\s)    Get status information from the server.
tee     (\T)    Set outfile [to_outfile]. Append everything into given outfile.
use     (\u)    Use another database. Takes database name as argument.

Connection id: 1  (Can be used with mysqladmin kill)
```

图 5-2　help 命令

```
C:\WINDOWS\system32\cmd.exe - mysql
mysql> status
--------------
mysql  Ver 12.20 Distrib 4.0.13, for Win95/Win98 (i32)

Connection id:          1
Current database:
Current user:           ODBC@localhost
SSL:                    Not in use
Server version:         4.0.13-max-debug
Protocol version:       10
Connection:             localhost via TCP/IP
Client characterset:    latin1
Server characterset:    latin1
TCP port:               3306
Uptime:                 13 min 31 sec

Threads: 1  Questions: 4  Slow queries: 0  Opens: 6  Flush tables: 1  Open table
s: 0  Queries per second avg: 0.005  Memory in use: 8317K  Max memory used: 8333
K
--------------
```

图 5-3　status 命令

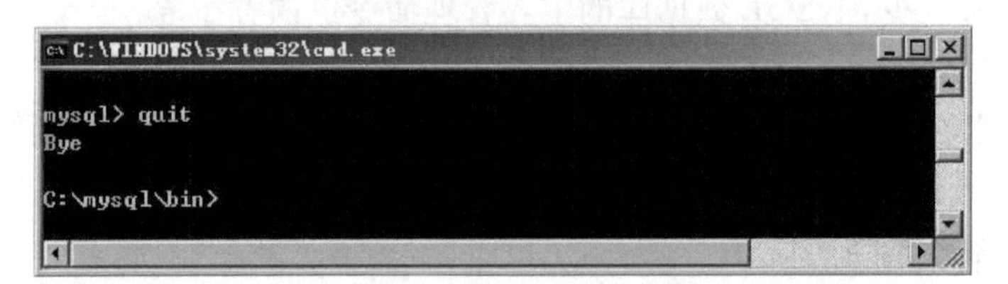

图 5-4　退出数据库

3. MySQL 数据类型

1）数据类型

从本质上说，数据库就是一种不断增长的复杂的数据组织结构。在 MySQL 数据库中，用于保存数据记录的结构称为数据表。每一条数据记录由更小的数据对象，即数据类型组成。因此总体来说，一个或多个数据类型组成一条数据记录，一条或多条数据记录组成一个数据表，一个或多个数据表组成一个数据库。上述结构可理解为如下形式：

```
Database> Table> Record> Datatype
```

数据类型分为不同的格式和大小，以便数据库设计人员创建最理想的数据结构。能否正确选择恰当的数据类型，对于最终数据库的性能具有重要的影响。

MySQL 数据库提供了多种数据类型，其中较常用的几种如下所述。

（1）数值型

数值是诸如 32 或 153.4 这样的值。MySQL 支持科学表示法。科学表示法由整数或浮点数后跟“e”或“E”、一个符号（“+”或“−”）和一个整数指数来表示。1.2345E+12 和 2.47e−1 都是合法的科学表示法表示的数。而 1.24E12 不是合法的，因为指数前的符号未给出。

浮点数由整数部分、小数点和小数部分组成。整数部分和小数部分可以分别为空，但不能同时为空。数值前可放一个负号“−”表示负值。

（2）字符（串）型

字符型（也叫字符串型，简称串）是诸如“welcome!”或“兵临城下”这样的值，或者是电话号码“87398413”这样的值。既可用单引号，也可用双引号将串值括起来。

初学者往往分不清数值 87398143 和字符串 87398143 的区别。都是数字啊，怎么一个要用数值型，一个要用字符型呢？关键就在于数值型的 87398143 是要参与计算的，例如它是商业交易中的一个货款总额；而字符型的 87398143 是不参与计算的，只是表示电话号码，这样的还有街道号码、门牌号码等，它们都不参与计算。

（3）日期和时间型

日期和时间是一些诸如“2006-07-12”或“12：30：43”这样的值。MySQL 还支持日期/时间的组合，如“2006-07-12 12：30：43”。

（4）NULL 值

NULL 表示未知值。比如，填写表格时，若通讯地址不清楚，则留出空白不填，这就是 NULL 值。注意，NULL 与 0 是不同的。

2）MySQL 的列（字段）类型

数据库中的每个表都是由一个或多个列（字段）构成的。在创建一个表时，要为每列（字段）指定一个类型。列（字段）的类型比数据类型更为细化，它精确地描述了给定表列（字段）可能包含的值的种类，如是否带小数、是否为文字等。

MySQL 将数值类型细分为整数和浮点数值的列类型，如表 5-1 所示。整数列类型可以有符号，也可无符号。有一种特殊的属性允许整数列值自动生成，这对需要唯一序列或标识号的应用系统来说非常有用。

（1）数值列类型

MySQL 提供如表 5-1 所示的几种数值列类型。

MySQL 提供了 5 种整型：TINYINT、SMALLINT、MEDIUMINT、INT 和 BIGINT。INT 为 INTEGER 的缩写。这些类型在可表示的取值范围上是不同的。整数列可定义为 UNSIGNED，用以禁用负值；使列的取值范围为 0 以上。各种类型的存储量需求也是不同的。取值范围较大的类型，所需的存储量较大。

MySQL 提供3种浮点类型：FLOAT、DOUBLE 和 DECIMAL。与整型不同，浮点类型不能是UNSIGNED的，其取值范围也与整型不同，这种不同不仅在于这些类型有最大值，而且有最小非零值。最小值提供了相应类型精度的一种度量，这对于记录科学数据来说非常重要（当然，有负的最大值和最小值）。

在选择了某种数值类型后，应该考虑所要表示的值的范围，只需选择能覆盖要取值的范围的最小类型即可。选择较大类型会对空间造成浪费，使表不必要地增大，处理起来没有选择较小类型那样有效。对于整型值，如果数据取值范围较小，如人员年龄或兄弟姐妹数，则 TINYINT 最合适。MEDIUMINT 能够表示数百万的值，并且可用于更多类型的值，但存储代价较大。BIGINT 在全部整型中取值范围最大，而且需要的存储空间是表示范围次大的整型 INT 类型的2倍，因此只在确实需要时才用。对于浮点值，DOUBLE 占用 FLOAT 的2倍空间。除非特别需要高精度或范围极大的值，一般应使用只用一半存储代价的 FLOAT 型来表示数据。

在定义整型列时，可以指定可选的显示尺寸 M。如果这样，M 应该是一个1～255的整数。它表示用来显示列中值的字符数。例如，MEDIUMINT（4）指定了一个具有4个字符显示宽度的 MEDIUMINT 列。如果定义了一个没有明确宽度的整数列，将自动分配给它一个缺省的宽度。缺省值为每种类型的“最长”值的长度。如果某个特定值的可打印表示需要不止 M 个字符，则显示完全的值；不会将值截断，以适合 M 个字符。

对于每种浮点类型，可指定一个最大的显示尺寸 M 和小数位数 D。M 的值应该取1～255；D 的值可为0～30，但是不应大于 $M-2$（如果熟悉 ODBC 术语，就会知道，M 和 D 对应于 ODBC 概念的“精度”和“小数点位数”）。M 和 D 对 FLOAT 和 DOUBLE 都是可选的，但对于 DECIMAL 是必须的。在选择 M 和 D 时，如果省略它们，则使用缺省值。

表 5-1　数值列类型

类型	类型说明	取值范围	存储需求	说明
TINYINT	TINYINT [(M)]	有符号值：−128～127 无符号值：0～255	1字节	非常小的整数
SMALLINT	SMALLINT [(M)]	有符号值：−32768～32767 无符号值：0～65535	2字节	较小整数
MEDIUMINT	MEDIUMINT [(M)]	有符号值：−8388608～8388607 无符号值：0～16777215	3字节	中等大小整数
INT	INT [(M)]	有符号值：−2147683648～2147683647 无符号值：0～4294967295	4字节	标准整数
BIGINT	BIGINT [(M)]	有符号值： −9223372036854775808～9223373036854775807 无符号值： 0～18446744073709551615	8字节	较大整数

续前表

类型	类型说明	取值范围	存储需求	说明
FLOAT	FLOAT [(M, D)]	最小非零值： ±1.175494351E−38	4 字节	单精度浮点数
DOUBLE	DOUBLE [(M, D)]	最小非零值： ±2.2250738585072014E−308	8 字节	双精度浮点数
DECIMAL	DECIMAL (M, D)	可变；其值的范围依赖于 *M* 和 *D*	*M* 字节（MySQL < 3.23），*M*+2 字节（MySQL >（3.23）	一个串的浮点数

（2）字符串列类型

MySQL 提供了几种存放字符数据的串类型，如表 5-2 所示。

表 5-2 字符串列类型

类型名	说明	类型说明	最大尺寸	存储需求
CHAR	定长字符串	CHAR（M）	M 字节	M 字节
VARCHAR	可变长字符串	VARCHAR（M）	M 字节	L + 1 字节
TINYBLOB	非常小的 BLOB（二进制大对象）	TINYBLOB，TINYTEXT	$2^{8}-1$ 字节	L + 1 字节
BLOB	小 BLOB	BLOB，TEXT	$2^{16}-1$ 字节	L + 2 字节
MEDIUMBLOB	中等的 BLOB	MEDIUMBLOB，MEDIUMTEXT	$2^{24}-1$ 字节	L + 3 字节
LONGBLOB	大 BLOB	LONGBLOB，LONGTEXT	$2^{32}-1$ 字节	L + 4 字节
TINYTEXT	非常小的文本串	ENUM（“value1”，“value2”，…）	65535 个成员	1 或 2 字节
TEXT	小文本串	SET（“value1”，“value2”，…）	64 个成员	1、2、3、4 或 8 字节
MEDIUMTEXT	中等文本串			
LONGTEXT	大文本串			
ENUM	枚举：可赋予某个枚举成员			
SET	集合：可赋予多个集合成员			

表 5-2 给出了 MySQL 定义串值列的类型，以及每种类型的最大尺寸和存储需求。对于可变长的列类型，各行的值所占的存储量是不同的，这取决于实际存放在列中的值的长度，在表中用 *L* 表示。

L 以外所需的额外字节为存放该值的长度所需的字节数。MySQL 通过存储值的内容及

其长度来处理可变长度的值。这些额外的字节是无符号整数。请注意可变长类型的最大长度、此类型所需的额外字节数以及占用相同字节数的无符号整数之间的对应关系。例如，MEDIUMBLOB值可能最多224－1字节长，并需要3个字节记录其结果。3个字节的整数类型MEDIUMINT的最大无符号值为224－1。

（3）日期时间列类型

MySQL提供了几种时间值的列类型，分别是DATE、DATETIME、TIME、TIMESTAMP和YEAR。表5-3给出了MySQL为定义存储日期和时间值所提供的类型，并列出了每种类型的合法取值范围。

表5-3　日期时间列类型

类型名	说　明	取值范围	存储需求
DATE	“YYYY-MM-DD”格式表示的日期值	“1000-01-01”～“9999-12-31”	3字节
TIME	“hh:mm:ss”格式表示的时间值	“－838:59:59”～“838:59:59”	3字节
DATETIME	“YYYY-MM-DD hh:mm:ss”格式	“1000-01-01 00:00:00”～“9999-12-31 23:59:59”	8字节
TIMESTAMP	“YYYYMMDDhhmmss”格式表示的时间戳值	19700101000000～2037年的某个时刻	4字节
YEAR	“YYYY”格式的年份值	1901～2155	1字节

4. 建立数据库

在MySQL中建立数据库的命令格式为：

```
mysql> create database dbname;
```

在实际操作中，用需要建立的数据库名称代替dbname字符串。例如，建立本书实例网站数据库，效果如图5-5所示。

图5-5　建立数据库

需要注意的是，在书写MySQL命令时，应确认在命令行后面输入了分号。分号告诉MySQL，命令已输入完成，可以执行了。

5. 使用数据库

建立MySQL数据库后，首先要做的是指定一个要使用的数据库。输入如下命令：

```
mysql> use dbname;
```

这里的 dbname 是要使用的数据库的名称。例如，使用刚刚建立的 spidertianye 数据库，效果如图 5-6 所示。

```
mysql> use spidertianye;
Database changed
mysql>
```

图 5-6 使用数据库

6. 建立数据表

在执行各种数据库命令之前，首先需要创建用来保存信息的数据表。通过以下方式在 MySQL 数据库中创建新的数据表：

```
create table tablename(columns);
```

在实际中，应使用实际的数据表名替换 tablename 字符串，用逗号分开的列名称列表代替 columns。建立实例网站中的新闻数据表，如图 5-7 所示。

```
mysql> create table news(
    -> news_id smallint(5) primary key,
    -> news_time datetime,
    -> news_type varchar(20),
    -> news_title varchar(100),
    -> news_editor varchar(100),
    -> news_content text
    -> );
Query OK, 0 rows affected (14.66 sec)

mysql>
```

图 5-7 建立数据表

这样，就在数据库中创建了一个新的数据表。注意，同一个数据库中不能存在两个名称相同的数据表。这里建立的数据表 news 有 6 个字段。MySQL 数据库允许字段名中包含字符或数字，最大长度可以达到 64 个字符。

下面介绍在创建数据表时用到的几个主要参数选项。

(1) Primary Key

在图 5-7 中，news_id 字段后的 primary key 表示 news_id 字段为数据表 news 中的关键字段。所谓关键字段，是指在整个数据表中该字段的值是唯一的（该字段值不能重复），可以唯一地代表一条记录。

（2）Auto_Increment

具有 Auto_Increment 限制条件的字段值从 1 开始，每增加一条新记录，值自动增加 1。一般来说，可以把 Auto_Increment 字段作为数据表中每一条记录的标识字段，即关键字段。同时在对数据表中的记录赋值时，该字段不用赋值。

（3）NOT NULL

NOT NULL 限制条件规定用户不得在该字段中插入空值。

7. 显示数据表命令

在数据库操作过程中，有时需要查看在数据库中建立了哪些数据表。显示数据表的命令如下所示：

```
mysql> show tables;
```

将列出当前数据库下的所有数据表，如图 5-8 所示。

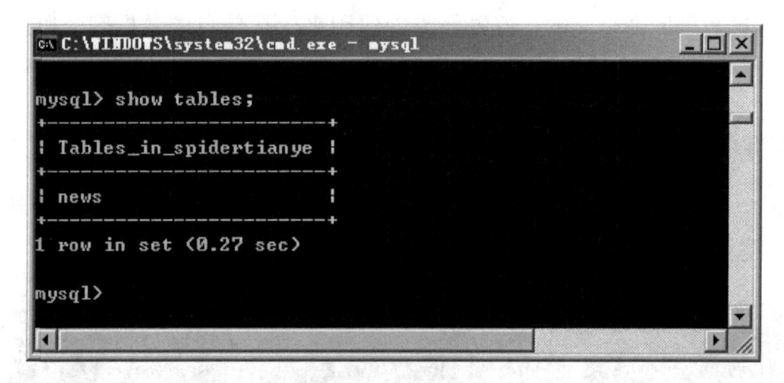

图 5-8　显示数据表

8. 显示字段命令

在 MySQL 中还支持在不打开数据表的情况下，显示表中字段，命令如下所示：

```
mysql> show columns from tablename;
```

执行该命令，将返回指定数据表的所有字段及其相关信息，如图 5-9 所示。

```
C:\WINDOWS\system32\cmd.exe - mysql
mysql> show columns from news;
+--------------+--------------+------+-----+---------+----------------+
| Field        | Type         | Null | Key | Default | Extra          |
+--------------+--------------+------+-----+---------+----------------+
| news_id      | smallint(5)  |      | PRI | NULL    | auto_increment |
| news_time    | datetime     | YES  |     | NULL    |                |
| news_type    | varchar(20)  | YES  |     | NULL    |                |
| news_title   | varchar(100) | YES  |     | NULL    |                |
| news_editor  | varchar(100) | YES  |     | NULL    |                |
| news_content | text         | YES  |     | NULL    |                |
+--------------+--------------+------+-----+---------+----------------+
6 rows in set (0.00 sec)

mysql>
```

图 5-9　显示字段

9. 添加记录

当用户需要向数据库添加记录时，可以使用 INSERT 命令，命令格式如下所示：

```
insert into table[(column1,column2,column3, …)] values(value1,value2,value3, …);
```

在实际应用中，使用实际的数据表名替代 table，使用特定的值代替 values。例如，在数据表 news 中插入一条记录，如图 5-10 所示。

```
C:\WINDOWS\system32\cmd.exe - mysql
mysql> insert into news(news_time,news_type,news_title,news_editor,news_
 values(07-09-30,"公告","房源信息","管理员","北五环新增房源一处");
Query OK, 1 row affected (0.01 sec)

mysql> _
```

图 5-10 插入数据

需要说明的是，所有的字符类型数据都必须用单引号或双引号括起来。其次，NULL 关键字与 AUTO_INCREMENT 限制条件相结合，可以为字段自动赋值。最后，也是最重要的一点，就是新记录的字段值必须与数据表中的原字段相对应。如果原数据表中有 5 个字段，而用户添加的记录包含 4 个或 6 个字段，将导致错误。

MySQL 数据库一个非常显著的优势就是可以对整数、字符串和日期数据自动转换。因此，用户在添加新记录时不必担心数据类型不相符而出现错误。

10. 查询数据

如果需要从数据库中查找和读取数据，可以使用 SELECT 命令。查询命令的格式如下所示：

```
SELECT select_list
[ INTO new_table ]
FROM table_source
[ WHERE search_condition ]
[ GROUP BY group_by_expression ]
[ HAVING search_condition ]
[ ORDER BY order_expression [ ASC | DESC ] ]
```

SELECT 语句中各子句的功能如下所述。

①SELECT 子句：这是 SELECT 语句中必须包含的最主要的子句，用户可以使用该子句指定查询的结果集中想要显示的字段。这些字段是从用户指定的表或视图中提取出来的。这些字段也可以同时从多个表中取出。同时，在 SELECT 子句中可以使用一些函数和公式。

②INTO 子句：该子句用于创建新表，并将结果行从查询插入到新表中。用户若要执行带 INTO 子句的 SELECT 语句，必须在目的数据库内具有 CREATE TABLE

权限。

③FROM 子句：这是 SELECT 语句中仅次于 SELECT 的子句，也是对数据库查询中的必选项。FROM 用来指定 SELECT 子句中的字段是从哪个表或者视图中取出的。

④WHERE 子句：该子句是一个可选项。其功能是过滤显示结果。只有符合其<search_condition>所指定条件的记录才会在结果中显示出来。用户可以使用标准比较运算符、逻辑运算符和特殊运算符来检验表达式。

⑤GROUP BY 子句：该子句也是一个可选项。如果用户想使用一些统计函数来得到统计信息，可以使用 GROUP BY 子句把这些信息分成不同的组。GROUP BY 关键字后面的分组列可以是任何一列，或是某些列的一个序列。

⑥HAVING 子句：该子句也是一个可选项。HAVING 子句是专门和 GROUP BY 子句相关的，用来过滤分组后的信息，与 WHERE 子句类似。

⑦ORDER BY 子句：该子句也是一个可选项。ORDER BY 子句用来指出查询结果按哪个字段排序。其中，ASC 表示按指定字段升序排列，该项为默认选项。DESC 选项表示按指定的字段降序排列。

例如，查询 news 新闻表中现有记录的新闻类型、新闻标题、新闻作者和新闻内容的操作如图 5-11 所示。

图 5-11　查询数据表

11. 修改数据

在日常对数据库的操作中，经常会涉及对表中内容的更改，如更改商品信息、用户信息等，这时会用到 UPDATE 语句。使用 UPDATE 语句可以指定要修改的列和想要赋予的新值。通过给出 WHERE 子句设定条件，还可以指定要更新的列所必须满足的条件。

UPDATE 语句的基本语法为：

```
UPDATE tablename
SET column1=expression1[, column2=expression2,……]
WHERE condition
```

例如，将 news 表中编号为 1 的记录的新闻类型字段更新为“活动”，如图 5-12 所示。

图 5-12　更新后的结果

需要注意的是，上例中的 WHERE 子句是必需的。如果没有指定更新条件，操作语句会将表中所有记录对应的 news_type 字段的值更新为“活动”。

12. 删除数据

用户除了可以向数据表添加新的记录之外，还可以删除数据表中的已有记录。删除记录使用 DELETE 命令，其基本语法如下所示：

```
DELETE [FROM] tablename WHERE condition
```

例如，删除 news 表中编号为 1 的记录，如图 5-13 所示。

```
C:\WINDOWS\system32\cmd.exe - mysql

mysql> delete from news where news_id=1;
Query OK, 1 row affected (0.00 sec)

mysql> select * from news;
Empty set (0.00 sec)

mysql>
```

图 5-13　删除记录

执行该命令，将删除 news 数据表中 news_id 字段值为 1 的记录。由于 news 数据表中只有一条记录，所以数据表为空。同时要注意，在使用 delelte 删除数据表中的数据时，最好加上 where 条件表达式。

上面介绍了 MySQL 数据库的一些基本操作，即数据的添加、删除、修改和查询的操作方法。事实上，MySQL 数据库支持的 SQL 语言具有非常丰富和强大的数据操作功能。由于篇幅所限，本节不过多介绍。有兴趣的读者可参考 MySQL 的相关书籍。

5.1.2 设计数据库

根据本书实例网站——紫禁城房地产网的需要，创建数据库名为 spidertianye，在该数据库中建立 6 个数据表。

1. 房源信息表

房源信息表用来存储房源的有关信息，表名为 Fyxx，该表结构如表 5-4 所示。

表 5-4 房源信息表结构

字段	类型	属性	Null	默认	额外
fyxx_id	smallint（5）	UNSIGNED	否		auto_increment
address	varchar（100）		否		
area	varchar（100）		否		
price	varchar（100）		否	0	
round	int（10）		否	0	
style	varchar（100）		否		
huxing	varchar（100）		否		
mj	int（10）		否	0	
date	datetime		否	0000-00-00 00:00:00	
other	varchar（100）		否		
fylx	varchar（10）		否		
own	varchar（100）		否		

该表结构说明如下：

①fyxx_id：房源编号字段。该字段为 fyxx 表的关键字段，类型为 smallint，并且为 auto_increment 类型，即该字段的值自动增加。

②address：该字段用于存储房屋所在的地址，类型为 varchar。

③area：该字段用于存储房屋所在的区县，类型为 varchar。

④price：该字段用于存储房屋的价格，类型为 varchar。

⑤round：该字段用于存储房屋所在的环线位置，类型为 int。

⑥style：该字段用于存储房屋的类型，即该房源所在的楼层高度和该楼的总高度，类型为 varchar。

⑦huxing：该字段用于存储房屋的户型，类型为 varchar。

⑧mj：该字段用于存储房屋的面积，类型为 int。

⑨date：该字段用于存储房源信息发布的时间，类型为 datetime。

⑩other：该字段用于存储对房源的附加说明，类型为 varchar。

⑪fylx：该字段用于存储房源的类型，即买房、卖房或出租等，类型为 varchar。

⑫own：该字段用于存储该信息的发布人员，类型为 varchar。

2. 房屋交易表

房屋交易表用于存储有关房屋交易的信息，表名为 Jiaoyi。该表的结构如表 5-5 所示。

表 5-5 房屋交易表

字段	类型	属性	Null	默认	额外
j_id	smallint（5）	UNSIGNED	否		auto_increment
j_name	varchar（100）		否		
j_call	varchar（100）		否		
j_email	varchar（100）		否		
j_datetime	datetime		否	0000-00-00 00:00:00	
j_fyid	int（255）	UNSIGNED	否	0	

该表各字段的功能如下所述：

①j_id：该字段用于存储交易的编号，类型为 smallint；同时该字段的值自动增加，是该表的关键字段。

②j_name：该字段用于存储需要交易的人员的名字，类型为 varchar。

③j_call：该字段用于存储需要交易的人员的联系电话，类型为 varchar。

④j_email：该字段用于存储需要交易的人员的电子邮件地址，类型为 varchar。

⑤j_datetime：该字段用于存储交易填写的时间，类型为 datetime。

⑥j_fyid：该字段用于存储所要交易的房源编号，类型为 int。

3. 会员信息表

会员信息表用于存储在本网站注册的会员信息。该表的名称为 Memberdata，结构如表 5-6 所示。

表 5-6 会员信息表结构

字段	类型	属性	Null	默认	额外
m_id	smallint（5）	UNSIGNED	否		auto_increment
m_name	varchar（20）		否		
m_nick	varchar（20）		否		
m_username	varchar（20）		否		
m_passwd	varchar（20）		否		
m_sex	varchar（10）		否		
m_birthday	date		否	0000-00-00	
m_level	varchar（20）		否		
m_email	varchar（100）		否		
m_url	varchar（100）		否		
m_phone	varchar（100）		是	NULL	
m_cellphone	varchar（100）		是	NULL	
m_address	varchar（100）		是	NULL	
m_joindate	date		否	0000-00-00	

该表中各字段的功能如下所述：

①m_id：该字段用于表示注册会员的编号，类型为 smallint；同时该字段的值自动

增加，是该表的关键字段。

②m_name：该字段用于表示注册会员的真实姓名，类型为 varchar。

③m_nick：该字段用于表示注册会员的昵称，类型为 varchar。

④m_username：该字段用于表示注册会员的登录用户名，类型为 varchar。

⑤m_passwd：该字段用于表示注册会员的登录密码，类型为 varchar。

⑥m_sex：该字段用于表示注册会员的性别，类型为 varchar。

⑦m_birthday：该字段用于表示注册会员的出生日期，类型为 datetime。

⑧m_level：该字段用于表示注册会员的用户级别，即是管理员还是普通会员，类型为 varchar。

⑨m_email：该字段用于表示注册会员的 E-mail 地址，类型为 varchar。

⑩m_url：该字段用于表示注册会员的个人主页，类型为 varchar。

⑪m_phone：该字段用于表示注册会员的联系电话，类型为 varchar。

⑫m_cellphone：该字段用于表示注册会员的手提电话号码，类型为 varchar。

⑬m_address：该字段用于表示注册会员的地址信息，类型为 varchar。

⑭m_joindate：该字段用于表示注册会员的注册时间，类型为 datatime。

4. 新闻信息表

新闻信息表用于存储与新闻发布相关的各种信息。该表的名称为 news，结构如表 5-7 所示。

表 5-7　新闻信息表

字段	类型	属性	Null	默认	额外
news_id	smallint（5）	UNSIGNED	否		auto_increment
news_time	datetime		否	0000-00-00 00:00:00	
news_type	varchar（20）		否		
news_title	varchar（100）		否		
news_editor	varchar（100）		否		
news_content	text		否		

该表中各字段的功能如下所述：

①news_id：该字段用于表示发布新闻的编号，类型为 smallint；同时该字段的值自动增加，是该表的关键字段。

②news_time：该字段用于表示发布新闻的时间，类型为 datetime。

③news_type：该字段用于表示发布新闻的类型，即该新闻是“公告”、“活动”、“更新”还是“其他”，类型为 varchar。

④news_title：该字段用于表示发布新闻的标题，类型为 varchar。

⑤news_editor：该字段用于表示发布新闻的发布人员，类型为 varchar。

⑥news_content：该字段用于表示发布新闻的详细内容，类型为 text。

5. 新闻管理员表

该表用于存储新闻管理模块的管理员名单，即哪些人员可以发布和修改新闻，表名为 newslogin。该表结构如表 5-8 所示。

表 5-8　新闻管理员表

字段	类型	属性	Null	默认	额外
username	char（20）		否		
passwd	char（20）		否		

该表各字段的功能如下所述：

①username：该字段用于存储新闻管理员的账户名，类型为 char。

②passwd：该字段用于存储新闻管理员的密码，类型为 char。

6. 留言表

留言表用于存储用户在留言板中的留言，表名为 talk。该表的结构如表 5-9 所示。

表 5-9　留言表结构

字段	类型	属性	Null	默认	额外
t_id	smallint（5）	UNSIGNED	否		auto_increment
t_name	varchar（50）		否		
t_message	text		否		
t_datetime	datetime		否	0000-00-00 00:00:00	

该表各字段的功能如下所述：

①t_id：该字段用于表示用户留言的编号，类型为 smallint；同时该字段的值自动增加，是该表的关键字段。

②t_name：该字段用于留言用户的姓名，类型为 varchar。

③t_message：该字段用于表示用户留言的具体信息，类型为 text。

④t_datetime：该字段用于表示用户留言的时间，类型为 datetime。

5.1.3　APMServ

APMServ 5.2.0 是一款拥有图形界面的快速搭建 Apache 2.2.3、PHP 5.2.0、MySQL 5.0.27&4.0.26、SQLite、ZendOptimizer、OpenSSL、phpMyAdmin、SQLiteManager，以及 ASP、CGI、Perl 网站服务器平台的绿色软件。用户可直接到网站上下载 APMServ 的最新版本，将下载的压缩文件解压到本地磁盘中不包含汉字和中文的文件夹下即可，不需安装。

使用 APMServ 时需要注意的事项如下所述：

①APMServ 程序所在路径不能含有汉字和空格。

②MySQL 默认用户名为 root，密码为空。

③MySQL 数据库文件的存放目录为 MySQL5.0\data 或 MySQL4.0\data。

④网站根目录：对于用 HTML、PHP 编写的网页，放在 APMServ 解压后的文件夹的 www\htdocs 文件夹下；对于用 ASP 编写的网页，放在 APMServ 解压后的文件夹的 www\asp 文件夹下；对于用 CGI、Perl 编写的网页，放在 APMServ 解压后的文件夹的 www\cgi-bin 文件夹下。

⑤访问本机请用 http：//127.0.0.1/或 https：//127.0.0.1/（如果开启 SSL）。

⑥非默认端口，网址为 http：//127.0.0.1：端口/或 https：//127.0.0.1：端口/。

⑦APMServ 集成了以下软件：

- Apache 2.2.3　　[HTTP 服务器]
- NetBox 2.8 Build 4128　　[HTTP 服务器+ASP 脚本解释引擎]
- PHP 5.2.0　　[PHP 脚本解释引擎]
- MiniPerl 5.8　　[Perl 脚本解释器]
- MySQL 5.0.27　　[MySQL 数据库服务器]
- MySQL 4.0.26　　[MySQL 数据库服务器]
- SQLite 3.3.8　　[SQLite 数据库服务器]
- phpMyAdmin 2.9.1.1　　[MySQL 数据库在线管理工具]
- SQLiteManager 1.2.0　　[SQLite 数据库在线管理工具]
- ZendOptimizer 3.2.0　　[PHP 脚本加速引擎]
- OpenSSL 0.9.8d　　[HTTPS（SSL）安全传输协议]

1. *启动 APMServ 服务*

本书着重介绍使用 APMServ 管理 MySQL 数据库的方法。下载 APMServ 并解压缩后，在文件夹下找到 APMServ 的执行文件 APMServ.exe，双击并运行 APMServ，弹出如图 5-14 所示的启动界面。

图 5-14　APMServ 启动界面

2. *创建数据库*

由图 5-14 可以看到，对于 MySQL 有两个复选框，分别为 MySQL5.0 和 MySQL4.0，用户可根据需要选择相应的版本，这里选择 5.0。版本选定后单击“启动

APMServ”按钮，启动 APMServ 服务。在服务启动后单击“管理 MySQL5.0”按钮，弹出如图 5-15 所示用户认证界面。

图 5-15　MySQL 认证界面

由图 5-15 可以看到，APMServ 是集成了 phpMyAdmin 用于 MySQL 数据库的管理，在用户名处输入“root”，密码默认为空。输入完成后单击“确定”按钮，进入 MySQL 的管理界面，如图 5-16 所示。

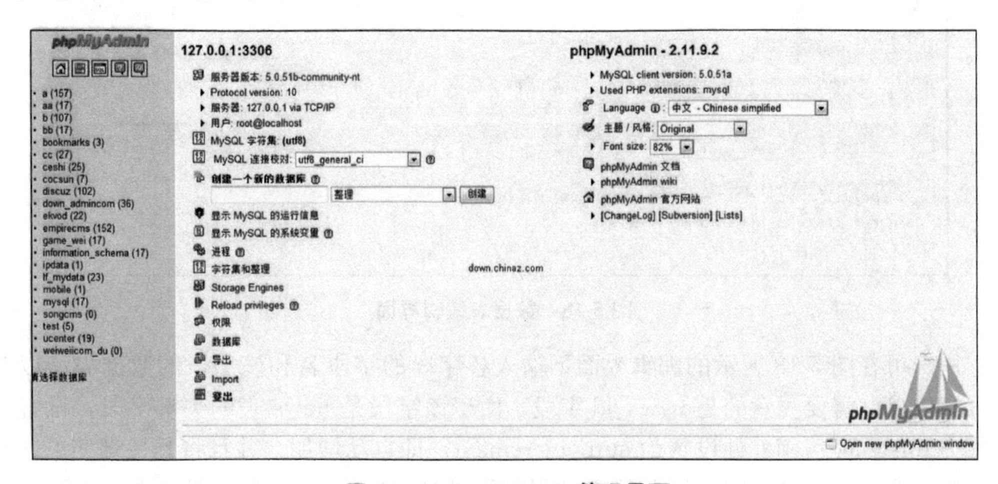

图 5-16　phpMyAdmin 管理界面

图 5-16 所示是 phpMyAdmin 的管理界面。该界面显示了本地服务器和 phpMyAdmin 的相关信息，并且提供了 phpMyAdmin 的各项管理功能，用户可根据需要选择。下面以本书实例网站使用的 spidertianye 数据库的建立过程讲述在 phpMyAdmin 中建立数据库和数据表的方法。

首先在图 5-16 所示界面“创建一个新的数据库”的位置输入想要建立的数据库“spidertianye”，然后单击“创建”按钮，显示如图 5-17 所示的界面。

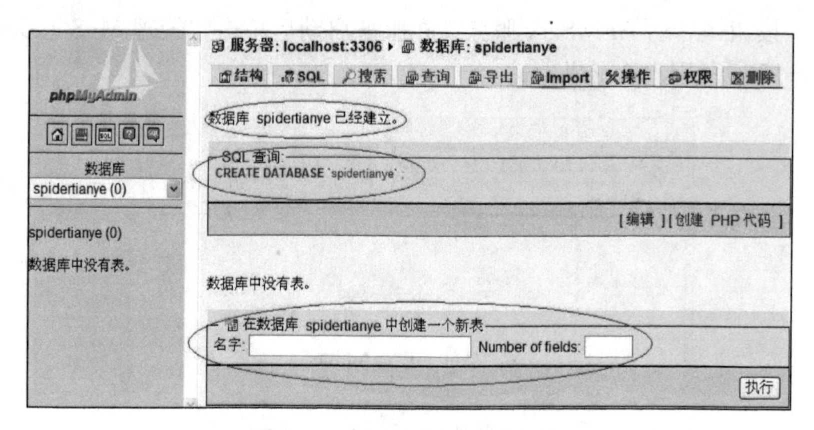

图 5-17　数据库创建成功界面

3. 创建数据表

在图 5-17 所示界面中，显示了数据库 spidertianye 创建成功的信息，并显示相应的创建数据库的 SQL 语句；同时显示该数据库中没有数据表，用户需要创建一个新表。以创建 news 数据表为例，在图 5-17 所示界面的“名字”后面输入新表的名字“news”，在“Number of fields”后面输入 news 表的字段数“6”，然后单击“执行”按钮，显示如图 5-18 所示的数据表编辑界面。

字段	类型	长度/值	整理	属性	Null	默认	额外
news_id	SMALLINT	5		UNSIGNED	not null		auto_increment
news_time	DATETIME				not null	0000-00-00 00:00	
news_type	VARCHAR	20			not null		
news_title	VARCHAR	100			not null		
news_eidtor	VARCHAR	100			not null		
nes_content	TEXT				not null		

图 5-18　数据表编辑界面

用户可在图 5-18 所示的编辑界面下输入各字段的字段名和该字段的数据类型以及长度等信息。需要注意的是 news_id 字段。由于该字段是 news 表的关键字段，设置其属性为 unsigned；额外处设置为 auto_increment，即自动增加，并且将其关键字单选按钮选中。全部字段设置完成后，单击“保存”按钮，将显示数据表创建成功界面，如图 5-19 所示。

4. 插入数据

数据表创建成功后，用户可返回图 5-16 所示的 phpMyAdmin 主界面。在该界面中选择“数据库”链接，并在显示的界面中选择 spidertianye 数据库，显示如图 5-20 所示的界面。

在图 5-20 所示界面中单击“插入”，将弹出如图 5-21 所示的数据表插入记录界面。

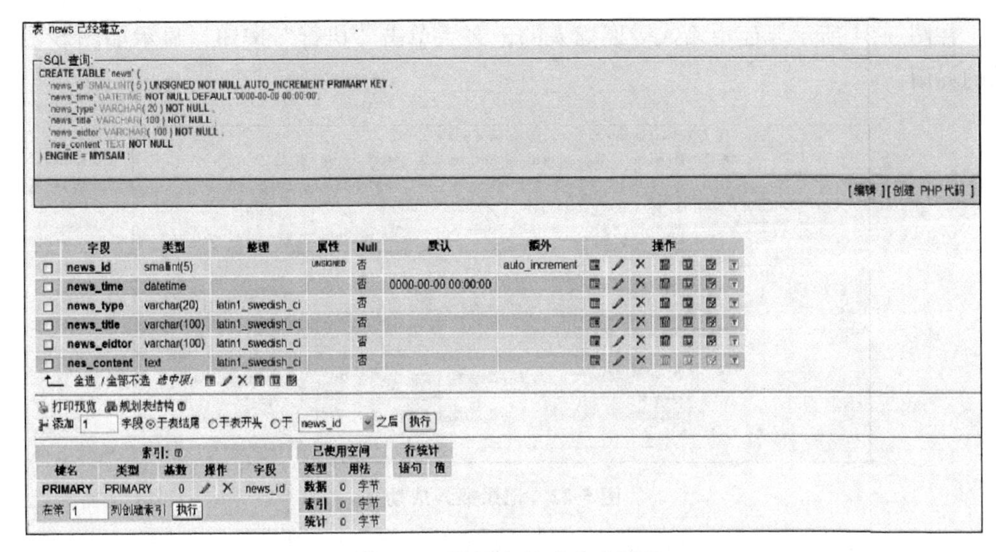

图 5-19　数据表创建成功界面

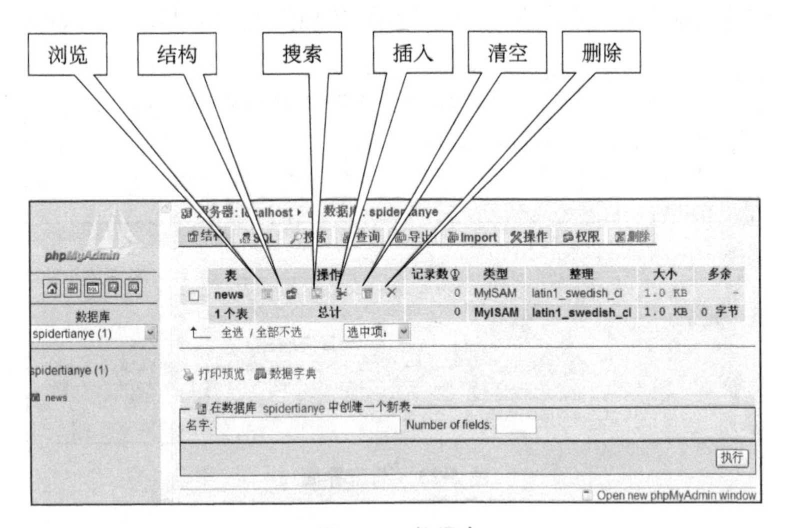

图 5-20　数据表

服务器: localhost ▸ 数据库: spidertianye ▸ 表 : news

浏览　结构　SQL　搜索　插入　导出　Import　操作　清空　删除

数据库
spidertianye (1)

spidertianye (1)

news

字段	类型	函数	Null	值
news_id	smallint(5) unsigned			
news_time	datetime			2007-10-20 10:30:10
news_type	varchar(20)			公告
news_title	varchar(100)			出租
news_eidtor	varchar(100)			管理员
nes_content	text			新增出租房若干，请到出租页面查询

图 5-21　插入记录界面

在图 5-21 所示界面中输入需要插入的记录后单击“执行”按钮，显示如图 5-22 所示的界面。

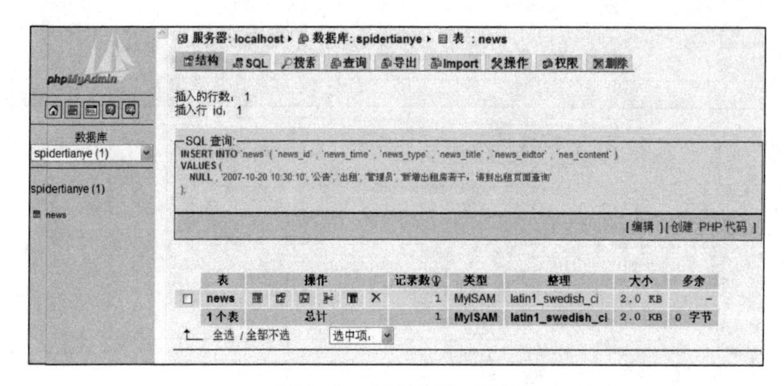

图 5-22　记录插入成功

5. 浏览数据表

当需要浏览数据表时，点击图 5-20 中所示“浏览”链接，显示结果如图 5-23 所示。

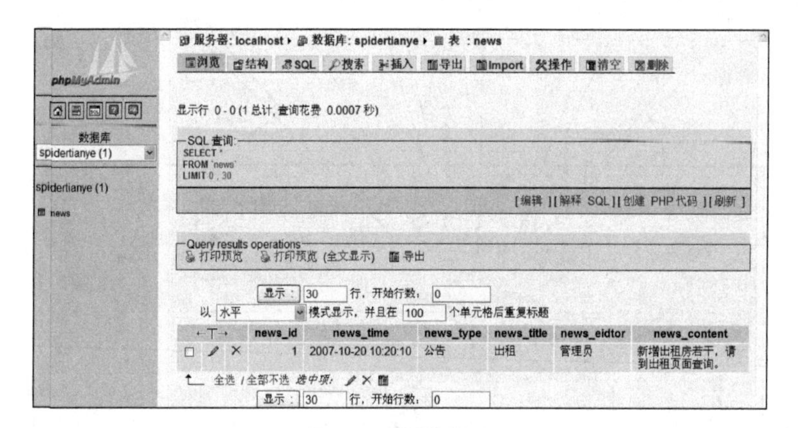

图 5-23　浏览界面

6. 修改表结构

当用户需要修改表结构时，点击图 5-20 所示界面中的“结构”链接，显示如图 5-24 所示的界面。用户可在该界面下修改表的结构。

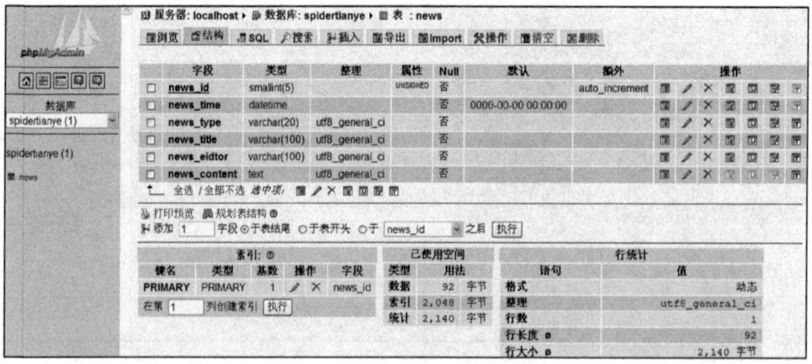

图 5-24　修改表结构界面

7. 查询表内容

当用户想要查询表中某些符合条件的记录时，点击图 5-20 中的“搜索”链接，显示如图 5-25 所示的界面。

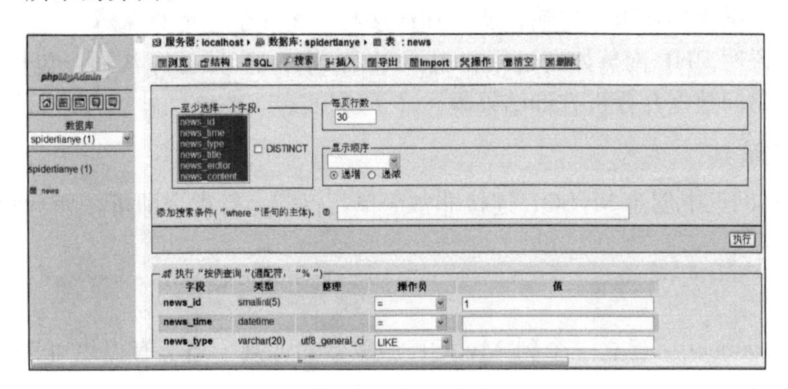

图 5-25　搜索界面

由图 5-25 看出，用户可以选择两种搜索方式。在上半部显示的搜索方式中，设置搜索结果显示的字段，并且可以设置是否显示重复项（DISTINCT），还可以设置显示结果按递增或递减方式显示。设置完成后输入查询条件，然后单击“执行”按钮，即可显示查询结果。

下半部的搜索方式对于初学者更为简单，用户只需要选择比较方式并输入比较值即可。这里使用下半部的搜索方式，对 news_id 字段进行比较，比较条件是“等于 1”。设置完后，单击“执行”按钮。显示结果如图 5-26 所示。

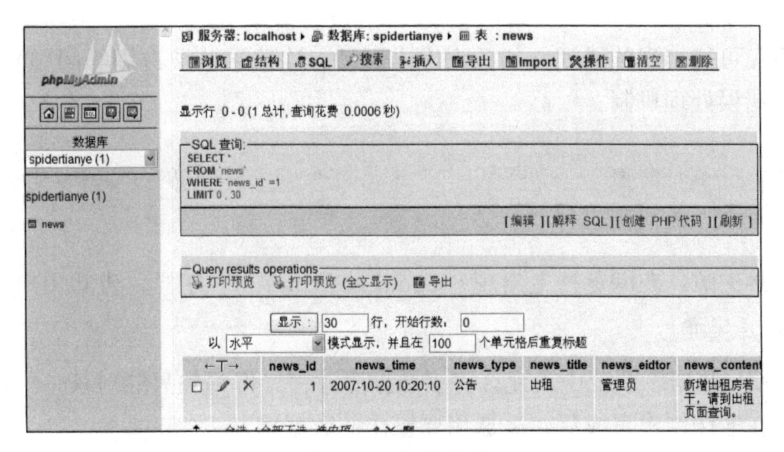

图 5-26　显示结果

上面简单介绍了使用 APMServ 进行 MySQL 数据库管理的方法，用户可自行创建其他数据表。当然，使用 phpMyAdmin 管理 MySQL 数据库还有很多其他功能，这里不过多介绍，用户可在实际的使用过程中慢慢体会。

5.1.4　用 PHP 访问 MySQL

在传统的主从式数据库架构中，各个客户端需通过专门的应用程序才能与后台数据库连接，造成客户端软件版本更新、网络连接与传输安全等问题。

在N-Tiers数据库程序架构中，PHP网页程序与MySQL数据库均存放在服务器上，任何客户端仅需通过浏览器便可直接访问网页程序。只要网页程序更新，所有客户端无需任何改动，即可与主机网页同步更新，确保所有客户端程序版本一致。因为网页程序与数据库均在服务器端，所以在连接与传输安全上更有保障。

本节将说明PHP网页如何运用相关API与MySQL数据库沟通，包括创建连接、执行查询、访问数据并分析查询结果等。

1. 创建连接

在PHP网页中创建MySQL连接非常简单，仅需一行指令即可，如下所示：

```
$conn = mysql_connect ( [string server [, string username [, string password]]]);
```

mysql_connect() 建立一个到MySQL服务器的连接。当没有提供可选参数时，使用以下默认值：

server = 'localhost：3306'，username = 服务器进程所有者的用户名，*password* = 空密码

例如，要连接到上一节在MySQL中建立的spidertianye数据库，数据库账号为root，数据库密码为空，则连接指令如下所示：

```
$conn = mysql_connect ('localhost', 'root', '');
```

这个$conn变量便是通过创建完成的数据库连接的。如果执行数据库查询指令，此变量相当重要。

为了避免可能出现的错误（如数据库未启动、连接端口被占用等问题），该指令最好加上如下错误处理机制：

```
$conn = mysql_connect ('localhost', 'root', '') or die (" Could not connect: " . mysql_error
());
```

如果连接失败，在浏览器上出现“Could not connect”字样，告知用户错误信息。

2. 数据库选用

在MySQL数据库系统中，允许许多数据库并存，但每次只能对某一个数据库进行操作。因此在连接创建完成后，需选用要操作的数据库。

以选用spidertianye数据库为例，指令如下所示：

```
mysql_query (" use spidertianye");
```

也可以使用专门的API指令：

```
mysql_select_db (" spidertianye") or die (" Could not select database");
```

这两条指令都是选用MySQL数据库为欲操作的数据库。

3. 执行 SQL 指令

在选用数据库后，便可执行 SQL 指令的操作。以下范例是通过 PHP 程序对 MySQL 数据库执行“select * from user”指令的语句：

```
$result = mysql_query (" select * from news", $conn);
```

其中，$result 变量将存储查询后的结果，mysql_query () 函数用于传输 SQL 命令。传输查询命令时需要传入两个参数，分别是 SQL 语句与 SQL 连接。此处 SQL 语句为“select * from news”，SQL 连接为之前建立的 $conn。

如果想把 SQL 查询子句分开写，以增强程序的可读性，则如下所示，其意义与功能完全相同：

```
$sql="select * from news";
$result = mysql_query($sql, $conn);
```

如果采用第二种写法，更改 SQL 指令时，仅需更改 $sql 参数的内容，即可改变 SQL 指令。

在查询时，为避免可能出现的错误，这条指令最好加上如下错误处理机制：

```
$sql="select * from news";
$result = mysql_query($sql, $conn) or die("Query failed : ". mysql_error ());
```

4. 分析查询结果

在 MySQL 执行完前面的 mysql 指令之后，接下来要做的便是分析所返回的数据。分析所返回的数据分成两个部分：其一为分析表头，也就是分析所返回数据的字段名称；其二为分析表身，也就是分析返回的数据内容。

表头数据就是字段名称，不见得一定要分析，通常在显示完整表格、查找字段对应关系时才分析。以 news 表为例，表头数据是“news_id”、“news_time”、“news_title”等字段名称。

(1) 使用 while 循环

下面将 PHP 和 MySQL 相结合来写出一些简单而有用的页面。利用上面创建的数据库，显示库中的数据。

首先，采用下述代码查询数据库内容。

```
<html>
<body>
<?php
$conn = mysql_connect("localhost", "root");
mysql_select_db("spidertianye", $conn);
$result = mysql_query("SELECT * FROM news", $conn);
echo "<table border=1>\n";
echo "<tr><td>编号</td><>标题</td></tr>\n";
```

```
while ($myrow = mysql_fetch_row($result)) {
printf("<tr><td>%s </td><td>%s </td></tr>\n", $myrow[0], $myrow[2]);
}
echo "</table>\n";
?>
</body>
</html>
```

这段程序使用 while() 循环。该循环表明，只要数据库里还有记录可读（使用 mysql_fetch_row() 函数），就把该记录赋给变量 $myrow，然后执行大括号（{}）内的指令。这部分比较重要。

mysql_fetch_row() 函数返回的是一个数组，必须以数组下标来访问其中的某个字段。第一个字段下标为 0，第二个是 1，依此类推。在执行某些复杂查询时，这么做会带来一些麻烦，因为用户必须熟记每个字段在数据表中的具体位置。

使用 while() 循环的一个好处是，如果数据库查询没有返回任何记录，就不会收到错误信息。若在刚执行循环语句时，循环条件就不满足，将不会有任何数据赋给 $myrow，程序将直接往下运行。但是如果查询未返回任何数据，用户如何知道呢？要使用下述语句。

（2）if-else

请看下面的程序：

```
<html>
<body>
<?php
$conn = mysql_connect("localhost", "root");
mysql_select_db("spidertianye", $conn);
$result = mysql_query("SELECT * FROM news", $conn);
if ($myrow = mysql_fetch_array($result)) {
echo "<table border=1>\n";
echo "<tr><td>编号</td><td>标题</td></tr>\n";
do {
printf("<tr><td>%s </td><td>%s </td></tr>\n", $myrow["news_id"], $myrow["
news_title"]);
} while ($myrow = mysql_fetch_array($result));
echo "</table>\n";
} else {
echo "对不起,没有找到记录!";
}
?>
</body>
</html>
```

这段程序中包含一些新的内容，不过这些内容都相当简单。首先是 mysql_fetch_array() 函数。该函数与 mysql_fetch_row() 十分相近，只有一点不同：使用这个函数时，可以通过字段名而不是数组下标来访问它返回的字段，比如 $myrow ["news_title"]。另外，程序中还加进了 do/while 循环和 if-else 条件判定语句。

if-else 条件判定语句的含义是：如果成功地把一条记录赋给了 $myrow 变量，那就继续；否则，跳到 else 部分，执行其后的指令。

do/while 循环是 while() 循环的一个变体。用到 do/while 的原因是：在最初的 if 语句中，已经把查询返回的第一条记录赋给变量 $myrow。如果这时执行一般的 while 循环（比如，while ($myrow = mysql_fetch_row ($result))，会把第二条记录赋给 $myrow，第一条记录被冲掉。但是 do/while 循环可以在执行一次循环体内容之后再来判定循环条件。因此，不会漏掉第一条记录。

最后，如果查询结果没有任何记录，程序将执行包含在 else {} 部分的那些语句。如果想看到这部分程序的执行情况，把 SQL 语句改为“SELECT * FROM news WHERE id=6”，或改成其他形式，使得查询结果中没有任何记录。

下面来扩充一下循环 if-else 代码，使得页面内容更加丰富。

（3）第一个程序脚本

刚刚学习了如何使用循环语句，下面将在一个更加实际的例子中看看如何运用它。在这之前，先了解如何处理 Web 表格、查询参数串，以及表单的 GET 方法和 POST 方法。

有三种方法可以把参数内容写入到查询参数串中。第一种是在表格中使用 GET 方法；第二种是在浏览器的地址栏中输入网址时直接加上查询参数；第三种是把查询参数串嵌入到网页的超链接中，使得超链接的内容像下面这样：

```
<href="http://my_machine/mypage.php? id=1" >
```

现在用到的是最后一种方法。

首先查询数据库，列出新闻标题。看看下面的程序，其中的大部分内容在前面已经介绍过。

```
<html>
<body>
<?php
$conn = mysql_connect("localhost", "root");
mysql_select_db("spidertianye", $conn);
$result = mysql_query("SELECT * FROM news", $conn);
if ( $myrow = mysql_fetch_array( $result)) {
do {
printf("<a href=\"%s? id=%s\">%s </a>\n", $PATH_INFO, $myrow["id"], $myrow
["news_title"]);
} while ( $myrow = mysql_fetch_array( $result));
} else {
```

```
echo "对不起,没有找到记录!";
}
?>
</body>
</html>
```

这里没什么特别的，只是printf函数有些不同。

首先要注意的是，所有的引号前面都有一个反斜杠，告诉PHP直接显示后面的字符，而不能把后面的字符当作程序代码来处理。另外要注意变量$PATH_INFO的用法。该变量在所用程序中都可以访问，用来保存程序自身的名称与目录位置。之所以用到它，是因为要在页面中再调用程序本身。使用$PATH_INFO，可以做到即使程序被挪到其他目录，甚至是其他机器上，也能保证正确地调用该程序。

程序所生成的网页中包含的超链接会再次调用程序本身。不过，再次调用时，会加入一些查询参数。

PHP见到查询参数串中包含有“名字=值”这样的成对格式时，会作一些特别的处理，自动生成一个变量，变量名称与取值都与查询参数串中给定的名称和取值相同。这一功能使得可以在程序中判断出是第一次还是第二次执行本程序。编程人员要做的只是问问PHP$id这个变量是否存在。

了解参数调用的方法后，可以在第二次调用程序时显示一些不同的结果。请看下面的程序代码。

```
<html>
<body>
<?php
$conn = mysql_connect("localhost", "root");
mysql_select_db("spidertianye", $conn);
// 显示单条记录内容
if ($id) {
$result = mysql_query("SELECT * FROM mews WHERE id=$id", $conn);
$myrow = mysql_fetch_array($result);
printf("编号:%s\n<>", $myrow["news_content"]);
printf("日期:%s\n<>", $myrow["news_time"]);
printf("类型:%s\n<>", $myrow["news_type"]);
printf("标题:%s\n<>", $myrow["news_title"]);
printf("作者:%s\n<>", $myrow["news_editor"]);
printf("编号:%s\n<>", $myrow["news_content"]);
} else {
// 显示新闻列表
$result = mysql_query("SELECT * FROM news", $conn);
if ($myrow = mysql_fetch_array($result)) {
// 如果有记录,则显示列表
```

```
do {
printf("<a href=\"%s? id=%s\">%s </a>\n", $PATH_INFO, $myrow["id"], $my-
row["news_title"]);
} while ($myrow = mysql_fetch_array($result));
} else {
// 没有记录可显示
echo "对不起,没有找到记录!";
}
}
?>
</body>
</html>
```

5. 释放资源

完成 SQL 操作后，必须释放所建立的连接资源，以免过多的连接占用造成系统性能下降。释放资源的指令如下所示：

```
mysql_free_result($result);
mysql_close($conn);
```

在这两行语句中，第一行释放了 $result 这个变量；第二行指令关闭与数据库的连接 $conn，以释放所占用的存储器空间与数据库连接。

6. PHP 中的 MySQL 处理函数

在 PHP 函数库中，有数十种专为处理 MySQL 数据库开发的函数，详细的说明可在 http://www.php.net/manual/en/ref.mysql.php 中查询。在此简要说明一些常用的函数。

(1) 连接与查询

PHP 中提供了许多用于与 MySQL 连接和查询的函数，比较常用的函数如下所述。

①Mysql_connect() 或 mysql_pconnect()

功能：建立数据库连接。

传入参数：[string SERVER [, string USERNAME [, string PASSWORD [, bool NEW_LINK [, int CLIENT_FLAGS]]]]]

返回参数：建立完成的数据库连接。

范例：$conn = mysql_connect ('localhost', 'root', '');

说明：创建一个 MySQL 服务器连接。若使用 mysql_pconnect()，可以创建一个持续性的连接（persistent connection）。

其中所有的参数都可以省略。当不加任何参数时，SERVER 的默认值为 localhost，USERNAME 的默认值为 PHP 执行程序的拥有者，PASSWORD 为空字符串。SERVER 后面还可以加上冒号与端口号，代表使用哪个端口与 MySQL 连接。如果不特别指定，均使用默认端口 3306。

②函数名称 mysql_select_db()

功能：选用数据库。

传入参数：string DATABASE_NAME [，resource LINK_IDENTIFIER]

范例：mysql_select_db（'spidertianye'）；

说明：此函数用来选定欲访问的数据库。当 LINK_IDENTIFIER 参数被省略时，默认使用最近一次已建立的 connection；若没有任何已建立的 connection 可供利用，自动执行未加参数的 mysql_connect()，试图自行创建新的 connection。

另外，可使用 mysql_query() 函数达到相同的效果，如“mysql_query（'use db'）；”。

③mysql_create_db()

功能：新建数据库。

传入参数：string DATABASE_NAME

范例：mysql_create_db（'spidertianye'）；

说明：此函数可创建一个新数据库，数据库名称为传入参数。

④mysql_query()

功能：执行查询。

传入参数：string QUERY [，resource LINK_IDENTIFIER [，int RESULT_MODE]]

范例：mysql_query（'select * from news'）；

说明：本函数用来提交任何标准的 SQL 查询字符串给 MySQL 处理。若未指定 LINK_IDENTIFIER 参数，使用最近一次已建立的 connection。

当所执行的是 SELECT、SHOW、EXPLAIN 或 DESCRIBE 语句时，将返回一个 resource identifier；执行失败时，返回 FALSE。执行其他 SQL 语句时，成功则返回 TRUE，否则返回 FALSE。

⑤mysql_free_result()

功能：释放存储器。

传入参数：resource RESULT

范例：mysql_free_result（$result）；

说明：释放 $RESULT 所占用的存储器。

⑥函数名称 Mysql_close()

功能：关闭连接。

传入参数：[resource LINK_IDENTIFIER]

范例：Mysql_close（$conn）；

说明：关闭由 mysql_connect() 创建的 MySQL 服务器连接。

一般而言，当程序结束之后，由 mysql_connect() 建立的连接会自动中断，这个函数是用不着的。但是将数据取出之后，程序还要对它们进行耗时又复杂的运算处理。建议先退出数据库的连接，以减轻 MySQL 的负担。

（2）分析、计算与统计

PHP 中提供了许多用于对查询结果进行分析、计算与统计的函数。比较常用的函数如下所述。

①mysql_num_rows

功能：计算返回结果中的数据条数。

传入参数：Resource RESULT

返回参数：数据条数。

范例：mysql_num_rows（$result)；

②mysql_data_seek()

功能：移动数据记录指针。

传入参数：esource RESULT_IDENTIFIER，int ROW_NUMBER

范例：mysql_data_seek（$result，6)；

说明：将 RESULT_IDENTIFIER 的数据记录指针移到第 ROW_NUMBER 个 row 去。以范例而言，是将数据记录指针移动到第 6 行。

③mysql_fetch_row()

功能：分析返回内容，并提取单条数据。

传入参数：resource RESULT

返回参数：单条数据数组。

范例：数据数组。

参见上一小节。

说明：搭配循环的使用，该函数可以从 RESULT 中将数据以一维数组的方式分行提取出来。

④mysql_fetch_array()

功能：分析数组内容。

传入参数：resource result [，int result_type]

范例：参见上一小节。

说明：分析每一行 $row 中的各个字段内容。

可选用三种分析方式，分别为：

- MYSQL_NUM：使用字段编号分析。
- MYSQL_ASSOC：使用字段名称分析。
- MYSQL_BOTH：同时使用字段编号与名称分析。

⑤Mysql_fetch_object()

功能：分析对象内容。

传入参数：resource result [，int result_type]

范例：

```
$result = mysql_query ("select * from news");
while ($row = mysql_fetch_object ($result)) {
echo $row-> news_id;
echo $row-> news_title;
}
```

说明：mysql_fetch_object() 类似于 mysql_fetch_array()，唯一不同之处在于

mysql_fetch_object() 仅能使用字段名称进行分析，不能使用字段编号或同时使用字段编号与名称进行分析。

⑥mysql_affected_rows()

功能：检测所影响的数组数量。

传入参数：[resource LINK_IDENTIFIER]

范例：$num_rows = mysql_affected_rows（$conn)；

说明：取得最近一次通过 LINK_IDENTIFIER，在 MySQL 上执行 INSERT、UPDATE 或 DELETE 所影响的行（row）数。若执行的是不含 WHERE 的 DELETE 语句，将删除全部数据，但本函数的返回值将是 0。

由于执行 UPDATE 时，新值与旧值相同的数据列不会被更新，所以 mysql_affected_rows( ) 函数的返回值不一定就是符合查询条件的数据条数。

（3）显示系统信息

PHP 中提供了许多用于显示 MySQL 数据库相关信息的函数。比较常用的函数如下所述。

①mysql_list_dbs()

功能：列出系统内所有的数据库名称。

传入参数：$conn

范例：

```
$db_list = mysql_list_dbs（$conn)；
while ($row = mysql_fetch_object（$db_list)) {
echo $row-> Database." \n"；
}
```

说明：显示系统内所有的数据库名称。

②mysql_list_tables()

功能：列出某一数据库内所有的数据表名称。

传入参数：$dbname

范例：

```
$result = mysql_list_tables($dbname)；
while ($row = mysql_fetch_row($result)) {
echo "Table：$row[0]\n"；
}
```

说明：列出某一数据库内所有的数据表数据。

③mysql_list_fields()

功能：列出某数据表内所有的字段名称。

传入参数：$dbname，$tablename，$conn

范例：

```
$fields = mysql_list_fields("database1", "table1", $conn);
$columns = mysql_num_fields($fields);
for ($i = 0; $i < $columns; $i++) {
echo mysql_field_name($fields, $i). "\n";
}
```

说明：列出某数据表内所有的数据字段名称。

7. 向数据库插入数据

前面介绍了如何从数据库读取数据，下面介绍如何向数据库插入数据。下列程序用于提取表单中输入的内容，并把它们发送给数据库。

```
<html>
<body>
<?php
if ($submit) {
// 处理表格输入
$conn = mysql_connect("localhost", "root");
mysql_select_db("spidertianye", $conn);
$sql = "INSERT INTO news (news_type, news_title, news_editor, news_content)
VALUES ('$ntype','$title','$editor','$content')";
$result = mysql_query($sql);
echo "Thank you! Information entered.\n";
} else{
// 显示表格内容
? >
<method="post" action="<?php echo $PATH_INFO? >" >
<table>
<tr><td>新闻类型：<input type=" Text" name=" ntype" ></td></tr>
<tr><td>新闻标题：<input type=" Text" name=" title" ></td></tr>
<tr><td>发布人：<input type=" Text" name=" editor" ></td></tr>
<tr><td>内容：<input type=" Text" name=" content" ></td></tr>
<tr><td> <input type=" Submit" name=" submit" value=" 输入信息" ></td>
<td> <input type=" reset" name=" reset" value=" 取消" ></td></tr>
</form>
<?php
} // end if, if结束
? >
</body>
</html>
```

同样要注意$PATH_INFO的用法。由程序可以看到，表格中的每一个元素都对应着数据库中的一个字段。这种对应关系不是必须的，这么做只是更直观一些，便于以后理解代码。

还要注意的是，在 Submit 按钮中加入了 name 属性，以便在程序中试探 $ submit 变量是否存在。于是，当网页被再次调用时，就会知道调用页面时是否已经填写了表格。应该指出，不一定要把上面的网页内容写到 PHP 程序中，再返过来调用程序本身；完全可以把显示表格的网页和处理表格的程序分开放在两个网页、三个网页甚至更多网页中，放在一个文件中只是使内容更加紧凑。

5.2 新闻发布设计

随着 Internet 的普及，越来越多的企业建立了自己的 WWW 网站，用于展示产品，发布最新动态，与用户交流和沟通，与合作伙伴建立联系，以及开展电子商务等。其中，新闻管理系统是构成企业网站的一个重要组成部分，它担负着双层作用，一方面用来动态发布新产品或新开发项目的信息，另一方面及时向用户公告企业经营业绩、技术与研发进展、特别推荐或优惠的工程项目、产品和服务，从而吸引用户，扩大用户群。

传统的网站新闻管理方式有两种，一种是静态 HTML 页面，更新信息时需要重新制作页面，然后上传页面并修改相应的链接，这种方式因为效率太低已不多用。另一种是基于脚本语言，将动态网页和数据库相结合，通过应用程序来处理新闻，这是目前较流行的做法。本网站的新闻管理系统便是基于 PHP 脚本语言和 MySQL 数据库相结合而开发的，其主要功能如下所述。

5.2.1 浏览新闻设计

浏览新闻的功能要求是将本网站的新闻公告显示在一个网页上，供网站访问者查询。其运行界面如图 5-27 所示。

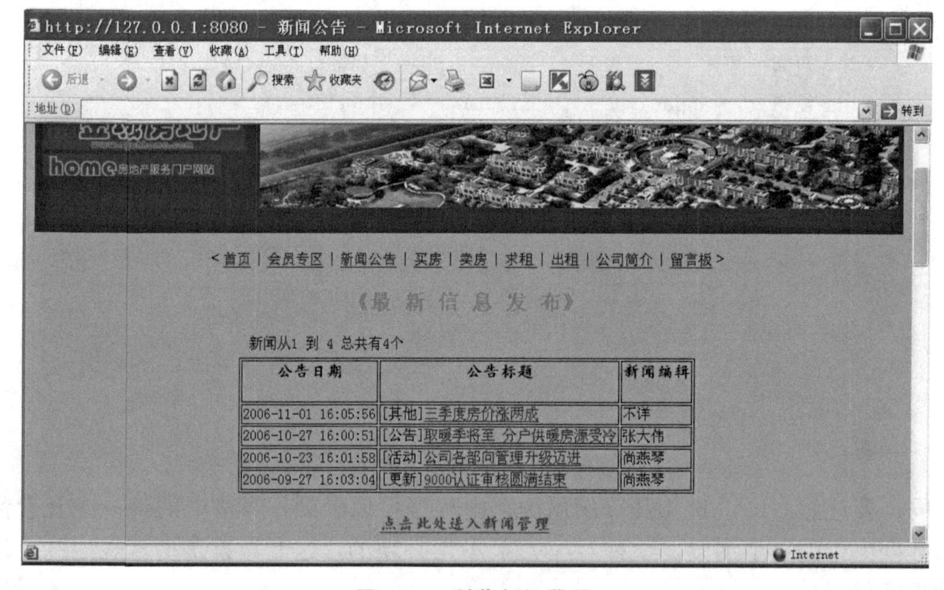

图 5-27 浏览新闻界面

实现该功能的 news/news. php 文件的 PHP 代码如下所示：

```
<? php require_once('../../Connections/spidertianye. php'); ? >
<? php
$currentPage = $_SERVER["PHP_SELF"];
$maxRows_Recordset1 = 5;
$pageNum_Recordset1 = 0;
if (isset($_GET['pageNum_Recordset1'])) {
$pageNum_Recordset1 = $_GET['pageNum_Recordset1'];
}
$startRow_Recordset1 = $pageNum_Recordset1 * $maxRows_Recordset1;
mysql_select_db($database_spidertianye, $spidertianye);
$query_Recordset1 = "SELECT * FROM news ORDER BY news_time DESC";
$query_limit_Recordset1 = sprintf("%s LIMIT %d, %d", $query_Recordset1, $startRow_
Recordset1, $maxRows_Recordset1);
$Recordset1 = mysql_query($query_limit_Recordset1, $spidertianye) or die(mysql_error
());
$row_Recordset1 = mysql_fetch_assoc($Recordset1);
if (isset($_GET['totalRows_Recordset1'])) {
$totalRows_Recordset1 = $_GET['totalRows_Recordset1'];
} else {
$all_Recordset1 = mysql_query($query_Recordset1);
$totalRows_Recordset1 = mysql_num_rows($all_Recordset1);
}
$totalPages_Recordset1 = ceil($totalRows_Recordset1/$maxRows_Recordset1)-1;
$queryString_Recordset1 = "";
if (! empty($_SERVER['QUERY_STRING'])) {
  $params = explode("&", $_SERVER['QUERY_STRING']);
$newParams = array();
foreach ($params as $param) {
    if (stristr($param, "pageNum_Recordset1") == false &&
    stristr($param, "totalRows_Recordset1") == false) {
  array_push($newParams, $param);
    }
  }
if (count($newParams) ! = 0) {
$queryString_Recordset1 = "&" . htmlentities(implode("&", $newParams));
}
}
$queryString_Recordset1 = sprintf("&totalRows_Recordset1=%d%s", $totalRows_Record-
set1, $queryString_Recordset1);
?>
```

```
………（因篇幅所限 html 代码部分省略）
<table border="1" align="center" bordercolor="#000000">
<caption align="left">
 新闻从<? php echo ( $startRow_Recordset1 + 1) ? > 到 <? php echo min( $startRow_Recordset1 + $maxRows_Recordset1, $totalRows_Recordset1) ? > 总共有<? php echo $totalRows_Recordset1 ? >个
</caption>
<tr bordercolor="#ECE9D8" bgcolor="#0000FF">
  <th bordercolor="#000000" bgcolor="#C0C0C0" scope="col"><h1 align="center" class="style18"><span class="style8">公告日期</span></h1>
</th>
  <th bordercolor="#000000" bgcolor="#C0C0C0" scope="col"><h1 align="center" class="style31">公告标题</h1>
  </th>
    <th bordercolor="#000000" bgcolor="#C0C0C0" scope="col"><h1 align="center" class="style31">新闻编辑</h1>
</th>
  </tr>
<? php do { ? >
<tr>
<td>
<? php echo $row_Recordset1['news_time']; ? >
</td>
<td>
[<? php echo $row_Recordset1['news_type']; ? >]<a href="newshow. php? news_id=<? php echo $row_Recordset1['news_id']; ? >"><? php echo $row_Recordset1['news_title']; ? ></a>
</td>
      <td>
<? php echo $row_Recordset1['news_editor']; ? >
</td>
</tr>
<? php } while ( $row_Recordset1 = mysql_fetch_assoc( $Recordset1)); ? >
</table>
<table border="0" width="50%" align="center">
<tr>
  <td width="23%" align="center"><? php if ( $pageNum_Recordset1 > 0) { // 如果不是第一页显示 ? >
  <a href="<? php printf("%s? pageNum_Recordset1=%d%s", $currentPage, 0, $queryString_Recordset1); ? >">第一页</a>
  <? php } ? >
  </td>
```

```
<td width="31%" align="center"><? php if ($pageNum_Recordset1 > 0) { ? >
    <a href="<? php printf("%s? pageNum_Recordset1=%d%s", $currentPage, max(0, $pageNum_Recordset1 - 1), $queryString_Recordset1); ? >">前一页</a>
    <? php }? >
    </td>
    <td width="23%" align="center"><? php if ($pageNum_Recordset1 < $totalPages_Recordset1) { //如果不是最后一页显示 ? >
    <a href="<? php printf("%s? pageNum_Recordset1=%d%s", $currentPage, min($totalPages_Recordset1, $pageNum_Recordset1 + 1), $queryString_Recordset1); ? >">下一页</a>
    <? php }? >
    </td>
  <td width="23%" align="center"><? php if ($pageNum_Recordset1 < $totalPages_Recordset1) { ? >
    <a href="<? php printf("%s? pageNum_Recordset1=%d%s", $currentPage, $totalPages_Recordset1, $queryString_Recordset1); ? >">最后一页</a>
    <? php }? >
    </td>
  </tr>
</table>
……(因篇幅所限,html 代码部分省略)
<? php
mysql_free_result($Recordset1);//释放资源
? >
```

该段程序代码的功能是实现新闻的分页显示。点击某一新闻标题，可以看到该段新闻的具体内容，其界面如图 5-28 所示。

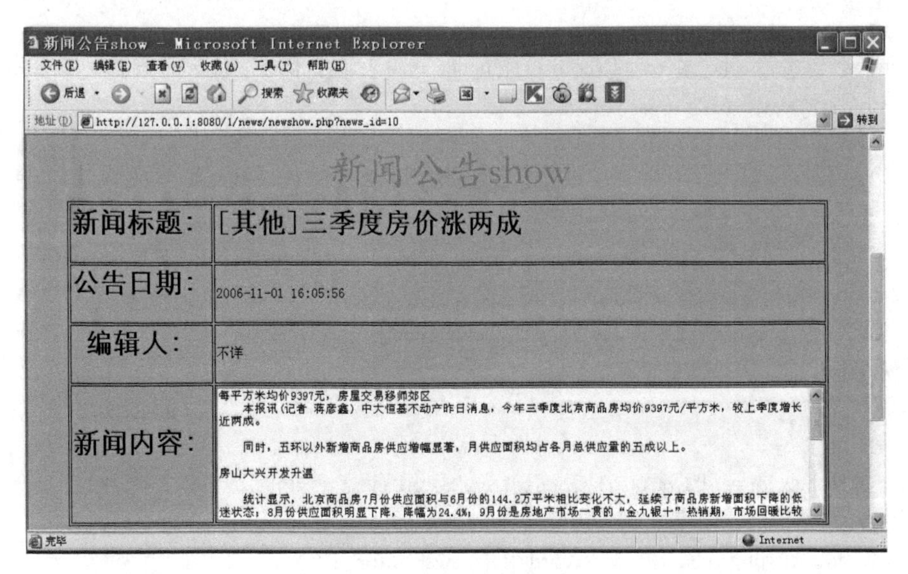

图 5-28 显示新闻信息

实现显示新闻具体信息的程序代码为 news/newshow. php，如下所示：

```
<? php require_once('../../Connections/spidertianye. php'); //包含 spidertianye. php 文件，该文件用于建立与数据库的连接? >
<? php
$ colname_Recordset1 = "1";
if (isset( $ _GET['news_id'])) {//判断是否传入 news_id 变量，即是否点击了图 5-27 中的新闻链接
  $ colname_Recordset1 = (get_magic_quotes_gpc()) ? $ _GET['news_id'] : addslashes( $ _GET['news_id']);// 首先要看 get_magic_quotes_gpc()的值，一般为 1 。这时候从 <TEXTAREA> 提交的内容会自动加上斜线。Addslashes()函数使需要让数据库处理的字符串的引号部分加上斜线，供数据库查询 (query)顺利运作。这些会被改的字符包括单引号 (')、双引号 (")、反斜线 backslash (□以及空字符 NULL (the null byte)。
}
mysql_select_db( $ database_spidertianye, $ spidertianye);//选择数据库
$ query_Recordset1 = sprintf("SELECT * FROM news WHERE news_id = %s ORDER BY news_time DESC", $ colname_Recordset1);
$ Recordset1 = mysql_query( $ query_Recordset1, $ spidertianye) or die(mysql_error());//查询满足条件的记录
$ row_Recordset1 = mysql_fetch assoc( $ Recordset1);
$ totalRows_Recordset1 = mysql_num_rows( $ Recordset1);
? >
……(因篇幅所限，html 代码部分省略)
//以下按表格方式显示新闻内容
<table border="1" bordercolor="#000000" bgcolor="#C0C0C0">
  <tr>
    <th bgcolor="#C0C0C0" scope="row"><h1 class="style3 style4">新闻标题:</h1>
</th>
<td>
<h1>[<? php echo $ row_Recordset1['news_type']; ? >]<? php echo $ row_Recordset1['news_title']; ? > </h1>
</td>
  </tr>
  <tr>
    <th bgcolor="#C0C0C0" scope="row"><h1 class="style5">公告日期:</h1>
</th>
  <td><? php echo $ row_Recordset1['news_time']; ? >
</td>
</tr>
<tr>
    <th bgcolor="#C0C0C0" scope="row"><h1 class="style5">编辑人:</h1>
</th>
    <td><? php echo $ row_Recordset1['news_editor']; ? >
```

```
</td> </tr> <tr>
    <th bgcolor="#C0C0C0" scope="row"><h1 class="style2"><span class="style3">新闻内容:</span></h1>
</th><td><textarea name="news_content" cols="100" rows="10" readonly="readonly" id="news_content"><? php echo $row_Recordset1['news_content']; ?></textarea>
</td> </tr></table>
……(因篇幅所限,html 代码部分省略)
<? php mysql_free_result($Recordset1); ?>
```

该程序代码用于在网页上按表格输出具体新闻的详细内容。

5.2.2　管理新闻

管理新闻的主要功能包括用户认证、添加新闻、修改新闻和删除新闻。

1. 用户认证

用户认证界面如图 5-29 所示。

图 5-29　用户认证界面

单击图 5-29 所示的“登入管理界面”，将进行用户认证。认证文件为 news/login.php，主要代码如下所示：

```
session_start();//开始会话
$loginFormAction = $_SERVER['PHP_SELF'];
if (isset($accesscheck)) {
  $GLOBALS['PrevUrl'] = $accesscheck;
  session_register('PrevUrl');
}
```

```
if (isset($_POST['username'])) {//是否输入用户名
  $loginUsername=$_POST['username'];//用户名
  $password=$_POST['passwd'];//用户密码
  $MM_fldUserAuthorization = "";
  $MM_redirectLoginSuccess = "newadmin.php";//认证成功显示的页面
  $MM_redirectLoginFailed = "news.php";//认证失败显示的页面
  $MM_redirecttoReferrer = false;
  mysql_select_db($database_spidertianye, $spidertianye);
  $LoginRS__query=sprintf("SELECT username, passwd FROM newslogin WHERE user-
name='%s' AND passwd='%s'", get_magic_quotes_gpc() ? $loginUsername : addslashes($logi-
nUsername), get_magic_quotes_gpc() ? $password : addslashes($password)); //查询用户
    $LoginRS = mysql_query($LoginRS__query, $spidertianye) or die(mysql_error());
  $loginFoundUser = mysql_num_rows($LoginRS);
  if ($loginFoundUser) {
    $loginStrGroup = "";
  //如果认证成功,生成两个全局变量
  $GLOBALS['MM_Username'] = $loginUsername;
  $GLOBALS['MM_UserGroup'] = $loginStrGroup;
  //生成两个session变量
  session_register("MM_Username");
  session_register("MM_UserGroup");
   //转向相应的页面
if (isset($_SESSION['PrevUrl']) && false) {
      $MM_redirectLoginSuccess = $_SESSION['PrevUrl'];
    }
  header("Location: ". $MM_redirectLoginSuccess );
}
else {
  header("Location: ". $MM_redirectLoginFailed );
}
}
?>
……(因篇幅所限,html代码部分省略)
```

上述程序代码实现用户的认证功能。如果认证成功，显示如图5-30所示的界面。

2. 添加新闻

当单击“新增新闻公告”时，将显示如图5-31所示的新增新闻界面。

用户添加完相应的内容后，单击“新增新闻”按钮，将新闻提交到数据库中，所对应的PHP文件为news/newsadd.php。该文件包含的主要代码如下所示：

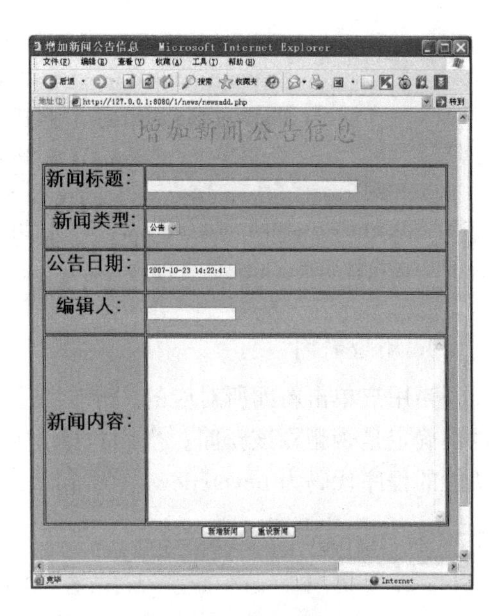

图 5-30 新闻管理员界面

图 5-31 新增新闻界面

```
……(因篇幅所限,html 代码部分省略)
if ((isset($_POST["MM_insert"])) && ($_POST["MM_insert"] == "form1")) {
$insertSQL = sprintf("INSERT INTO news (news_time, news_type, news_title, news_editor,
news_content) VALUES (%s, %s, %s, %s, %s)",
                    GetSQLValueString($_POST['news_time'], "date"),
                    GetSQLValueString($_POST['news_type'], "text"),
                    GetSQLValueString($_POST['news_title'], "text"),
                    GetSQLValueString($_POST['news_editor'], "text"),
                    GetSQLValueString($_POST['news_content'], "text"));//插入记录语句
  mysql_select_db($database_spidertianye, $spidertianye);
  $Result1 = mysql_query($insertSQL, $spidertianye) or die(mysql_error());
……(因篇幅所限,html 代码部分省略)
```

3. 修改新闻

当用户单击新闻所对应的“修改”按钮时，打开的界面与图 5-31 所示基本相同，可用于修改已发布的新闻内容，实现该功能的 PHP 文件为 news/news_updata.php。该程序的主要代码如下所示：

```
……(因篇幅所限,html 代码部分省略
if ((isset($_POST [" MM_update"])) && ($_POST [" MM_update"] == " form1")) {
      $updateSQL = sprintf (" UPDATE news SET news_time=%s, news_type=%s, news_ti-
tle=%s, news_editor=%s, news_content=%s WHERE news_id=%s",
                    GetSQLValueString ($_POST ['news_time'], " date"),
                    GetSQLValueString ($_POST ['news_type'], " text"),
```

```
                    GetSQLValueString( $_POST ['news_title'], " text"),
                    GetSQLValueString ( $_POST ['news_editor'], " text"),
                    GetSQLValueString ( $_POST ['news_content'], " text"),
                    GetSQLValueString ( $_POST ['news_id'], " int"));
  mysql_select_db ( $database_spidertianye, $spidertianye);
  $Result1 = mysql_query ( $updateSQL, $spidertianye) or die (mysql_error ());
……（因篇幅所限，html 代码部分省略）
```

4. 删除新闻

当用户单击新闻所对应的“删除”按钮时，将显示该新闻所对应的信息，并由管理员确定是否删除该新闻。当用户确定删除后，该新闻将被从数据库中删除。实现该功能的程序代码为 news/news_del. php。该文件中的主要语句如下所示：

```
……(因篇幅所限,html 代码部分省略)
if ((isset( $_GET ['news_id'])) && ( $_GET ['news_id'] ! = "") && (isset ( $_POST ['sure
'])))  { $deleteSQL = sprintf (" DELETE FROM news WHERE news_id=%s", GetSQLValueS-
tring ( $_GET ['news_id'], " int")); mysql_select_db ( $database_spidertianye, $spidertianye);
  $Result1 = mysql_query ( $deleteSQL, $spidertianye) or die (mysql_error ());
……（因篇幅所限，html 代码部分省略）
```

本章小结

本章简单介绍了 MySQL 的基本操作、PHP 与 MySQL 数据库的连接方式，以及本书所提供的网站新闻管理，没有介绍实际应用中可能用到的一些 PHP 函数，读者可查阅相关的 PHP 手册。

实践课堂

1. 使用 MySQL 数据库命令或 phpmyAdmin 创建 spidertianye 库中的其他 5 个数据表。

2. 利用 PHP 与 MySQL 连接显示房屋交易表中的内容。

家庭作业

自行完成网站中留言板的设计。

第 6 章　网站测试与上传

本章导读

在网站的设计与建设过程中可能会存在一些问题与失误，因此在将网站上传并发布出去之前和之后，一定要进行必要的测试，以保证页面外观、链接和效果等内容符合最初的设计，更重要的是要满足企业人员的功能需求。本章将主要介绍网站测试与上传的相关技术及操作要领。

6.1　网站测试概述

6.1.1　什么是网站测试

网站测试就是在网站交付给用户使用或者正式投入运行之前和之后，对网站的需求规格说明、设计规格说明和编码的最终复审，是保证网站质量和正常运行的关键步骤。网站测试是为了发现错误而运行网站的过程。

网站测试在网站的整个生命周期中横跨了两个阶段：通常在编写出每一个页面之后就需要对其做必要的测试（称为页面测试）。编码和单元测试与页面测试属于网站生命周期中的同一个阶段。在这个阶段之后，对整个网站系统还要进行各种综合测试，如性能测试、兼容性测试和安全测试等，这是网站生命周期的另一个独立阶段，即测试阶段。

小贴士

对于网站的测试，既要进行阶段测试，也要进行整体测试。所有测试都要制定合理的测试计划。

6.1.2　网站测试的目的和原则

网站测试的最终目的是为了尽可能地避免各种错误的发生，以确保整个网站能够正常、高效地运行。一个成功的测试是发现了以前从未发现的错误；一个优秀的测试人员应该做到不仅能够发现问题，还能够帮助开发人员分析问题出现的原因，最终解决问题。

网站测试的主要原则有以下几个方面：

①应把“尽早和不断地进行网站测试”作为网站开发者的座右铭。实践证明，页

面测试和单元测试能够尽早地发现问题，从而减少后期测试的错误量和后期修改调试的工作量。

②测试用例应由测试输入数据、测试执行步骤及与之对应的预期输出结果三部分组成。

③测试用例的设计要确保能覆盖所有可能的路径。在设计测试用例时，应当包括合理的输入条件和不合理的输入条件。不合理的输入条件是指异常的、临界的、可能引起问题的输入条件。

④在后期系统测试阶段，应当避免由网站开发人员自己检查自己的程序。

⑤严格执行测试计划，排除测试的随意性。

⑥妥善保存测试计划、测试用例、出错统计和最终分析报告，为日后的维护提供方便。

6.2 网站测试的分类

网站测试分为功能测试、性能测试、可用性测试、兼容性测试和安全性测试等。

6.2.1 功能测试

网站功能测试就是对网站的各种功能进行验证。根据功能测试用例，逐项测试，检查网站是否达到用户要求的功能需求。目前，通常的网站功能测试主要有以下几个方面。

1. 链接测试

超级链接是网页最大的特色，也是网页区别于其他平面刊物的典型特征。超链接是在页面之间进行切换和指导用户进入一些不知道地址的页面的主要手段。链接测试分为以下三个方面：

①测试所有链接是否按照设置的那样确实链接到应该链接的页面。

②测试所链接的页面是否存在。

③保证 Web 应用系统上没有孤立的页面。所谓孤立的页面，是指没有链接指向该页面，只有知道正确的 URL 地址才能访问的页面。

目前，通过许多网站测试工具都可以自动进行链接测试。链接测试应该在阶段性测试时完成，在集成测试阶段也必须执行，也就是说，在整个 Web 应用系统的所有页面开发完成之后，必须要进行链接测试。

2. 表单测试

当用户向 Web 应用系统提交信息时，需要使用表单进行操作，例如用户注册、登录、信息提交等。在这种情况下，必须测试提交操作的完整性，以校验提交给服务器的信息的正确性。例如，用户填写的 E-mail 地址是否恰当，填写的密码是否符合要求等。

如果使用了默认值，还要检验默认值的正确性。如果表单只能接受指定的某些值，也要进行测试。例如，只能接受某些字符，测试时可以跳过这些字符，看系统是否会报错。

要测试程序，需要验证服务器是否能够正确保存这些数据，而且后台运行的程序是否能够正确解释和使用这些信息。

B/S结构实现的功能可能主要就在于此，提交数据、处理数据等如果有固定的操作流程，可以考虑自动化测试工具的录制功能，编写可重复使用的脚本代码，在测试、回归测试时运行，以便减轻测试人员的工作量。

3. Cookies测试

Cookies通常用来存储用户信息和用户在应用系统中的操作。当一个用户使用Cookies访问了某一个应用系统时，Web服务器将发送关于用户的信息，并把该信息以Cookies的形式存储在客户端计算机上，用来创建动态和自定义页面或者存储登录信息。

如果Web应用系统使用了Cookies，必须检查Cookies是否能正常工作，而且保证对这些信息已经加密。测试的内容包括Cookies是否起作用、是否按预定的时间保存、刷新对Cookies有什么影响等。

4. 设计语言测试

Web设计语言版本的差异可能引起客户端或者服务器端严重的问题。例如，使用哪种版本的HTML。除了HTML的版本问题外，不同的脚本语言，例如Java、JavaScript、ActiveX、VBScript或Perl等也要验证。

5. 数据库测试

在Web应用技术中，数据库起着重要的作用。数据库为Web应用系统的管理、运行、查询和实现用户对数据存储的请求等提供空间。在目前的Web应用中，最常用的数据库类型是关系型数据库，可以使用SQL语句对信息进行处理。

在使用了数据库的Web应用系统中，一般情况下，通常可能发生两种错误：数据一致性错误和输出错误。数据一致性错误主要是由于用户提交的表单信息不正确而造成的，输出错误则主要是由于网络速度或程序设计问题等引起的。针对这两种情况，应该分别测试。

6.2.2 性能测试

客户需要花费多长时间可以打开网站？是否能够自信地告诉客户，网站根本没有打不开的时候？……这些看起来好像不太重要，却在一定程度上对网站的访问量和点击率产生了影响。

要了解并解决这些问题，需要对网站进行相应的性能测试。性能测试的目的主要是检查网站的平均响应时间或者吞吐量是否符合指定的标准。目前，通常进行的性能测试主要有以下三个方面。

1. 连接速度测试

用户连接到Web应用系统的速度根据上网方式的变化而变化，他们或许是电话拨号，或许是宽带上网。当下载一个程序时，用户可以等待较长的时间；但是如果仅仅访问一个页面，就不会这样。如果Web应用系统的响应时间太长，用户会因没有耐心等待而离开。

Web应用系统的连接速度太慢，还可能引起数据丢失，使用户得不到真实的页面。另外，有些页面会有超时的限制，如果响应速度太慢，用户可能还没来得及浏览内容，就需要重新登录了。

2. 负载测试

负载测试的目的是为了测试Web应用系统在各种负载级别上的性能和稳定性，以保证Web应用系统在需求范围内能够正常工作。负载级别可以是某个时刻同时访问Web应用系统的用户数量，也可以是在线数据处理的数量。例如，Web应用系统允许多少个用户同时在线？如果超过这个数量，会出现什么现象？Web应用系统是否能够处理大量用户对同一个页面的请求？等等。

3. 压力测试

压力测试是指实际破坏一个Web应用系统时，测试系统的反应。压力测试是测试Web应用系统的限制和故障恢复能力，也就是测试Web应用系统会不会崩溃，在什么情况下会崩溃。黑客常常提供错误的数据负载，直到Web应用系统崩溃，当系统重新启动时获得存取权。

压力测试是在超常规负载级别下，长时间连续运行系统，检验Web应用系统的各种性能表现和反应。负载测试是指测试Web应用系统在常规负载级别下，确认响应时间与其他性能和表现。

实际测试过程中，压力测试从比较小的负载级别开始，逐渐增加模拟用户的数量，直到Web应用系统的响应时间超时。压力测试的特点是长时间连续运行，增加超负载（并发、循环操作、多用户等）来测试什么时候Web应用系统会产生异常，以及异常处理能力，找出瓶颈所在。压力测试实际上就是超常规的负载测试。

在Web应用系统发布以后，也应该进行压力测试，并且在实际的网络环境中测试。因为一个企业的内部员工，特别是网站开发人员是有限的，而一个Web应用系统能够同时处理的请求数量远远超出这个限度，所以，只有放在Internet上接受压力测试，其结果才是正确可信的。

6.2.3 可用性测试

可用性测试也称为用户体验测试，是通过Web应用系统的功能来设计测试任务，让用户根据任务完成一些真实测试，检验系统的可用性，作为系统后续改进和完善的重要参考依据。目前，通常的网站可用性测试主要包括以下几个方面。

1. 导航测试

导航描述了用户在一个页面内操作的方式，在不同的用户接口控制之间，例如按钮、对话框、列表和窗口等；或在不同的连接页面之间。通过考虑下列问题，可以判断一个Web应用系统是否易于导航：

①导航是否直观？

②Web应用系统的主要部分是否可通过主页存取？

③Web应用系统是否需要站点地图、搜索引擎或其他导航帮助？

在一个页面上放置太多信息往往会起到与预期相反的效果。Web应用系统的用户趋向于目的驱动，很快地浏览一个 Web 应用系统，查看是否有满足需要的信息。如果没有，用户会很快地离开。很少有用户愿意花时间去熟悉 Web 应用系统的结构。因此，Web 应用系统导航要尽可能准确、易用。

导航的另一个重要方面是 Web 应用系统的页面结构。导航、菜单、连接的风格要一致，确保用户凭直觉就知道 Web 应用系统里面是否还有内容，内容放在什么地方。Web 应用系统的层次一旦确定，就要着手测试用户导航功能。让最终用户参与测试，效果更加显著。

2. 图形测试

在 Web 应用系统中，加入适当的图片和动画既能起到广告宣传的作用，又能实现美化页面的功能。一个 Web 应用系统的图形可以包括图片、动画、边框、颜色、字体、背景、按钮等。图形测试的内容主要有以下几个：

①要确保图形有明确的用途，图片或动画不要胡乱地堆在一起，以免浪费传输时间。Web 应用系统的图片尺寸要尽量小，并且要能清楚地说明某件事情，一般都链接到某个具体的页面。

②验证所有页面字体的风格是否一致。

③背景颜色应该与字体颜色和前景颜色相搭配。

④图片的大小和质量也是一个很重要的因素，一般采用 JPG 或 GIF 压缩。

3. 内容测试

内容测试主要是为了检验 Web 应用系统所提供信息的正确性、准确性和相关性。

①信息的正确性是指信息是可靠的还是误传的。例如，在商品价格列表中，错误的价格可能引起财政问题，甚至导致法律纠纷。

②信息的准确性是指是否有语法或拼写错误。这种测试通常使用一些文字处理软件来完成。例如，使用 Microsoft Word 的“拼音与语法检查”功能。

③信息的相关性是指是否在当前页面可以找到与当前浏览信息相关的信息列表或入口，也就是一般 Web 站点中的“相关文章列表”。

4. 整体界面测试

整体界面测试是指检查整个 Web 应用系统的页面结构设计，是否让用户感觉到是一个整体。例如，当用户浏览 Web 应用系统时是否感到舒适？是否凭直觉就知道要找的信息在什么地方？整个 Web 应用系统的设计风格是否一致？

对整体界面的测试过程，其实是一个对最终用户进行调查的过程。一般 Web 应用系统采取在主页上做问卷调查的形式，得到最终用户的反馈信息。对于所有的可用性测试，都需要有外部人员（与 Web 应用系统开发没有联系或联系很少的人员）的参与，最好是有最终用户的参与。

6.2.4　兼容性测试

兼容性测试是为了验证 Web 应用系统可以在用户使用的机器上正常运行。目前，兼容性测试主要包含以下两个方面。

1. 平台测试

市场上有很多不同的操作系统类型，最常见的有 Windows、UNIX、Macintosh、Linux 等。Web 应用系统的最终用户究竟使用哪一种操作系统，取决于用户系统的配置。这样，就可能发生兼容性问题。同一个 Web 应用系统可能在某些操作系统下能正常运行，但是在其他操作系统下可能运行失败。

因此，在 Web 应用系统发布之前，需要在各种操作系统下对 Web 应用系统进行兼容性测试。

2. 浏览器测试

浏览器是 Web 客户端最核心的构件，来自不同厂商的浏览器对 Java、JavaScript、ActiveX、plug-ins 或者不同的 HTML 规格有不同的支持。例如，ActiveX 是 Microsoft 公司的产品，是专门为 Internet Explorer 浏览器设计的；JavaScript 是 Netscape 公司的产品；Java 是 Oracle 公司的产品等。另外，框架和层次结构风格在不同的浏览器中有不同的显示，甚至根本不显示。不同的浏览器对安全性和 Java 的设置也不一样。

测试浏览器兼容性的一个方法就是创建一个兼容性矩阵。在这个矩阵中，测试不同厂商、不同版本的浏览器对某些构件和设置的适应性。

6.2.5 安全性测试

安全性测试主要是测试系统在没有授权的内部或者外部用户对系统进行攻击或者恶意破坏时如何进行处理，是否仍能保证数据和页面的安全。另外，对于操作权限的测试也包含在安全性测试中。

Web 应用系统的安全性测试主要包含以下几个方面：

①现在的 Web 应用系统基本采用先注册，后登录的方式。因此，必须测试有效和无效的用户名和密码，要注意到是否对大小写敏感，是否限制输入密码的次数，是否可以不登录而直接浏览某个页面等。

②Web 应用系统是否有超时的限制，也就是说，用户登录后，在一定时间内没有点击任何页面，是否需要重新登录才能继续正常使用。

③为了保证 Web 应用系统的安全性，日志文件是至关重要的。需要测试相关信息是否写进了日志文件，是否可追踪。

④如果使用了安全套接字，还要测试加密是否正确，检查信息的完整性。

⑤服务器端的脚本常常构成安全漏洞，这些漏洞又常常被黑客所利用。所以，还要测试没有经过授权，就不能在服务器端放置和编辑脚本的问题。

小贴士

对于网站的系统测试，不但需要检查和验证是否按照需求分析及设计的要求运行，而且要评价网站系统在不同用户的浏览器端的显示是否合适。更重要的是，从最终用户的角度进行安全性和可用性测试。

6.3　网站测试计划

6.3.1　制定网站测试计划

进行网站测试，首先要制定测试计划。网站测试计划作为网站项目计划的子计划，在网站启动初期必须完成规划。目前，网站的测试过程逐渐从相对独立的步骤越来越紧密地嵌套在网站的整个生命周期中。这样，如何规划整个项目周期的测试工作；如何将测试工作上升到测试管理的高度，都依赖于测试计划的制定。测试计划因此成为测试工作赖以展开的基础。

测试计划应该包括：所测应用系统的功能，输入和输出，测试内容，各项测试的进度安排，资源要求，测试资料，测试工具，测试用例的选择，测试的控制方法和过程，系统的配置方式，跟踪规则，调试规则，回归测试的规定以及评价标准。

一个好的网站测试计划可以起到如下作用：

①避免测试的“事件驱动”。

②使测试工作和整个开发工作融合起来。

③资源和变更事先作为一个可控制的风险。

就通常的网站项目而言，基本上采用“瀑布型”开发方式。在这种方式下，各个项目的主要活动比较清晰，易于操作。整个网站项目的生命周期为需求—设计—编码—测试—发布—实施—维护。

然而，在制定测试计划时，开发人员对测试阶段的划分还不是十分明晰，经常遇到的问题是把测试单纯理解成系统测试，或者把各种类型的测试设计全部都放到生命周期的“测试阶段”，这样造成的问题是浪费了开发阶段可以并行的项目日程；另一方面，造成测试不足，同时可能大大增加后期测试阶段及系统修改调试的工作量。

因此在实际工作中，应该制定合理的测试阶段。在相应的阶段可以同步编制阶段测试计划，测试设计也可以结合开发过程并行完成。测试的实施，即执行测试的活动可以延续到开发完成之后。

6.3.2　网站的阶段性测试流程

在网站建设过程中，需要根据网站建设的阶段性工作目标及制定好的测试计划进行阶段性测试。阶段性测试主要是指根据网站的需求分析，对已设计制作完成的模块进行相关测试。具体的阶段测试工作流程如图 6-1 所示。

设计与制作人员对已完成模块进行的测试，主要包括页面测试和功能测试两个方面。在设计制作完成后，第一时间内由设计与制作人员亲自测试。

①页面测试：主要包括测试首页、二级页面、三级页面等在各种常用的显示分辨率、浏览器下是否能够正确显示；检查各页面上有没有错别字；测试各页面中的链接是否能够正常使用、是否有死链接；检查各栏目中的图片与内容是否对应等。

②功能测试：主要包括测试各功能模块是否达到并满足客户的需求；检查数据库的链接是否正确；检查各个动态生成的链接是否正确；检查传递参数的格式、内容是否正确；测试内容是否报错，页面显示是否正确等。

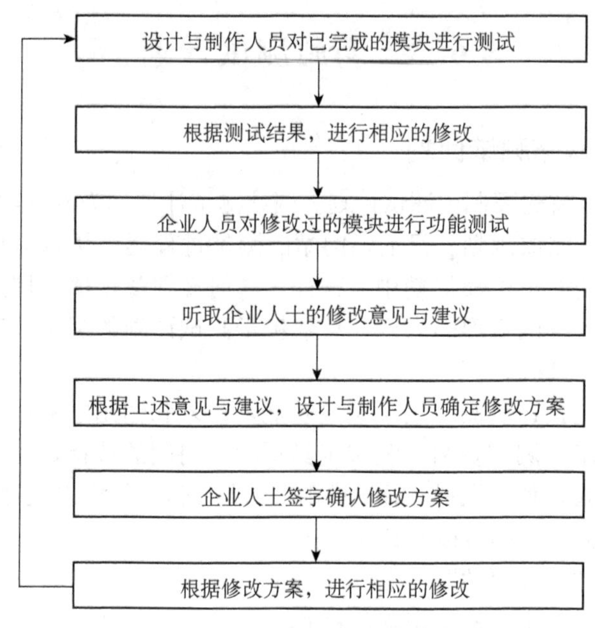

图 6-1　阶段测试流程图

设计与制作人员对已完成模块进行的测试，有些可以借助于相应的网站测试工具，有些则需要对每一个独立的功能模块进行单独的测试用例的设计导出。

为了保证网站快速、顺利地建设完成，除了设计开发人员要对已完成的模块进行功能测试外，还要请企业人员对已完成的模块和修改过的模块进行进一步的功能测试。

设计制作人员要认真听取企业人员对已完成模块的修改意见与建议，并根据上述意见与建议，确定修改方案。修改方案必须要经企业人士签字确认后，才能实施。

6.4　使用 Dreamweaver 进行网站测试

对于中小企业的网站，通常使用 Dreamweaver 自带的测试功能来测试。在 Dreamweaver 中，主要提供了三种网站测试方式，即兼容性测试、链接测试和实地测试。本节将主要介绍使用 Dreamweaver CS4 进行相关的网站测试。

6.4.1　兼容性测试

由于现有浏览器的种类众多，不同公司的浏览器软件之间存在差别。这些差别可能导致同一网页在不同浏览器中浏览时呈现不同的效果。即便是同一个浏览软件，各个版本之间也不是完全兼容的。

因此，网站设计人员在设计建设完所有页面后，需要对其页面进行兼容性测试。兼容性测试的目的主要是为了网站中的页面在各个浏览器中都能够正常显示，同时检查网站中是否有目标浏览器不支持的标签或属性等元素，以便进行相应的修改。

1. 浏览器兼容性

打开要检查浏览器兼容性的页面，然后选择 Dreamweaver 菜单栏中的“窗口”→“结果”→“浏览器兼容性”命令，打开“结果”面板中的“浏览器兼容性”选项卡，如图 6-2 所示。

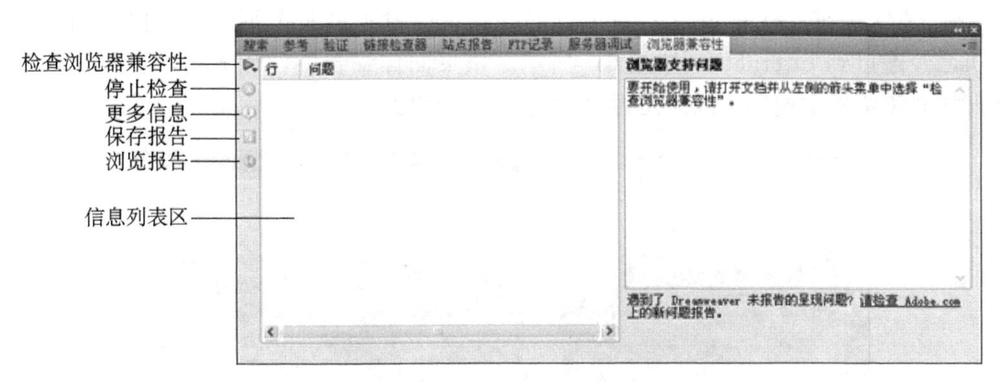

图 6-2　“结果”面板中的“浏览器兼容性”选项卡

此选项卡的主要功能是检查页面是否能够被目标浏览器支持，因此在检查之前应先设置目标浏览器。单击面板左侧的“检查浏览器兼容性”按钮或用鼠标右键单击选项卡中“信息列表区”的空白区域，在弹出的菜单中选择“设置”命令，然后在打开的如图 6-3 所示的“目标浏览器”对话框中设置目标浏览器的种类及版本。

设置完成后，单击面板左侧的“检查浏览器兼容性”按钮或用鼠标右键单击选项卡中“信息列表区”的空白区域，在弹出的菜单中选择“检查浏览器兼容性”命令。Dreamweaver 根据不同的选择，针对相应的页面进行目标浏览器兼容性检查，将结果显示在“信息列表区”中，如图 6-4 所示。

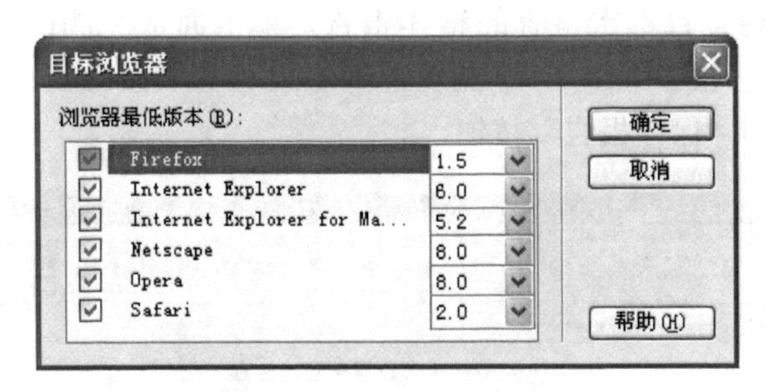

图 6-3　“目标浏览器”对话框

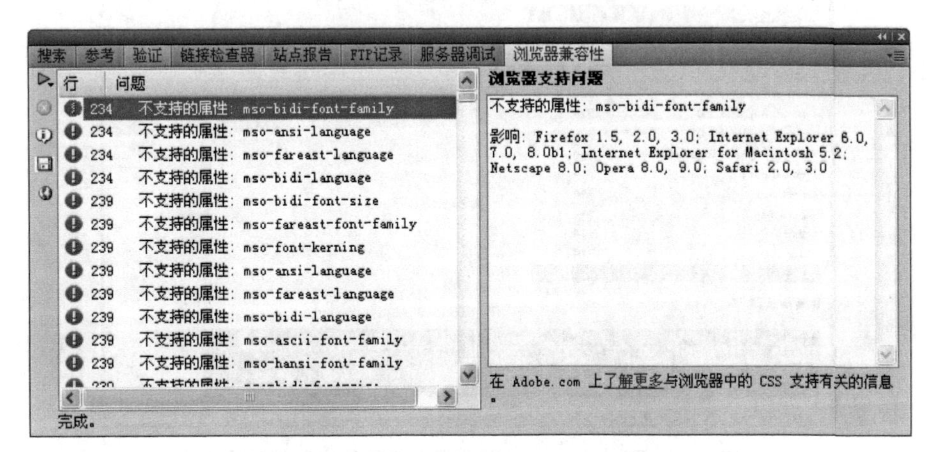

图 6-4　浏览器兼容性检查的结果

如果设计人员想查看更多相关信息，先选中“信息列表区”中的条目，然后点击“更多信息”按钮，打开 http：//www.adobe.com 站点的某个页面（前提是当前的计算机已经连接到 Internet），如图 6-5 所示。该页面详细告诉设计人员，哪些元素将不能在某些浏览器中使用，以及是否会影响显示等内容。

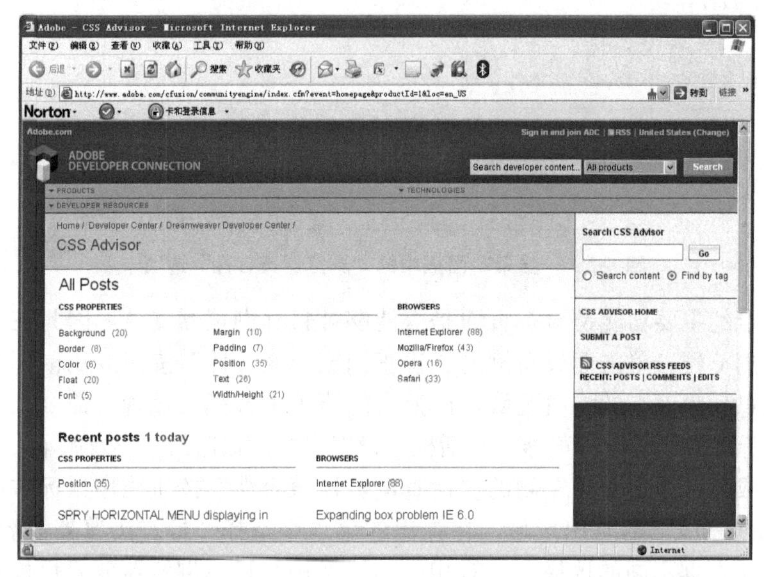

图 6-5　显示更多信息的 http：//www.adobe.com 站点上的某个页面

设计人员如果想查看本次检查的整体报告，单击面板左侧的“浏览报告”按钮，打开如图 6-6 所示的“Dreamweaver 浏览器兼容性检查”报告窗口。如果要保存该报告，单击面板左侧的“保存报告”按钮。

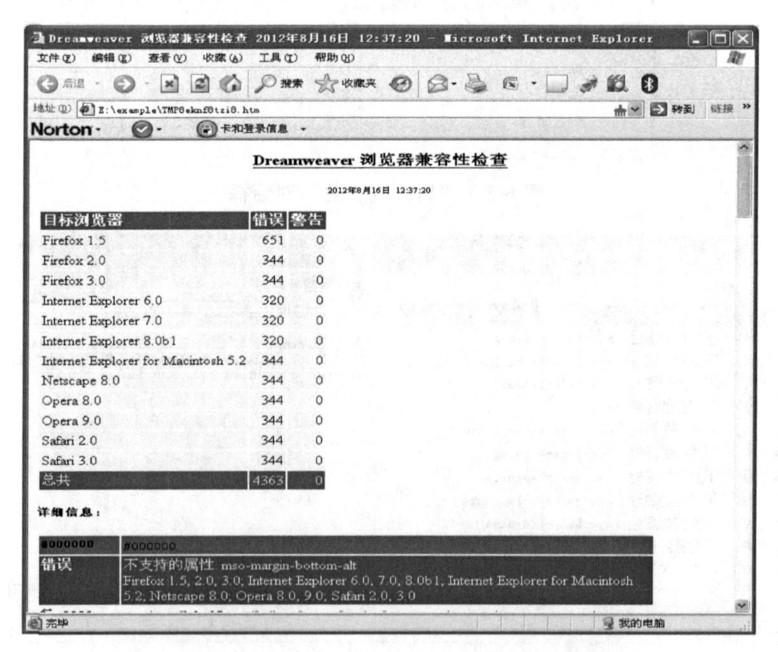

Dreamweaver 浏览器兼容性检查

2012年8月16日 12:37:20

目标浏览器	错误	警告
Firefox 1.5	651	0
Firefox 2.0	344	0
Firefox 3.0	344	0
Internet Explorer 6.0	320	0
Internet Explorer 7.0	320	0
Internet Explorer 8.0b1	320	0
Internet Explorer for Macintosh 5.2	344	0
Netscape 8.0	344	0
Opera 8.0	344	0
Opera 9.0	344	0
Safari 2.0	344	0
Safari 3.0	344	0
总共	4363	0

详细信息：

#000000	#000000
错误	不支持的属性 mso-margin-bottom-alt Firefox 1.5, 2.0, 3.0, Internet Explorer 6.0, 7.0, 8.0b1, Internet Explorer for Macintosh 5.2; Netscape 8.0; Opera 8.0, 9.0; Safari 2.0, 3.0

图 6-6　“Dreamweaver 浏览器兼容性检查”报告窗口

2. 站点报告

在 Dreamweaver CS4 中，设计人员可以使用站点报告来检查 HTML 标签。站点报告中包含可合并的嵌套字体标签、辅助功能、遗漏的替换文本、冗余的嵌套标签、可删除的空标签和无标题文档等内容。

选择 Dreamweaver 菜单栏中的“窗口”→“结果”→“站点报告”命令，打开“结果”面板中的“站点报告”选项卡，如图 6-7 所示。

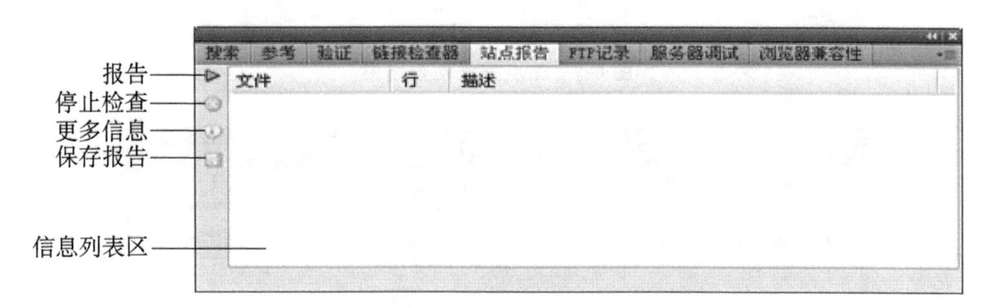

图 6-7 “结果”面板中的“站点报告”选项卡

在检查之前，应设置站点报告生成的位置、站点报告中的内容及相关细节。单击面板左侧的“报告”按钮或用鼠标右键单击选项卡中“信息列表区”的空白区域，在弹出的菜单中选择“报告”命令，然后在打开的如图 6-8 所示的“报告”对话框中进行相应的设置。

报告
报告在(R): 整个当前本地站点
运行
取消
选择报告(S):
工作流程
取出者
设计备注
最近修改的项目
HTML 报告
可合并嵌套字体标签
辅助功能
没有替换文本
多余的嵌套标签
可移除的空标签
无标题文档
报告设置(E)...
帮助(H)

图 6-8 “报告”对话框

设置完成后，单击“报告”对话框中的“运行”按钮，Dreamweaver 根据不同的设置，针对相应的内容进行检查，并将结果显示在“信息列表区”中，如图 6-9 所示。

如果设计人员想查看更多相关信息，先选中“信息列表区”中的条目，然后单击“更多信息”按钮，将打开“结果”面板中的“参考”选项卡，如图 6-10 所示，其中有相关内容的详细信息。

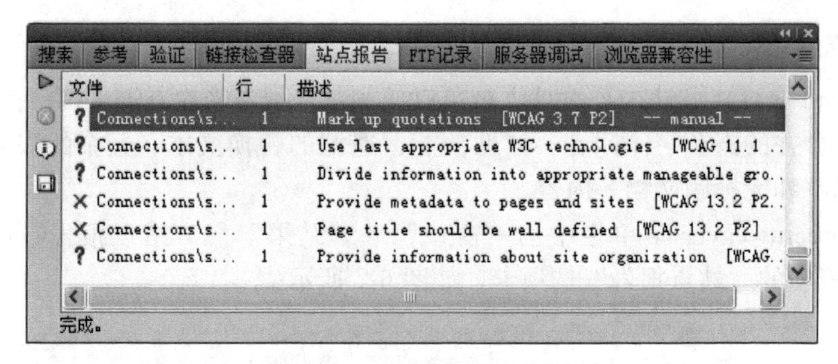

图 6-9 站点报告检查结果

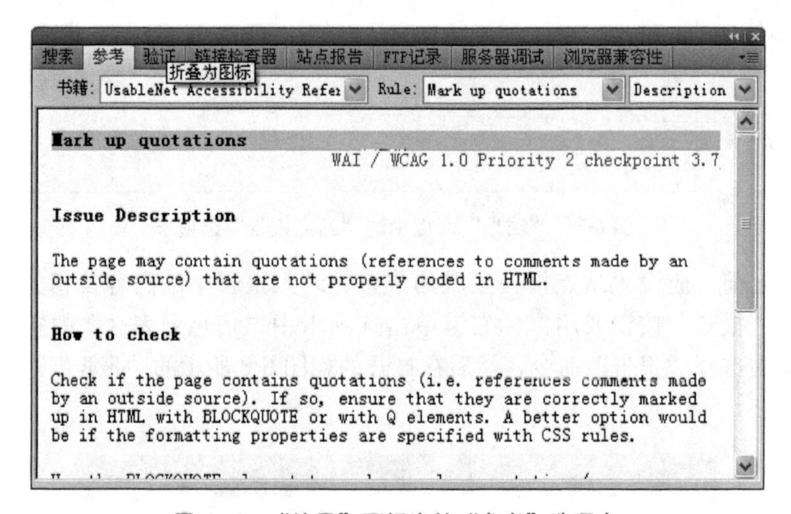

图 6-10 “结果”面板中的“参考”选项卡

设计人员如果想要保存该报告，单击面板左侧的“保存报告”按钮。

6.4.2 链接测试

超链接是网站中最重要的组成元素之一，因此除了检查浏览器的兼容性外，还应该检查网站中页面的超链接，以保证用户浏览网页时到达准确的位置。

在“结果”面板中选择“链接检查器”选项卡，如图 6-11 所示。单击面板左侧的“检查链接”按钮，会弹出一个选择菜单，其中有“检查当前文档中的链接”、“检查整个当前本地站点的链接”或“检查站点中所选文件的链接”三个选项，设计人员根据需求选择，然后用 Dreamweaver 进行检查，结果显示在“信息列表区”中。

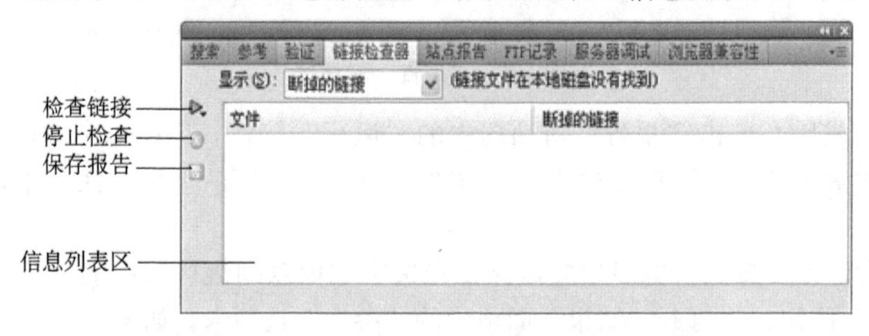

图 6-11 “结果”面板中“链接检查器”选项卡

检查完成之后，设计人员可以选择“显示”项中列出的三个选项，查看不同的内容。这三个选项分别是：

①断掉的链接：表示链接文件在本地磁盘没有找到。

②外部链接：表示链接到站点外的文件，在此不能进行链接检查。

③孤立文件：表示没有进入链接的文件。

6.4.3　实地测试

不管 Dreamweaver 中提供了何种测试功能，都不如在实际的工作环境中进行测试更准确，因此设计人员应该将整个网站上传到服务器，然后在客户机上浏览并进行测试。

实地测试时，主要检查以下几项内容：

①页面的外观和显示效果是否正确。

②页面中引用的图片文件和其他文件是否正常显示。

③页面中的超链接是否有效，并指向正确的目标。

为了更好地测试网站，设计人员应该使用不同的客户机（安装了不同操作系统的客户机）以及不同的浏览器进行测试。除了使用 Dreamweaver 自带的测试功能对网站测试外，还可以借助一些常用的网站测试工具来对网站进行不同方面的测试。目前，常用的针对 PHP 网站的测试工具主要有以下几种：

①PHPUnit：PHPUnit 脱胎于著名的 JUnit 测试框架，是一个支持 PHP 进行测试驱动开发的开放源代码框架。

②OpenSTA：主要用于性能测试中的负荷及压力测试，是一个开发系统测试架构。它使用比较方便，可以编写测试脚本；也可以先行自动生成测试脚本，然后应用测试脚本进行测试。

③SAINT：用于对网站进行安全性测试，能够对指定网站进行安全性测试，并提供安全问题的解决方案。

④Xenu：主要用于测试链接正确性的工具。

⑤CSE HTML Validator：一个非常有用的对 HTML 代码进行合法性检查的工具。

⑥AB（Apache Bench）：Apache 自带的用于性能测试的工具，功能不是很多，但是非常实用。

⑦Crash-me：MySQL 中自带的，用于测试数据库性能的工具，能够测试多种数据库的性能。

测试完成后，通常要制作测试报告，并由测试人员签字确认。测试报告是测试阶段最后的文档产出物，一份详细的测试报告包含足够的信息，包括产品质量和测试过程的评价。测试报告基于测试中的数据采集，包含对最终测试结果的分析。

6.5　网站上传

网站建设完成并测试成功后，要将网站文件内容上传到 Web 服务器，以便用户访问。上传网页文件的方法很多，例如使用 Dreamweaver 自带的上传功能、使用专门的

FTP工具等。本节将主要介绍使用Dreamweaver CS4和CuteFTP上传网站文件内容的操作方法。

6.5.1 使用Dreamweaver上传

如果需要使用Dreamweaver提供的上传功能，可以通过管理站点来对远程服务器进行配置。选择菜单栏中的“站点”→“管理站点”命令，打开“管理站点”对话框，如图6-12所示。在“管理站点”对话框中，选择要上传的站点，然后单击“编辑”按钮，进入“×××站点定义为”对话框。

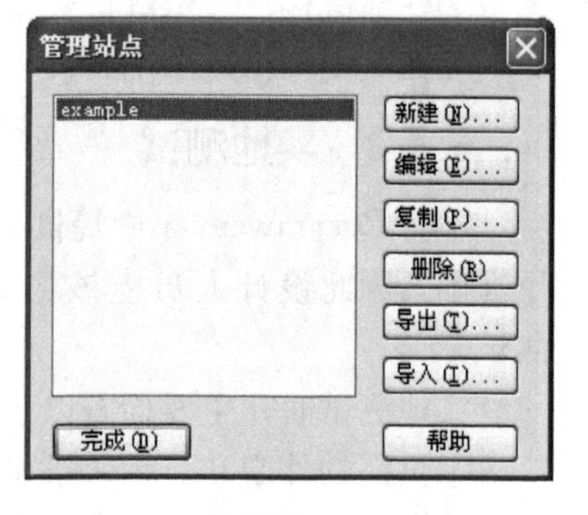

图6-12 “管理站点”对话框

在“×××站点定义为”对话框中，选择“高级”选项卡。在“分类”栏中选择“远程信息”，然后在“访问”的下拉列表中选择“FTP”，得到如图6-13所示的结果。

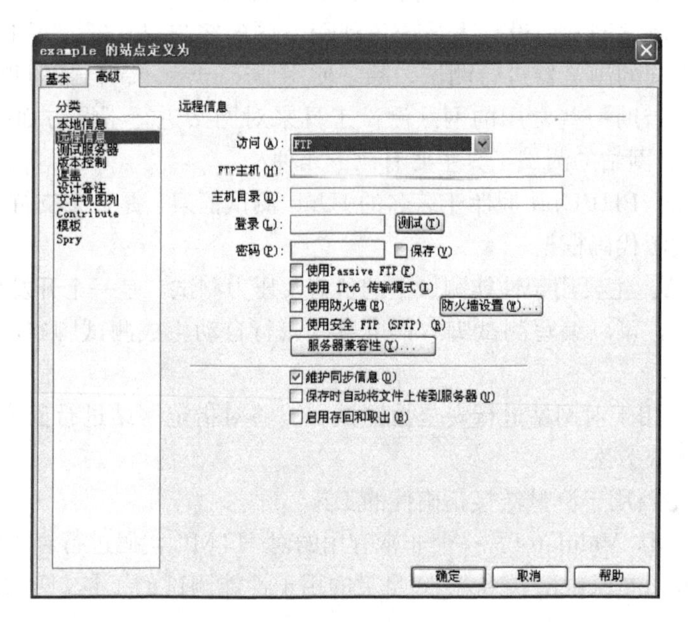

图6-13 “×××站点定义为”对话框的远程信息设置

在如图6-13所示的对话框中，配置相应的远程服务器。

①FTP主机：用于指定FTP站点的地址。可以输入FTP站点的IP地址，也可以输入FTP站点的域名地址。

②主机目录：用于指定FTP站点中具体文件夹的路径及名称。如果没有特别规定，此处可以不输入任何内容。

③登录：用于指定FTP站点的用户名称。

④密码：用于指定FTP站点用户的密码。

⑤“测试”按钮：当设置完相关信息后，单击此按钮来测试是否能够成功地链接到相应的FTP站点上。

输入相关信息之后，单击“确定”按钮，完成远程站点的配置工作。

上传网站时，单击“文件”面板中的“展开以显示本地和远程站点”按钮，打开如图 6-14 所示的“本地和远程站点”对话框。

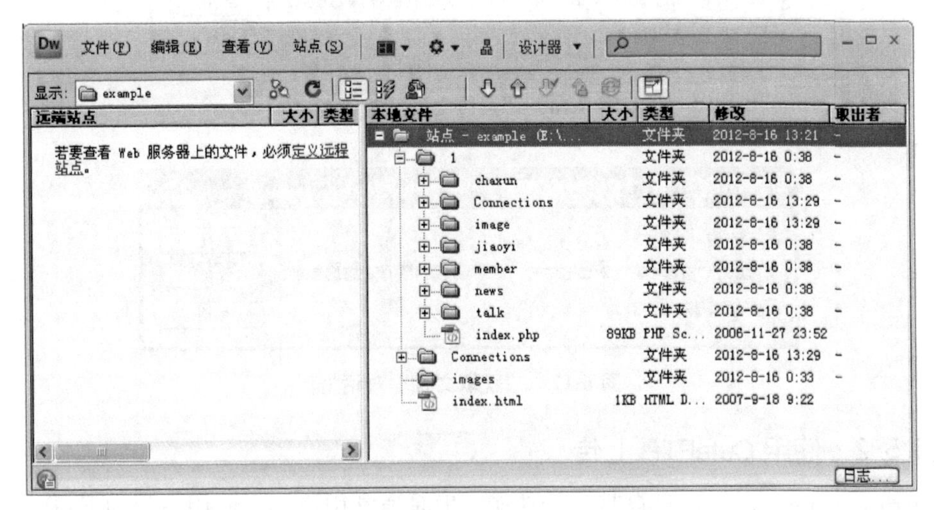

图 6-14　“本地和远程站点”对话框

首先在“显示”项的下拉列表中选择要上传的站点名称，并单击“连接到远端主机”按钮，这时 Dreamweaver 会根据设置与相应的远程服务器连接。如果连接成功，在左侧窗格中显示远程服务器中相应位置的文件列表，如图 6-15 所示。

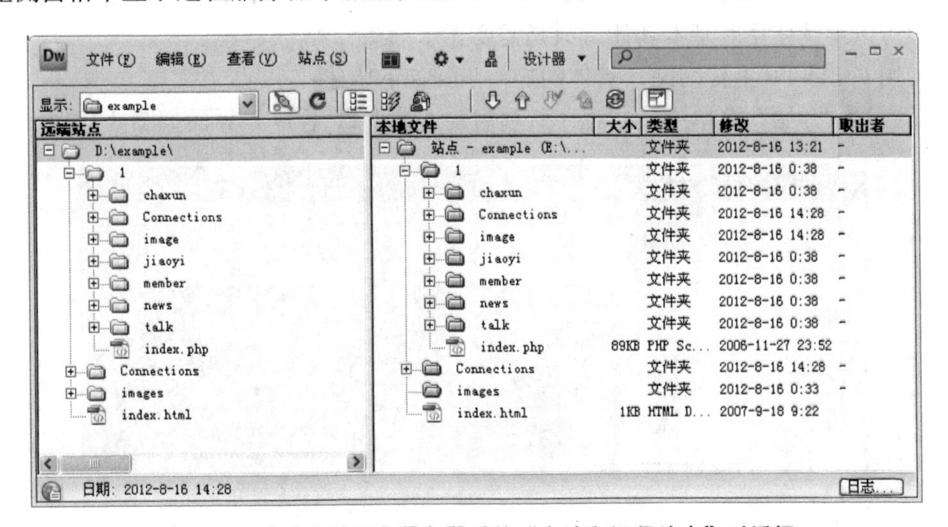

图 6-15　成功连接远程服务器后的“本地和远程站点”对话框

用户在“本地文件”中选择想要上传的文件或文件夹，然后单击“上传文件”按钮，打开“上传文件”对话框，如图 6-16 所示。单击“是”按钮，将选中的文件或文件夹上传到远程服务器。

用户也可以从远程服务器下载相应的文件或文件夹，方法是先在“远端站点”中选择想要获取的文件或文件夹，然后单击“获取文件”按钮，打开“获取文件”对话框，如图 6-17 所示。最后单击“是”按钮，将选中的文件或文件夹下载到本地。

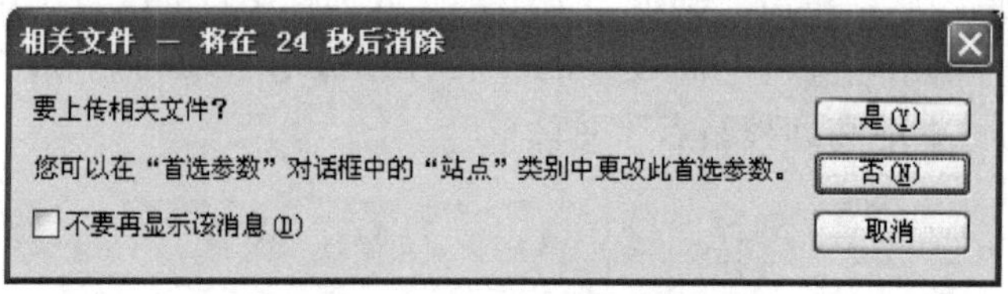

相关文件 — 将在 24 秒后消除
要上传相关文件？
您可以在“首选参数”对话框中的“站点”类别中更改此首选参数。
不要再显示该消息 (D)
是(Y)
否(N)
取消

图 6-16　“上传文件”对话框

相关文件 — 将在 25 秒后消除
要获取相关文件？
您可以在“首选参数”对话框中的“站点”类别中更改此首选参数。
不要再显示该消息 (D)
是(Y)
否(N)
取消

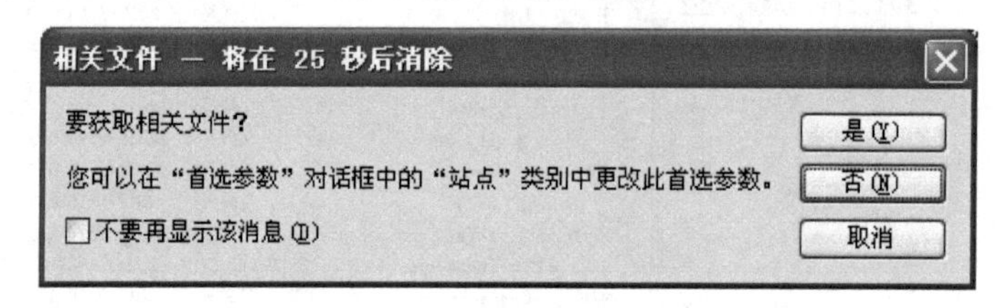

图 6-17　“获取文件”对话框

6.5.2　使用 CuteFTP 上传

虽然 Dreamweaver 本身自带上传功能，但是通常用户都会使用专门的 FTP 工具上传网站。目前，常用的 FTP 工具有很多，操作大同小异。本节主要介绍 CuteFTP 的基本操作。

在众多流行的 FTP 软件中，CuteFTP 是最受欢迎的软件之一。CuteFTP 不仅使用方便，而且是共享软件，可以免费试用。有些版本的 CuteFTP 软件甚至在试用期结束后仍然可以继续使用其基本功能，只是需要显示一些广告。

使用 CuteFTP 上传网站，具体的操作步骤如下所述：

①通过“开始”菜单中的“程序”项启动 CuteFTP 程序，界面如图 6-18 所示。

GlobalSCAPE - CuteFTP Pro 3.1
文件(F)　编辑(E)　查看(V)　工具(O)　窗口(W)　帮助(H)
主机:
用户名:
密码:
端口: 21
桌面
名称　大小　类型
我的文档
我的电脑
网上邻居
回收站
200702学...
本地驱动器
站点管理器
项目名称　地址　<->　大小　进程　本地　远程
队列窗口
日志窗口
要获得帮助，请按 F1

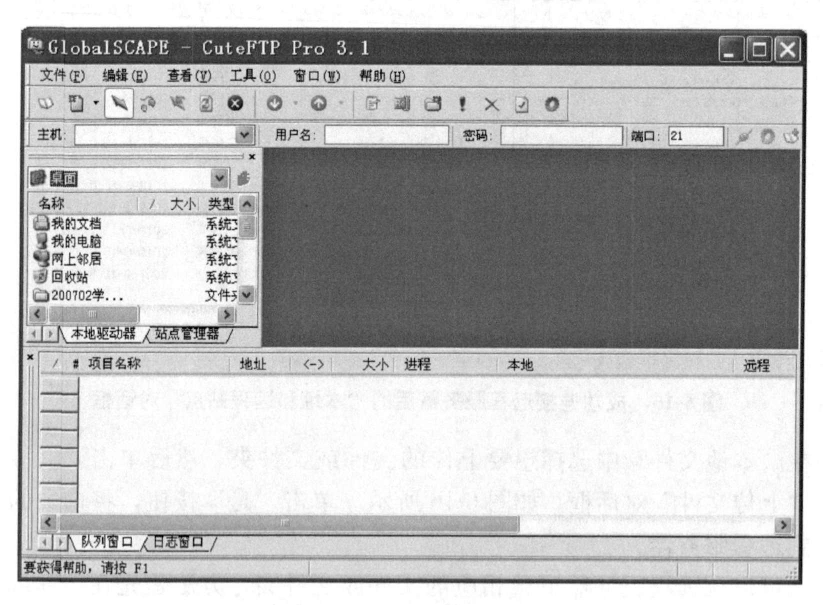

图 6-18　CuteFTP 窗口

②选择“文件”菜单中的“新建”→“FTP 站点”命令，弹出“站点属性”对话框，如图 6-19 所示。

③在“站点属性”对话框中，设置相关信息。

● 标签：用于设置所建立的 FTP 站点名称。

● 主机地址：用于设置 Web 服务器的 FTP 地址，通常在申请网页空间时获得。

● 用户名：用于设置 Web 服务器分配给用户的用户名，通常在申请网页空间时获得。

● 密码：用于设置对应于用户名称的口令，在申请网页空间时获得。

● 注释：用于设置相关的注释信息。

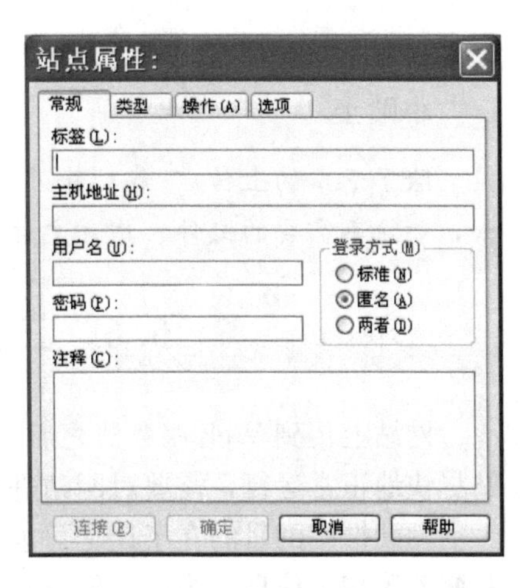

图 6-19　“站点属性”对话框

④设置完成后，单击“连接”按钮，即可连接相应的 FTP 地址（前提是必须已经连接到 Internet）。如果连接正常，CuteFTP 窗口如图 6-20 所示。

⑤在“本地驱动器”窗格中，选择相应站点文件夹或文件。如果要选择多个文件或文件夹，按住 Ctrl 键或 Shift 键的同时用鼠标选取。

⑥单击工具栏中的 按钮或直接从左向右（从“本地驱动器”窗格向“远程服务器”）拖拽，上传相应的文件或文件夹。

⑦将文件或文件夹上传到指定位置后，即可通过浏览器查看相应的网页内容。

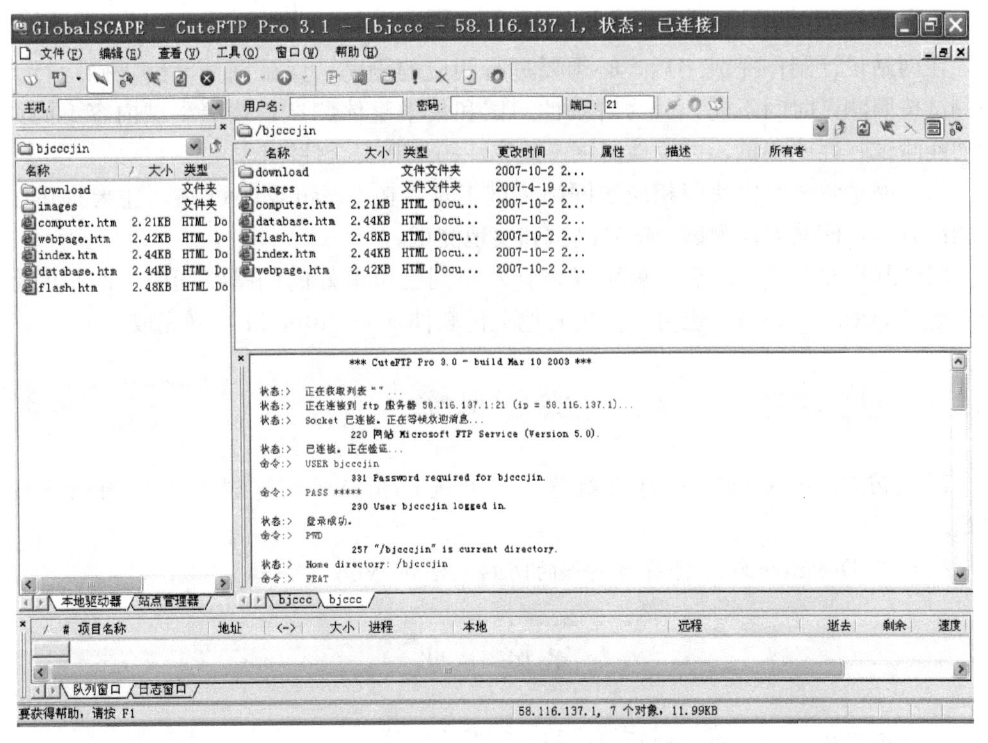

图 6-20　连接到 FTP 站点后的 CuteFTP 窗口

小贴士

除了基本的上传/下载功能外，使用 CuteFTP 还可以管理 FTP 站点上的内容。例如，删除不需要的文件、建立文件夹、重命名文件等，其操作方法与资源管理器类似。

6.6 正式发布网站开通信息

网站上传到 Web 服务器之后，就可以对外正式发布网站开通的信息了。为了使网站尽快地正常运行，需要对网站进行推广。

网站推广的目的在于让尽可能多的潜在用户了解并访问网站，通过网站获得产品和服务等相关信息，为最终形成购买决策提供支持。网站推广需要借助于一定的网络工具和资源。常用的网站推广工具和资源包括搜索引擎、分类目录、电子邮件、网站链接、在线黄页和分类广告、电子书、免费软件、网络广告媒体、传统推广渠道等。

所有的网站推广方法实际上都是对某种网站推广手段和工具的合理利用，因此制定和实施有效的网站推广方法的基础是对各种网站推广工具和资源的充分认识和合理应用。

本章小结

本章主要讲述了网站测试和网站上传的基本操作方法。

在网站设计制作完成之后，必须要进行相应的测试，保证网站能够正确运行。网站测试按照测试时间不同，分为阶段性测试和集中整体测试；按照测试内容不同，分为功能测试、性能测试、可用性测试、兼容性测试和安全性测试。

部分网站测试可以使用相应的网站测试工具。在 Dreamweaver 中，主要提供了三种测试方式，即兼容性测试、链接测试和实地测试。

网站制作并测试完成后，就可以将其发布到已申请好的网络空间中。网站的上传可以通过 Dreamweaver，也可以使用其他上传软件（如 CuteFTP）来完成。

实践课堂

1. 使用 Dreamweaver 对前面制作的网站进行相应的浏览器兼容性测试及链接测试。
2. 使用 Dreamweaver 将前面制作的网站上传到 Web 服务器。

家庭作业

1. 在本地机上，对前面制作的网站进行实地测试。
2. 使用 CuteFTP，将前面制作的网站上传到 Web 服务器。

第 7 章　网 站 管 理

本章导读

网站建成后，管理和维护非常重要。网站若要稳定、高效地运作，必须在日常管理、安全管理上做大量的工作，同时需要进行后续的内容更新，使网站的内容反映企业的变化情况，体现其生存价值。

7.1　网站的日常管理

小提士

由于网站的规模不同，所采用的软/硬件不同，因此网站管理的方法不同。这里介绍一般的原则。

在网络安全领域，人们常说“三分技术，七分管理”，这充分说明了管理的重要作用。由于管理制度不完善，人员责任心差，导致的事故层出不穷。因此必须制定全面、可行、合理的制度，保证网站安全运行。

7.1.1　系统维护

一个网站主要由硬件平台、网络操作系统、数据库系统及 Web 页面等组成，因此系统的维护主要围绕这几个方面进行。

1. 硬件平台

硬件平台是网站运行的条件和信息的载体，对设备的维护不容忽视，需要考虑的内容包括服务器设备、网络互连设备、数据存储设备、网络线路、其他周边设备等。

对于这些硬件平台设备，需要关注以下问题：

（1）物理保护

信息处理中心应设置在有良好的自然环境和社会环境的地区，机房应能防火、防水、防盗、防震、防静电，并保持合适的温度、湿度及清洁度。

（2）电源可靠稳定

使用稳压电源和不间断电源，保证供电系统的可靠性和稳定性。

（3）屏蔽措施

采用系统接地和屏蔽，传输线用屏蔽电缆或光缆，防止电磁干扰和电磁辐射。在传输线上安装监视报警器，防止搭线窃听或破坏。

（4）备份管理

做好数据、软件和硬件设备的备份工作，对记录有信息的载体要妥善保管，并将备份放在另一个安全的地方。记录有机密信息的载体做废弃处理时，要采用销毁的办法。

（5）访问授权和控制

对需要使用系统资源的用户，按“最小权限原则”授权，只允许用户拥有完成其工作所必需的权限。访问控制指由警卫或安全设备根据用户的身份和权限决定是否允许他使用某个计算机设备。

（6）硬件平台设备的升级

随着网站知名度提高、访问流量增大及计算机网络技术的发展，硬件设备的升级是网站维护的重要工作，网站管理人员必须做好设备升级计划，及时向上级汇报，并组织升级工作。

2. 网络操作系统

网络操作系统是网络信息系统的核心，其安全性有着十分重要的地位。根据美国的“可信计算机系统评估准则”，把计算机系统的安全性从高到低分为4个等级：A、B、C、D。如常见的MacOS 7.1等属于D级，即最不安全的；Windows 2003、UNIX、Linux、Netware等属于C2级；一些专用的操作系统可能达到B级。C2级操作系统已经具有许多安全特性，但是必须进行合理的设置和管理，才能使其发挥作用。

由于针对Windows操作系统的入侵与病毒较多，在有条件的情况下，对于中小企业的网站来讲，建议使用基于Linux操作系统的平台。同时，要及时做好操作系统的升级和漏洞修补工作，使操作系统处于良好的状态。

3. 数据库及应用软件

数据库在信息系统中的应用越来越广泛，其重要性越来越强。动态网站的建立、网站登记的用户信息、用户的留言等都存在各种数据库中。数据库也具有许多安全特性，如用户的权限设置、数据表的安全性、备份特性等，利用好这些特性是同网络安全系统很好配合的关键。同时，要及时做好数据库管理系统的升级和漏洞修补工作，使数据库系统处于良好的状态。

4. Web站点

许多Web Server软件（如IIS等）有许多安全漏洞，产品供应商不断解决这些问题。通过检测与评估，进行合理的设置，安装安全补丁程序，可以把不安全因素尽量降低。E-mail系统应用广泛，网络中的绝大部分病毒是由E-mail带来的，因此其检测与评估十分重要。

7.1.2 日志管理制度

在一个完整的信息系统里面，日志系统是非常重要的功能组成部分。它可以记录系统产生的所有行为，并按照某种规范表达出来。可以使用日志系统记录的信息为系统排错，优化系统性能，或者根据这些信息调整系统的行为。在安全领域，日志系统的重要地位尤甚，可以说是安全审计方面最主要的工具之一。

如果按照系统类型区分，日志系统分为操作系统日志、应用系统日志、安全系统日志等。

Windows 系统的日志通常按照其惯有的应用程序、安全和系统这样的分类方式存储。Windows 的系统日志文件有应用程序日志 AppEvent. Evt、安全日志 SecEvent. Evt 及系统日志 SysEvent. Evt。Windows 系统日志由事件记录组成，每个事件记录有三个功能区：记录头区、事件描述区和附加数据区。

应用系统日志主要包括各种应用程序服务器（例如 Web 服务器、FTP 服务器）的日志系统和应用程序自身的日志系统。不同的应用系统具有根据其自身要求设计的日志系统。IIS 的 WWW 日志默认位置为%systemroot%/system32/logfiles/w3svc1/。IIS 的 FTP 日志默认位置为%systemroot%/system32/logfiles/msftpsvc1/，默认每天一个日志。

安全系统日志从狭义上讲指信息安全方面的设备或软件，如防火墙系统的日志；从更广泛的意义上来说，所有为了安全目的所产生的日志都可归入此类。以 Cisco 路由器为代表的网络设备，通常都具有输出 Syslog 兼容日志的能力。

在网站的日常管理中，管理者必须经常对站点的日志文件定期进行如下工作：

1. 日志数据一致性检查

对日志数据的一致性检查主要是从以下情况来分析：原始日志的结构与系统设置的形式结构是否相符合；日志中事件发生的时间与前、后事件的发生时间是否相符合；定期发生的事件缺少了，还是多了；定期生成的日志文件缺少了，还是多了；是否存在服务器运行后已生成日志文件，还未到指定的删除期限，文件却不存在的情况。

对各日志文件的一致性检查状况将产生统计表，供管理员分析，以便采取应急措施。

2. 原始日志完整性和加密保护

对原始日志文件的数据应采取一定的策略进行完整性保护。对于重要的日志文件，用光盘和磁带等介质备份；对于特别敏感的日志文件，采用 MD5 散列运算和公/私钥体制的加密算法相结合，实现日志的完整性保护和加密保护，最后压缩存放或介质备份。

随着用户对信息安全的不断重视，收集和保存日志信息是普遍采用的一种安全防范措施。但日志数据的处理是很困难的，日志信息中包含珍贵的“钻石”信息，需要挖掘很多“泥土”才能找到。只有科学地分析和管理计算机日志，才能够对网络的安全和计算机的安全提供有力的保证。

7.1.3　数据备份制度

对于一个网站来讲，建立完整的备份体系相当重要。一般情况下，应从以下几个层面来考虑。

1. 文件备份

由于网络上的计算机不可能每一台都有备份设备，所选择的备份系统不仅要满足电子商务服务器的文件备份和恢复，而且要对整个网络上的文件备份。这就需要选择运行速度快的备份服务器。

2. 数据库备份

电子商务站点非常重要的一个组成部分就是数据库，而且所选择的数据库系统一般都相当复杂和庞大。如果还用文件的备份方法来备份数据库，是无法满足要求的。选择的备份系统应能将需要的数据从数据库中抽取出来进行备份。

3. 系统灾难恢复

选择备份的最终目的是保障电子商务站点正常运行。所选择的网络备份方案是要能备份系统的关键数据，并且在电子商务站点出现故障甚至损坏时，能够迅速恢复网络系统，且从发现故障到完全恢复的时间越短越好。

4. 备份任务的管理

所选择的备份系统要能尽可能减少人工干预，要能定时、自动地对事前要求的数据准确备份。

7.1.4 权限制度

权限制度是网络安全防范和保护的重要措施，其任务是保证网络资源不被非法使用和访问。权限制度应当包括以下内容：入网访问权限、操作权限、目录安全控制权限、属性安全控制权限、网络服务器控制权限、网络监听及锁定权限等。

访问控制是网络安全防范和保护的主要策略，它的主要任务是保证网络资源不被非法使用和访问。它是保证网络安全最重要的核心策略之一。

1. 入网访问控制

入网访问控制为网络访问提供了第一层访问控制。它控制哪些用户能够登录到服务器并获取网络资源，控制准许用户入网的时间和准许他们在哪台工作站入网。用户的入网访问控制分为三个步骤：用户名的识别与验证、用户口令的识别与验证、用户账号的缺省限制检查。三道关卡中只要任何一关未过，该用户便不能进入该网络。

对网络用户的用户名和口令进行验证是防止非法访问的第一道防线。为保证口令的安全性，用户口令不能显示在显示屏上，口令长度应不少于6个字符，口令字符最好是数字、字母和其他字符的混合，并且用户口令必须经过加密。用户还可采用一次性口令，也可用便携式验证器（如智能卡）来验证用户身份。

网络管理员可以控制和限制普通用户的账号使用、访问网络的时间和方式。用户账号应只有系统管理员才能建立。用户口令应是每位用户访问网络所必须提交的“证件”。用户可以修改口令，但系统管理员可以控制口令的以下几个方面的限制：最小口令长度、强制修改口令的时间间隔、口令的唯一性、口令过期失效后允许入网的宽限次数。

用户名和口令验证有效之后，再进一步履行用户账号的缺省限制检查。网络应能控制用户登录入网的站点，限制用户入网的时间，限制用户入网的工作站数量。当用户对交费网络的访问“资费”用尽时，网络还应能对用户账号加以限制，用户此时应无法进入网络访问网络资源。网络应对所有用户的访问进行审计。如果多次输入口令不正确，则认为是非法用户入侵，应给出报警信息。

2. 权限控制

网络的权限控制是针对网络非法操作所提出的一种安全保护措施。用户和用户组被赋予一定的权限。网络控制用户和用户组可以访问哪些目录、子目录、文件和其他资源；可以指定用户对这些文件、目录、设备能够执行哪些操作。受托者指派和继承权限屏蔽（irm）可作为两种实现方式。受托者指派控制用户和用户组如何使用网络服务器的目录、文件和设备。

继承权限屏蔽相当于一个过滤器，用于限制子目录从父目录那里继承哪些权限。根据访问权限，将用户分为以下几类：特殊用户（即系统管理员）；一般用户，系统管理员根据其实际需要为其分配操作权限；审计用户，负责网络的安全控制与资源使用情况的审计。用户对网络资源的访问权限可以用访问控制表来描述。

3. 目录级安全控制

网络应允许控制用户对目录、文件、设备的访问。用户在目录一级指定的权限对所有文件和子目录有效，用户还可进一步指定对目录下的子目录和文件的权限。对目录和文件的访问权限一般有八种：系统管理员权限、读权限、写权限、创建权限、删除权限、修改权限、文件查找权限和访问控制权限。

用户对文件或目标的有效权限取决于以下几个因素：用户的受托者指派、用户所在组的受托者指派、继承权限屏蔽取消的用户权限。一个网络管理员应当为用户指定适当的访问权限，这些访问权限控制着用户对服务器的访问。

八种访问权限的有效组合可以让用户有效地完成工作，同时能有效地控制用户对服务器资源的访问，加强了网络和服务器的安全性。

4. 属性安全控制

当使用文件、目录和网络设备时，网络系统管理员应给文件、目录等指定访问属性。属性安全在权限安全的基础上提供更进一步的安全性。网络上的资源都应预先标出一组安全属性。用户对网络资源的访问权限对应一张访问控制表，用以表明用户对网络资源的访问能力。

属性设置可以覆盖已经指定的任何受托者指派和有效权限。属性往往能控制以下几个方面的权限：向某个文件写数据、复制一个文件、删除目录或文件、查看目录和文件、执行文件、隐含文件、共享、系统属性等。

5. 服务器安全控制

网络允许在服务器控制台上执行一系列操作。用户使用控制台可以装载和卸载模块，安装和删除软件等。网络服务器的安全控制包括设置口令锁定服务器控制台，以防止非法用户修改、删除重要信息或破坏数据；设定服务器登录时间限制；非法访问者检测；设定关闭的时间间隔。

7.2　网站安全管理

网站的安全管理是网站安全运行的技术保证，下面介绍加强网站安全性的常用方法。

7.2.1 防病毒管理

小提士

为了消灭计算机病毒，反病毒产业应运而生，很多计算机病毒得到了控制，失去了魔力。不过，专家指出，控制计算机病毒的道路依然漫长。

1. 计算机病毒定义

计算机病毒是一种计算机程序，是一段可执行的指令代码。就像生物病毒一样，计算机病毒有独特的复制能力，可以很快地蔓延，又非常难以根除。计算机病毒不是来源于突发或偶然的原因。一次突发的停电和偶然的错误，会在计算机磁盘和内存中产生一些乱码和随机指令，但这些代码是无序和混乱的。

计算机病毒则是一种比较完美的、精巧严谨的代码，按照严格的秩序组织起来，并与所在的系统网络环境配合起来对系统进行破坏。多数病毒可以找到作者信息和产地信息。通过大量的资料分析统计来看，编写病毒目的是：一些天才的程序员为了表现和证明自己的能力、出于对上司的不满、为了好奇、为了祝贺和求爱等，当然也有因政治、军事、宗教、民族、专利等方面的需求而专门编写病毒。

2. 计算机病毒的特点

计算机病毒具有很强的传染性、一定的潜伏性、特定的触发性及很大的破坏性，如图 7-1 所示。

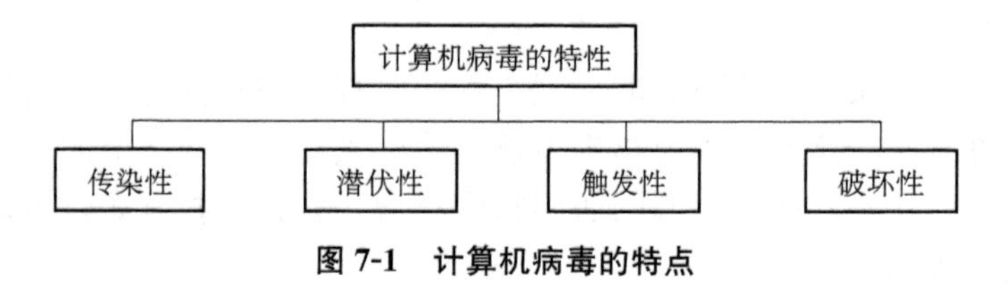

图 7-1 计算机病毒的特点

(1) 传染性

传染性是病毒的基本特征。在生物界，病毒通过传染从一个生物体扩散到另一个生物体。在适当的条件下，病毒可大量繁殖，使被感染的生物体表现出病症甚至死亡。同样，计算机病毒通过各种渠道从已被感染的计算机扩散到未被感染的计算机，在某些情况下造成被感染的计算机工作失常甚至瘫痪。

与生物病毒不同，计算机病毒是一段人为编制的计算机程序代码，这段程序代码一旦进入计算机并执行，它就会搜寻其他符合其传染条件的程序或存储介质，确定目标后将自身代码插入其中，达到自我繁殖的目的。只要一台计算机染毒，如不及时处理，病毒会在这台机器上迅速扩散，其中的大量文件（一般是可执行文件）会被感染。被感染的文件成为新的传染源，在与其他机器进行数据交换或通过网络接触时，病毒将继续传染。

正常的计算机程序一般不会将自身的代码强行连接到其他程序上，而计算机病毒能使自身的代码强行传染到一切符合其传染条件的未受到传染的程序上。计算机病毒通过各种可能的渠道，如软盘、计算机网络去传染其他计算机。如果在一台机器上发现了病毒，往往曾在这台计算机上用过的 U 盘等已感染病毒，而与这台机器联网的其他计算机可能也被传染。是否具有传染性是判别一个程序是否为计算机病毒的最重要的条件。

（2）潜伏性

潜伏性的第一种表现是指病毒程序不用专用检测程序是检查不出来的，因此病毒可以静静地躲在磁盘或磁带里待上几天，甚至几年，一旦时机成熟，病毒得到运行机会，就要四处繁殖、扩散，继续为害。

潜伏性的第二种表现是指计算机病毒的内部往往有一种触发机制，不满足触发条件时，计算机病毒除了传染外不做什么破坏。触发条件一旦满足，有的在屏幕上显示信息、图形或特殊标识，有的则执行破坏系统的操作，如格式化磁盘、删除磁盘文件、对数据文件加密、封锁键盘以及使系统死机等。

（3）触发性

病毒因某个事件或数值的出现，诱使病毒实施感染或进行攻击的特性称为可触发性。为了隐蔽自己，病毒必须潜伏，少做动作。病毒具有预定的触发条件，这些条件可能是时间、日期、文件类型或某些特定数据等。病毒运行时，触发机制检查预定条件是否满足。如果满足，启动感染或破坏动作，使病毒实施感染或攻击；如果不满足，病毒继续潜伏。

（4）破坏性

计算机病毒的破坏性主要取决于设计者的目的。如果病毒设计者的目的在于彻底破坏系统的正常运行，那么这种病毒对计算机系统进行攻击造成的后果是难以设想的。它可以毁掉系统的部分数据，也可以破坏全部数据并使之无法恢复，但并非所有的病毒都对系统产生极其恶劣的破坏作用。有时几种本没有多大破坏作用的病毒交叉感染，会导致系统崩溃等重大恶果。

3. 计算机病毒的工作过程

（1）计算机病毒程序的结构

计算机病毒包括三大功能块，即引导模块、传播模块和破坏/表现模块。其中，后两个模块各包含一段触发条件检查代码，它们分别检查是否满足传染触发的条件和是否满足表现触发的条件，只有在相应的条件满足时，病毒才会传染或表现/破坏。必须指出，不是任何病毒都必须包括这 3 个模块，有些病毒没有引导模块，有些病毒没有破坏模块。

3 个模块各自的作用是：引导模块将病毒由外存引入内存，使后两个模块处于活动状态；传播模块用来将病毒传染到其他对象；破坏/表现模块实施病毒的破坏作用，如删除文件、格式化磁盘等，由于该模块中有些病毒没有明显的恶意破坏作用，只是有一些视频或发声方面的自我表现作用，故该模块有时又称为表现模块。计算机病毒的程序结构如图 7-2 所示。

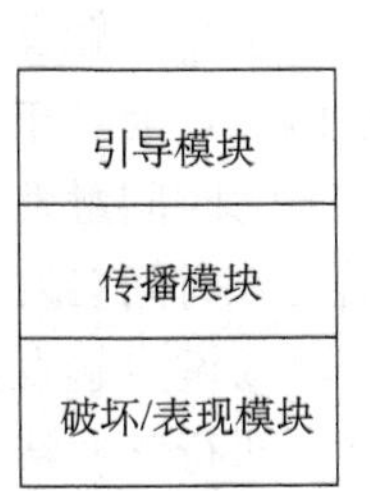

图 7-2　计算机病毒程序结构

（2）计算机病毒的引导及传染

目前的计算机病毒寄生对象有两种，一是寄生在磁盘的引导区上，二是寄生在可执行文件上。

对于寄生在磁盘引导区的病毒来说，病毒引导程序占用了原引导程序的位置，并将原引导程序转移到一个特定的地方。这样，系统一启动，病毒就被引导进内存并获得执行权，然后将病毒的其他两个模块装入内存。采取常驻内存技术，保证这两个模块不会被覆盖，并设定激活方式，使之能在适当的方式下被激活。然后，病毒引导程序将系统引导模块装入内存，使系统在带毒状态下工作。

对于寄生在可执行文件中的病毒来说，病毒程序通过修改原有的可执行文件，一般是链接在可执行文件的首部、中间、尾部等，将病毒引导程序引导进内存。该引导程序将病毒的其他两个模块装入内存，并完成驻留内存及初始化工作；然后将执行权交给执行文件，使系统在带病的状态下工作。

传染是指计算机病毒由一个载体传播到另一个载体，或者由一个系统进入另一个系统的过程。用户在复制磁盘或文件时，把一个病毒由一个载体复制到另一个载体上；或者是通过网络上的信息传递，把一个病毒程序从一方传递到另一方。这种传染方式叫做计算机病毒的被动传染。当病毒处于激活的状态，只要传染条件满足，病毒程序能主动地把病毒自身传染给另一个载体或另一个系统。这种传染方式叫做计算机病毒的主动传染。

对于病毒的被动传染而言，其传染过程是随着复制磁盘或文件工作的进行而进行的。对于计算机病毒的主动传染而言，其传染过程是在系统运行时，病毒通过病毒载体即系统的外存储器进入系统的内存储器，常驻内存，并在系统内存中监视系统的运行。

在病毒引导模块将病毒传播模块驻留内存的过程中，通常要修改系统中断向量入口地址（例如INT 13H或INT 21H），使该中断向量指向病毒程序传播模块。这样，一旦系统执行磁盘读写操作或系统功能调用，病毒传播模块就被激活，传播模块在判断传染条件满足的条件下，利用系统INT 13H读写磁盘中断，把病毒自身传播给被读写的磁盘或被加载的程序，实施病毒的传染，然后转移到原中断服务程序执行原有的操作。

（3）病毒的触发

进入内存并处于运行状态的病毒并不是马上就起破坏作用，还要等待一定的触发条件。在触发条件的设置上要兼顾潜伏性与杀伤力，过于苛刻和宽泛都会影响计算机病毒的破坏性。

计算机病毒通常采用的触发条件有以下7种：

①日期触发。许多病毒采用日期作为触发条件。日期触发包括特定日期触发，月份触发，前半年、后半年触发等。

②时间触发。时间触发包括特定的时间触发、染毒后累计工作时间触发、文件最后写入时间触发等。

③键盘触发。有些病毒监视用户的击键动作，出现病毒预定的键入时，病毒被激活，执行某些特定操作。键盘触发包括击键次数触发、组合键触发、热启动触发等。

④感染触发。许多病毒的感染需要某些条件触发，而且相当数量的病毒以与感染有关的信息反过来作为破坏行为的触发条件，称为感染触发。感染触发包括运行感染

文件个数触发、感染次数触发、感染磁盘数触发、感染失败触发等。

⑤启动触发。病毒对机器的启动次数计数，并将此值作为触发条件，称为启动触发。

⑥访问磁盘次数触发。病毒对磁盘 I/O 访问的次数进行计数，以预定次数作为触发条件，称为访问磁盘次数触发。

⑦调用中断功能触发。病毒对中断调用次数计数，以预定次数作为触发条件。

4. 计算机反病毒技术

小贴士

计算机病毒学鼻祖早在 20 世纪 80 年代初期就提出了计算机病毒的模型，证明只要延用现行的计算机体系，计算机病毒就存在不可判定性。

杀病毒必须先搜集到病毒样本，使其成为已知病毒，然后剖析病毒，再将病毒传染的过程准确地颠倒过来，使被感染的计算机恢复原状。因此看出，一方面，计算机病毒是不可灭绝的；另一方面病毒并不可怕，世界上没有杀不掉的病毒。

从具体的实现技术的角度来看，常用的反病毒技术有以下 6 种。

（1）病毒代码扫描法

将新发现的病毒分析后，根据其特征编成病毒代码，加入病毒特征库中。每当执行杀毒程序时，便立刻扫描程序文件，并与病毒代码比对，便能检测到是否有病毒。病毒代码扫描法速度快、效率高。使用特征码技术需要实现一些补充功能，例如近年来出现的压缩包、压缩可执行文件自动查杀技术。大多数防毒软件均采用这种方式，但是无法检测到未知的新病毒以及变种病毒。

（2）人工智能陷阱（Rule-based）

它是一种监测计算机行为的常驻式扫描技术。它将所有病毒产生的行为归纳起来，一旦发现内存的程序有任何不当的行为，系统就会有所警觉，并告知用户。其优点是执行速度快，手续简便，可以检测到各种病毒；缺点是程序设计难，且不容易考虑周全。

（3）软件模拟扫描法

它专门用来对付千面人病毒（Polymorphic/Mutation Virus）。千面人病毒在每次传染时，都以不同的随机数加密于每个中毒的文件。传统病毒代码比对方式根本无法找到这种病毒。软件模拟技术则成功地模拟 CPU 执行，在其设计的 DOS 虚拟机器（Virtual Machine）下模拟执行病毒的变体引擎解码程序，将多型体病毒解开，使其显露原来的面目，再扫描。目前虚拟机的处理对象主要是文件型病毒。

对于引导型病毒、Word/Excel 宏病毒、木马程序，在理论上都可以通过虚拟机来处理，但目前的实现水平相距甚远。就像病毒编码变形使得传统特征值方法失效一样，针对虚拟机的新病毒可以轻易地使虚拟机失效。虽然虚拟机在实践中不断发展，但是 PC 的计算能力有限，反病毒软件的制造成本也有限，而病毒的发展可以说是无限的。让虚拟技术获得更加实际的功效，甚至要以此为基础来清除未知病毒，其难度相当大。

（4）先知扫描法VICE（Virus Instruction Code Emulation）

它是继软件模拟技术后的一大突破。既然软件模拟可以建立一个保护模式下的DOS虚拟机器，模拟CPU动作并模拟执行程序，以解开变体引擎病毒，那么类似的技术也可以用来分析一般程序，检查可疑的病毒代码。因此，VICE将工程师用来判断程序是否有病毒代码存在的方法，分析归纳成专家系统知识库，再利用软件工程的模拟技术（Software Emulation）假执行新的病毒，分析出新病毒代码，对付以后的病毒。

该技术是专门针对未知的计算机病毒设计的。利用这种技术，可以直接模拟CPU的动作来侦测某些变种病毒的活动情况，并且研制出该病毒的病毒码。由于该技术较其他解毒技术严谨，对于比较复杂的程序，在病毒代码比对上会耗费比较多的时间，所以该技术的应用不那么广泛。

（5）文件宏病毒陷阱（MacroTrapTM）

它结合了病毒代码比对与人工智慧陷阱技术，依病毒行为模式（Rule base）来检测已知及未知的宏病毒。其中，配合对象链接与嵌套（Object Linking and Embedding）技术，将宏与文件分开，回快扫描，并可有效地将宏病毒彻底清除。

（6）主动内核技术（ActiveK）

它是将已经开发的各种网络防病毒技术从源程序级嵌入到操作系统或网络系统的内核中，实现网络防病毒产品与操作系统的无缝连接。这种技术可以保证网络防病毒模块从系统的底层内核与各种操作系统和应用环境密切协调，确保防毒操作不会伤及操作系统内核，同时确保杀灭病毒的功效。

5. 计算机病毒举例

（1）CIH病毒

CIH病毒属于文件型病毒，只感染Windows 9X操作系统下的可执行文件。当受感染的.exe文件执行后，该病毒便驻留内存中，并感染所接触到的其他PE（Portable Executable）格式执行程序。

随着技术更新的频率越来越快，主板生产厂商使用EPROM来做BIOS的存储器，这是一种可擦写的ROM。通常所说的BIOS升级，就是借助特殊程序修改ROM中BIOS里的固化程序。采用这种可擦写的EPROM，虽然方便了用户及时对BIOS进行升级处理，但同时给病毒带来了可乘之机。CIH的破坏性在于它会攻击BIOS、覆盖硬盘、进入Windows内核。

①攻击BIOS：当CIH发作时，它会试图向BIOS写入垃圾信息，BIOS中的内容会被彻底洗去。

②覆盖硬盘：CIH发作时，调节器用IOS-Send Command直接对硬盘进行存取，将垃圾代码以208个扇区为单位，循环写入硬盘，直到所有硬盘上的数据均被破坏为止。

③进入Windows内核：无论是要攻击BIOS，还是设法驻留内存来为病毒传播创造条件，对CIH这类病毒而言，关键是要进入Windows内核，取得核心级控制权。

（2）蠕虫病毒

蠕虫病毒的编写相对其他形式的病毒程序来说简单一些，它可以用VB语言、C语言或者传统语言来编写，还可以 wsh 脚本宿主，如常见的 VBScript 和 JavaScript 等语言来编写。但这并不意味着这种程序的破坏性小。相反，它具有极强的破坏能力，并且由于有 Internet 这个传播的大好场所，它有着将传统病毒挤出市场的趋势。

蠕虫病毒与一般的计算机病毒不同，它不是将自身复制并附加到其他程序中，所以在病毒中算是一个“另类”。脚本病毒也是很容易制造的。它们都利用了 Windows 系统的开放性，特别是 com 到 com＋的组件编程思路，一个脚本程序调用功能更大的组件来完成自己的功能。它们较其他病毒更容易编写。

蠕虫病毒与普通病毒的区别如表 7-1 所示。

表 7-1 蠕虫病毒与普通病毒的区别

	普通病毒	蠕虫病毒
存在形式	寄存文件	独立程序
传染机制	宿主程序运行	主动攻击
传染目标	本地文件	网络计算机

7.2.2 防黑客管理

小提士

世界上的第一个黑客是凯文·米特尼克，1964 年生于美国加州的洛杉矶。15 岁时，他成功入侵了“北美空中防务指挥系统”的主机，成为黑客史上的一次经典之作。

黑客是英文 hacker 的音译。hacker 这个单词源于动词 hack，原是指热心于计算机技术且水平高超的计算机专家，尤其是程序设计人员。他们非常精通计算机硬件和软件知识，对操作系统和程序设计语言有着全面、深刻的认识，善于探索计算机系统的奥秘，发现系统中的漏洞及原因所在。他们信守永不破坏任何系统的原则，检查系统的完整性和安全性，并乐于与他人共享研究成果。

到今天，黑客一词用于泛指那些未经许可闯入计算机系统进行破坏的人。他们中的一些人利用漏洞进入计算机系统后，破坏重要的数据。另一些人利用黑客技术控制别人的计算机，盗取重要资源，干起了非法的勾当。他们已经成为入侵者和破坏者。

造成网络不安全的主要因素是系统、协议及数据库等设计上存在的缺陷。由于当今的计算机网络操作系统在本身结构设计和代码设计时偏重考虑系统使用时的方便性，导致系统在远程访问、权限控制和口令管理等许多方面存在安全漏洞。

网络互联一般采用 TCP/IP 协议，它是一个工业标准的协议簇。该协议簇在制定之初，对安全问题考虑不多，协议中有很多漏洞。同样，数据库管理系统（DBMS）也存在数据的安全性、权限管理及远程访问等方面的问题。例如，在 DBMS 或应用程序中可以预先安装从事情报收集、受控激发、定时发作等破坏程序。

1. 黑客的进攻过程

黑客的进攻过程如图 7-3 所示。

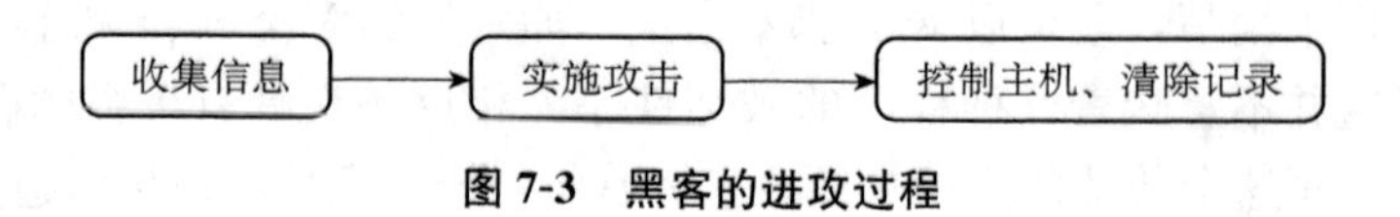

图7-3　黑客的进攻过程

（1）收集信息

黑客在发动攻击前需要锁定目标，了解目标的网络结构，收集各种目标系统的信息等。首先，黑客要知道目标主机采用的是什么操作系统的什么版本。如果目标主机开放Telnet服务，黑客只要Telnet目标主机，就会显示系统的登录提示信息；接着，黑客会检查其开放端口，进行服务分析，看是否有能被利用的服务。

对于WWW、Mail、FTP、Telnet等日常网络服务，通常情况下，Telnet服务的端口是23，WWW服务的端口是80，FTP服务的端口是23。利用信息服务，像SNMP服务、Traceroute程序、Whois服务，可以查阅网络系统路由器的路由表，了解目标主机所在网络的拓扑结构及其内部细节。Traceroute程序能够获得到达目标主机所要经过的网络数和路由器数。Whois协议服务能提供所有有关的DNS域和相关的管理参数。

Finger协议可以用Finger服务来获取一个指定主机上的所有用户的详细信息（如用户注册名、电话号码、最后注册时间以及用户有没有读邮件等），所以，如果没有特殊的需要，管理员应该关闭这些服务。收集系统信息当然少不了利用扫描器来帮助发现系统的各种漏洞，包括各种系统服务漏洞、应用软件漏洞、CGI、弱口令用户等。

（2）实施攻击

当黑客探测到足够的系统信息，对系统的安全弱点有了了解后，就会发动攻击。当然，他们会根据不同的网络结构、不同的系统情况采用不同的攻击手段。一般黑客攻击的终极目的是控制目标系统，窃取机密文件等，但并不是每次黑客攻击都能够达到控制目标主机的目的，所以有时黑客会发动拒绝服务攻击之类的干扰攻击，使系统不能正常工作。

（3）控制主机并清除记录

黑客利用种种手段进入目标主机系统并获得控制权之后，不会马上进行破坏活动，删除数据、涂改网页等。一般入侵成功后，黑客为了能长时间地保留和巩固对系统的控制权，不被管理员发现，他会做两件事：清除记录和留下后门。

日志往往会记录黑客攻击的蛛丝马迹。黑客当然不会留下这些“犯罪证据”，他会删除日志或用假日志覆盖它。为了日后可以不被觉察地再次进入系统，黑客会更改某些系统设置，在系统中置入特洛伊木马或其他一些远程操纵程序；也可能什么都不动，只是把目标主机的系统作为他存放黑客程序或资料的仓库；也可能黑客会利用这台已经攻陷的主机去继续下一步的攻击，如继续入侵内部网络，或者利用这台主机发动DOS攻击，使网络瘫痪。

2. 黑客常用的攻击方法

计算机系统中存在的安全隐患，成为黑客攻击的地方。黑客创造了多种攻击方法，常用的如图7-4所示。

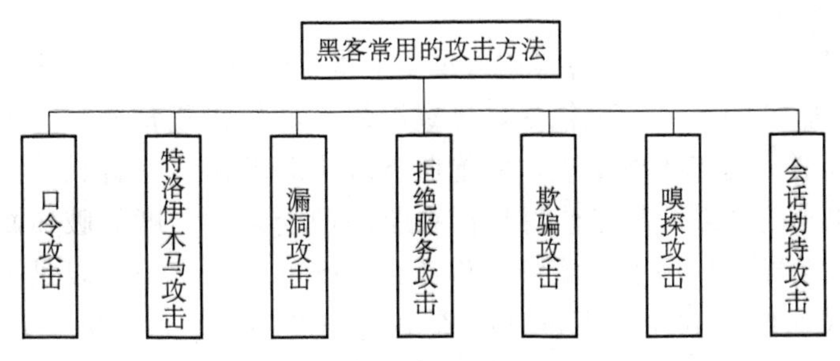

图 7-4　黑客常用的攻击方法

1）口令攻击

口令攻击是黑客采用的最老牌的攻击方法。从黑客诞生的那天起，它就开始被使用。这种攻击方式有以下 3 种方法。

（1）暴力破解法

在知道用户的账号后，用一些专门的软件强行破解用户口令（包括远程登录破解和对密码存储文件 Passwd、Sam 的破解）。采用这种方法，要有足够的耐心和时间，但总有那么一些使用简单口令的用户账号，使得黑客可以迅速将其破解。

（2）伪造登录界面法

在被攻击主机上启动一个可执行程序，该程序显示一个伪造的登录界面，当用户在伪装的界面上键入用户名、密码后，程序将用户输入的信息传送到攻击者主机。

（3）通过网络监听来得到用户口令

这种方法危害性很大，监听者往往能够获得一个网段的所有用户账号和口令。

2）特洛伊木马攻击

特洛伊木马程序攻击也是黑客常用的攻击手段。黑客会编写一些看似“合法”的程序，但实际上此程序隐藏有其他非法功能，比如一个外表看似是一个有趣的小游戏的程序，用户在运行的同时，它在后台为黑客创建了一条访问系统的通道，这就是特洛伊木马程序。

当然，只有当用户运行了木马后才会达到攻击的效果，所以黑客会把它上传到一些站点引诱用户下载，或者用 E-mail 寄给用户，并编造各种理由骗用户运行它。当用户运行此软件后，该软件会悄悄执行它的非法功能：跟踪用户的计算机操作，记录用户输入的口令、上网账号等敏感信息，并把它们发送到黑客指定的电子信箱。如果是像“冰河”、“灰鸽子”这样功能强大的远程控制木马，黑客还可以像在本地操作一样远程操控用户的计算机。

3）漏洞攻击

利用漏洞攻击是黑客攻击中最容易得逞的方法。许多系统及网络应用软件都存在各种各样的安全漏洞，如 Windows 98 的共享目录密码验证漏洞，Windows 2000 的 Unicode、Printer、Ida、Idq、Webdav 漏洞，UNIX 的 Telnet、RPC 漏洞，Sendmail 的邮件服务软件漏洞，还有基于 Web 服务的各种 CGI 漏洞等，这些都是最容易被黑客利用的系统漏洞，特别是其中的一些缓冲区溢出漏洞。利用这些缓冲区溢出漏洞，黑客不但可以通过发送特殊的数据包来使服务或系统瘫痪，甚至可以精确地控制溢出后在堆栈中写入的代码，使其执行黑客的任意命令，从而进入并控制系统。

4）拒绝服务攻击

拒绝服务攻击（DoS）是一种最悠久也是最常见的攻击形式，它利用TCP/IP协议的缺陷，将提供服务的网络资源耗尽，导致网络不能提供正常服务，是一种对网络危害巨大的恶意攻击。其实严格来说，拒绝服务攻击并不是某一种具体的攻击方式，而是攻击所表现出来的结果，最终使得目标系统因遭受某种程度的破坏而不能继续提供正常的服务，甚至导致物理上的瘫痪或崩溃。DoS的攻击方法可以是单一的手段，也可以是多种方式的组合利用，不过其结果都是一样的，即合法的用户无法访问所需信息。

通常，拒绝服务攻击分为两种类型：一种攻击是黑客利用网络协议缺陷或系统漏洞发送一些非法的数据或数据包，使得系统死机或重新启动，从而使一个系统或网络瘫痪，如Land攻击、WinNuke、Ping of Death、TearDrop等；另一种攻击是黑客在短时间内发送大量伪造的连接请求报文到网络服务所在的端口，例如80端口，消耗系统的带宽或设备的CPU和内存，造成服务器的资源耗尽，系统停止响应甚至崩溃，其中具有代表性的攻击手段包括SYN flood、ICMP flood、UDP flood等。

分布式拒绝服务（DDoS）攻击是目前网络的头号威胁。它是在传统的DoS攻击基础之上产生的一种攻击方式。单一的DoS攻击一般采用一对一攻击，而分布式的拒绝服务攻击是黑客控制多台计算机（可以是几台，也可以是成千上万台）同时攻击。对于这样的攻击，即使是一些大网站也很难抵御。

5）欺骗攻击

常见的黑客欺骗攻击方法有：IP欺骗攻击、DNS欺骗邮件欺骗攻击、网页欺骗攻击等。

（1）IP欺骗攻击

黑客改变自己的IP地址，伪装成别人计算机的IP地址来获得信息或者得到特权。如UNIX机器之间能建立信任关系，使得这些主机的访问变得容易，而这个信任关系基本上是使用IP地址验证的，这就是一种基于IP的欺骗。

（2）电子信件欺骗攻击

黑客向某位用户发了一封电子邮件，并且修改了邮件头信息（使得邮件地址看上去和系统管理员的邮件地址完全相同），信中他冒称自己是系统管理员，说由于系统服务器故障导致部分用户数据丢失，要求该用户把个人信息马上用E-mail回复给他。这就是一个典型的电子邮件欺骗攻击的例子。

（3）网页欺骗攻击

黑客将某个站点的网页都复制下来，然后修改其链接，使得用户访问这些链接时先经过黑客控制的主机。黑客会想方设法让用户访问修改后的网页，他则监控用户的整个HTTP请求过程，窃取用户账号和口令等信息，甚至假冒用户给服务器发接数据。如果该网页是电子商务站点，用户的损失可想而知。

6）嗅探攻击

要了解嗅探攻击方法，先要知道它的原理：网络的一个特点就是数据总是在流动中，当数据从网络的一台计算机传输到另一台计算机时，通常会经过大量不同的网络设备。在传输过程中，有人可能通过特殊的设备（嗅探器，有硬件和软件两种）捕获传输网络数据的报文。

嗅探攻击主要有两种途径，一种是针对简单的采用集线器（Hub）连接的局域网。黑客只要能把嗅探器安装到网络中的任何一台计算机上，就可以实现对整个局域网的侦听。这是因为共享 Hub 获得一个子网内需要接收的数据时，并不是直接发送到指定主机，而是通过广播方式发送到每台计算机。

正常情况下，接收数据的目标计算机会处理该数据，其他非接收者的计算机就会过滤这些数据，但安装了嗅探器的计算机会接收所有数据。

另一种嗅探攻击是针对交换网络的。由于交换网络的数据是从一台计算机发送到预定的计算机，而不是广播的，所以黑客必须将嗅探器放到像网关服务器、路由器这样的设备上，才能监听到网络上的数据。当然这比较困难，但一旦成功，就能够获得整个网段的所有用户账号和口令。所以黑客会通过其他种种攻击手段来实现，如通过木马方式将嗅探器发给某个网络管理员，使其不自觉地为攻击者完成安装。

7）会话劫持攻击

假设某黑客在暗地里等待着某位合法用户通过 Telnet 远程登录到一台服务器上，当这位用户成功地提交密码后，黑客就开始接管该用户当前的会话并摇身变成了该用户。这就是会话劫持攻击（Session）。在一次正常的通信过程中，黑客作为第三方参与到其中，或者是在数据流（例如基于 TCP 的会话）里注射额外的信息，或者是将双方的通信模式暗中改变，即从直接联系变成由黑客联系。

会话劫持是一种结合了嗅探以及欺骗技术在内的攻击手段。最常见的是 TCP 会话劫持，像 HTTP、FTP、Telnet，都可能被会话劫持。

要实现会话劫持，黑客首先必须窥探到正在进行 TCP 通信的两台主机之间传送的报文源 IP、源 TCP 端口号以及目的 IP、目的 TCP 端口号，推算出其中一台主机将要收到的下一个 TCP 报文段中的 seq 和 ackseq 值。这样，在合法主机收到另一台合法主机发送的 TCP 报文前，攻击者根据截获的信息向该主机发出一个带有净荷的 TCP 报文。如果该主机先收到攻击报文，就可以把合法的 TCP 会话建立在攻击主机与被攻击主机之间。

带有净荷的攻击报文能够使被攻击主机对下一个要收到的 TCP 报文中的确认序号（ackseq）的值的要求发生变化，从而使另一台合法的主机向被攻击主机发出的报文被拒绝。

会话劫持攻击避开了被攻击主机对访问者的身份验证和安全认证，使黑客直接进入被攻击主机，对系统安全构成的威胁比较严重。实现会话劫持攻击不但需要复杂的技术，而且需要对攻击时间的精确把握，所以会话劫持攻击不太常见。

本章小结

本章主要介绍中小企业网站在日常管理中应注意的主要方面和主要技术，内容包括系统维护、日志制度、数据备份制度、权限制度及安全管理，这对网站的正常运行起着重要的作用。在中小企业网站的管理中，既要注意制度建设，也要注意相关技术的使用。只有这样，才能使网站正常运行。

实践课堂

1. 简述在中小企业网站的日常管理中应注意的主要内容。
2. 简述黑客的进攻过程。使用 Windows 的防火墙进行防黑实验。
3. 简述防火墙与杀毒软件在计算机系统中的作用。
4. 在你的计算机上安装一款杀毒软件，升级病毒库并杀毒。

家庭作业

1. 了解 CMS 的意义，下载新云 CMS 进行数据更新实验。
2. 了解 IDS 的作用。推荐一款产品，并说明理由。

第8章 网站推广

本章导读

随着时代的发展，信息技术在企业中的应用日益广泛，并产生惊人的效益。美国经济的蓬勃发展很大程度上归功于信息技术的应用。我国信息技术在企业中的应用日益得到重视，许多企业斥资建立网站，使其成为宣传自我、展示自我的窗口，并与企业的日常经营、管理相结合，成为管理的工具和平台。

要让企业的网站在众多网站中脱颖而出，迅速提升企业网站知名度，让企业客户和潜在客户在因特网中找到它，成为网站推广的主要任务。本章将对此问题进行探讨。

8.1 网站推广的常用方法

小贴士

网站推广，就是指如何让更多人知道你的网站。企业在网上建立了自己的网站，如何让更多用户和合作伙伴知道，这是网站推广的意义所在。

从网站推广所依赖的技术平台来看，网站推广主要有基于Web的推广方法、基于E-mail的推广方法、基于移动终端的推广方法和基于传统媒体的推广方法。

8.1.1 基于Web的网站推广方法

1. Web技术的发展过程

Web也称WWW，是World Wide Web的简称，是用于发布、浏览、查询信息的网络信息服务系统，由遍布不同地域的Web服务器有机地组成。从技术层面上看，Web架构的精华有三处：用超文本技术（HTML）实现信息与信息的连接；用统一资源定位技术（URL）实现全球信息精确定位；用新的应用层协议（HTTP）实现分布式信息共享。也就是说，作为Internet上的一种应用架构，它的最终目的就是为终端用户提供各种服务。为了很好地实现这个终极目标，Web技术经历了两大发展阶段。

Web 1.0以编辑为特征，网站提供给用户的内容是经编辑、处理后的消息。这个过程是网站到用户的单向行为。Web 1.0时代的典型代表站点为新浪、搜狐等，使用的技术主要是静态网页技术和动态网页技术。

Web 2.0没有准确的定义，其主要特征是用户可以自己主导信息的生产和传播，打破了原先固有的单向传输模式。Web 2.0不是一个革命性的改变，而只是应用层面的东西，相对于传统的门户网站，它具备更好的交互性。Web 2.0 是以 Flickr、43Things.com 等网站为代表，以 Blog、TAG、SNS、RSS、WiKi 等社会软件的应用为核心，依据六度分隔、XML、Ajax 等新理论和新技术实现的互联网新一代模式。

从 Web 1.0 到 Web 2.0 的转变，从基本结构上说，是由网页向发表/展示工具演变；从工具上，是由互联网浏览器向各类浏览器、RSS 阅读器等内容发展；从运行机制上，是自“Client Server”向“Web Services”的转变。由此，互联网内容的缔造者由专业人士向普通用户拓展。Web 2.0 的精髓就是以人为本，提升用户使用互联网的体验。

2. 基于 Web 的网站推广策略

互联网上的网站成千上万，企业若要使自己的网站在茫茫“网”海中脱颖而出，在加强网站建设的同时，必须根据自身的产品特点和目标市场制定一套科学的推广方法。目前除了传统的电视、报纸、广播等线下广告推广外，企业应不失时机地利用互联网的各种信息传播工具进行网站宣传推广。作为信息传播最快、信息量最大的渠道，利用互联网本身进行推广宣传是一种有效且必要的方式，也是现在最常见的方式。

1）Web 2.0 推广

在 Web 2.0 时代，随着社会化网络力量的兴起，用户网络社区中活跃参与、复制和传播，口碑犹如一个雪球，在互联网这片信息联通的大陆上愈滚愈大。无论是消费者还是企业，都有可能通过自己的文字或声音（口碑）去影响其他人。善于利用不断变化的社会化新媒体的企业，将在未来获得传播的先机，以低廉的成本实现精准营销；而忽视其存在的企业，必将为此付出巨大的代价。

Web 2.0 推广主要有以下工具。

（1）博客（Blog）

博客最早被称为网络日志，具有“人人可以用来传播自己的观点与声音”的属性。2002 年，博客的概念被引入中国并快速发展；2005 年，博客得到规模性增长；2006 年，网民注册的博客空间超过 3300 万个。博客成为互联网上最大的热点应用之一。

伴随着注册数量的增多，博客以极快的速度融入到社会生活中，逐步大众化，成为基于互联网的基础服务，并随之带来一系列新的应用，如博客广告、博客搜索、企业博客、移动博客、博客出版、独立域名博客等创新商业模式，日益形成一条以博客为核心的价值链条。在这个价值链条上，博客网站提供平台，企业博客作者撰写相关营销博客，通过持续不断的更新获得与公众之间的交互沟通，积累“人气”，提升企业或企业产品知名度。“粉丝”们关注博客，通过不断增长的点击量为博客平台带来持续高涨的注意力。巨大的点击量又吸引广告商，形成良性循环。

（2）视频分享

视频分享在运营方式上以网站形式为主，在视频长度上以短片片断居多，在视频内容上以用户自创制作为主。其优点是用户参与度高；缺点是内容审核机制要求高。视频分享类平台的出现是宽带时代、Web 2.0 兴起、视频技术发展的必然。2006 年被称为网络视频行业元年，在线视频服务用户数一年内增幅为 23%，根据中国互联网络信息中心 2014 年 1 月的《中国互联网络发展状况统计报告》，截至 2013 年 12 月，中国网络视频用户规模达 4.28 亿，网络视频使用率为 69.3%；手机视频用户规模增长明显，截至2013年12月，我国手机端在线收看或下载视频的用户数为2.47亿。视频分享网站具有一定的用户黏性，创造话题让更多的用户或潜在用户参与到视频创造中，能够发现潜在的优秀视频，在短时间内聚集人气，这其中必然蕴含着巨大的商业价值。国内有名的视频媒体网站主要有土豆网、我乐网、优酷网、酷6网等。

（3）网络社区

随着Web 2.0技术的高速发展和社区应用的普及、成熟，互联网逐步跨入社区时代。从论坛BBS、校友录、互动交友、网络社交等新、旧社区应用，到社区搜索、社区聚合、社区广告、社区创业、社区投资等社区经营话题，都是业界关注的热点。典型的网络社区有百度贴吧、天涯虚拟社区、猫扑大杂烩、西祠胡同、MySpace交友社区等。

2）搜索引擎推广

搜索引擎可谓抓住了人们上网的根本。即从海量资源挖掘有用信息，通过对互联网上的网站进行检索，提取相关信息，建立起庞大的数据库。现阶段企业搜索引擎推广主要表现在两个方面：一是对企业网站进行基于搜索引擎优化（SEO），主动登录到搜索引擎网站，力争取得较好的自然排名；二是在国内主流搜索引擎百度、Google上对关键词付费竞价排名推广。

（1）搜索引擎优化

搜索引擎优化是一项长期、基础性的网站推广工作。基于搜索引擎优化在技术上主要体现在对网站结构、页面主题和描述、页面关键词及外部链接等内容的合理规划，应遵循如下原则：网站结构尽量避免采用框架结构，导航条尽量不用Flash按钮；每个页面都要根据具体内容选择有针对性的标题和富有特色的描述；做好页面关键词的分析和选择工作；增加外部链接。

将经过优化的企业网站主动提交到各搜索引擎，让其免费收录，争取较好的自然排名。作为企业网站，搜索引擎结果排名靠前只是手段，最终目标是要留住客户，实现网络营销。将网站内容建设好，让其能够吸引客户，是最主要的。

（2）关键字竞价排名

竞价排名即对购买同一关键词的网站按照付费最高者排名靠前的原则进行排名，是中小企业搜索引擎推广立竿见影的快捷方法，其收费方式采用点击付费。关键词竞价排名可以方便企业对用户的点击情况进行统计分析，企业也可以根据统计分析随时更换关键词，以增强营销效果，它已成为一些中小企业利用搜索引擎推广的首选方式。企业在选择关键词竞价排名时应注意下列问题：尽量选择百度、Google等主流搜索引擎；同时选择3～5个关键词开展竞价排名；认真分析和设计关键词。关键词竞价排名显示的结果一般是简单的网页描述，需要访问者链接到企业网站才能进一步了解企业相关信息，它本身并不能决定交易的实现，只是为用户发现企业信息提供一条渠道。同SEO一样，关键词竞价排名依旧只是手段，归根结底还是企业自身的网站建设。

3）病毒式推广

病毒性营销并非是以传播病毒的方式开展营销，而是利用用户口碑宣传网络，让信息像病毒那样传播和扩散，以滚雪球一样的方式传向数以百万计的网络用户，达到推广的目的。病毒性营销方法实质上是在为用户提供有价值的免费服务的同时，附加一定的推广信息。

病毒性营销是一种营销思想和策略，没有固定模式，适合大中小型企业和网站。如果应用得当，这种病毒性营销手段可以以极低的代价取得非常显著的效果。

除了上述常用的网站推广方法之外，还有一些网站推广方法，如链接推广、电子邮件推广、有奖竞赛、有奖调查等。网站推广方法不是相互独立的，常常是几种方法混合起来使用。

3. 博客营销

所谓博客营销，是指发布原创博客帖子，建立权威度，进而影响用户购买。博客营销是靠原创的、专业化的内容吸引读者，培养一批忠实的读者，在读者群中建立信任度、权威度，形成个人品牌，进而影响读者的思维和购买决定。

要做好博客营销，应注意以下几个方面的问题。

（1）博客营销的目标和定位

博客营销的过程一定要有明确的目标和定位。在确定目标和定位时要注意以下两个基本原则：第一，提高关键词在搜索引擎的可见性和自然排名。如果这一项能做好，便能与百度竞价广告与 Google 关键词广告形成良性互补，促进搜索引擎营销。第二，通过有价值的内容影响顾客的购买决策。如果企业在业界有一定的知名度，并且每天有比较大的商业流量，注意提高顾客的转化率是个十分关键的问题。

（2）博客营销的平台选择

总的来讲，有三种博客平台可供选择：独立博客、平台博客以及在原有网站开辟博客板块。独立博客一旦受到搜索引擎认可，在搜索引擎上的权重会很有优势；平台博客选择得合理，可以直接利用其现有的搜索引擎权重优势，以及平台本身的人气，在平台内获得认可后，可能获得成员的极大关注；在原网站开辟博客板块，可以与网站本身形成网络营销以及内容上的互拉互补。所以，选择怎样的博客平台是十分关键的一步。

独立博客需要自己准备虚拟主机与域名，投入的成本较 BSP 大，但是整个博客尽在自己的掌握中。

平台博客是使用博客服务提供商（BSP）提供的免费或者收费的博客空间。这些 BSP 多为公司或者非营利组织，他们免费或者有偿提供的 Blog 服务大多带有一些广告，用于维持 Blog 服务，包括空间、服务和维护开支。国内著名的 BSP 有新浪博客、百度空间、搜狐博客、网易博客、BlogBus、DoNews 等，国外有 Google Blogger、Windows Live Spaces 等，后起之秀有畅享网和友商社区等。选择 BSP 的好处是节省了很多费用，包括域名购买费用、虚拟主机等，而且不用操心服务器维护的问题，只要专心写文章即可。

（3）博客营销的内容

内容是博客营销的基础。没有好的内容，就不可能有高效的博客营销。什么样的博客内容才是好内容呢？大原则只有一个：对顾客真正有价值的真实、可靠的内容。同时要注意一些常用的写作技巧，如产品功能故事化、产品形象情节化、产品发展演义化、产品博文系列化、博文字数精短化。

(4) 博客营销的传播和推广策略

传播过程无非两大类型：拉式和推式。比如，搜索引擎优化（SEO）就是一种拉式；去一些论坛发帖就属于推式。根据目前的实际情况，主要做两方面的准备：第一，文章内容的搜索引擎优化写法，同时注意标签 tags 的使用。标签实质上就是关键词，系统将相关文章按标签聚合在一起。写博客帖子时选择标签的重要原则是：一定要精确挑选最相关的关键词，千万不要每个帖子都把广泛的关键词列出来。第二，内部链接和外部链接的工作。所有博客的侧栏中都有一个部分——blogroll（博客圈链接，博客列表）。有人把它叫做友情链接，实际上这不是很准确，因为真正的 blogroll 列出的是博客作者自己经常阅读或已经订阅的，觉得值得向其他读者推荐的博客。其原意是列出作者读的博客，并不是用来交换链接的。

(5) 博客营销的沟通与互动

博客营销相对于传统营销的最大特点就是它的双向传播性。如何利用好这一特点，对博客营销相当关键。第一，应及时关注和回复访客的留言。客户在看博客的过程中，一定会有一些帖子引起你的共鸣或促发一些感想。如果感想比较短小，不妨像前面所说的在对方博客留言。如果你的感想足够写一篇新帖子，也可以在自己的博客中发篇帖子，就其他博客的话题进行讨论，有的时候甚至不妨提出不同的意见。同时最重要的是，在自己的帖子中一定要链接到对方博客上你所讨论的那篇帖子。第二，采取激励性的措施，比如发起活动和提供奖品来刺激大家参与和留言。

8.1.2 基于邮件的网站推广方法

小贴士

邮件群发是正常的邮件投递而不是垃圾邮件制作，它有明确的客户群，是准确的信息投放。

邮件群发是指企业将自己的需求、产品供应、合作意向或招聘启示等商业信息通过电子邮件发布到企业或个人信箱中，使更多的企业或个人能够查询到这一信息，从而产生更多的商业交易。尽管人们很讨厌广告邮件，就像讨厌电视广告一样，但对于与自己有关的广告邮件，人们还是喜欢仔细看下去的。

因为同一份邮件要发往许多不同的邮件地址，如果用现有的软件如 Outlook 等一封一封地发，未免过于烦琐，而且费时费力。为此，人们开发了一种可以将一封信一次发给多个用户信箱的网站或软件，称为邮件群发软件。利用邮件群发软件，可一次性将信息发送到成百上千个用户手中。只要有一台可以上网的计算机，就可以进行邮件群发。

在自己的计算机上安装一个邮件群发软件，只需要点击鼠标，就可以向成千上万的人发送企业广告，宣传商品信息及网站。使用群发软件时，一定要注意邮件主题和邮件内容的字词书写，很多网站的邮件服务器为过滤垃圾邮件设置了常用垃圾字词过滤，如果邮件主题和邮件内容中包含如“大量”、“宣传”、“钱”等字词，服务器将过滤掉该邮件，致使邮件不能发送成功。所以在书写邮件主题和内容时，应尽量避开有垃圾字词嫌疑的文字和词语，才能顺利群发出邮件。

1. 选择邮件群发软件

要选择一款优秀的群发软件，首先应该检查它是否内置 SMTP 发送引擎。假如群发软件没有内置 SMTP，而是依靠别人的 SMTP 服务器发送邮件，会很容易被封杀、以至不能发送成功。

其次，要检查发送邮件的速度（即能多少个线程同时发送），速度越快越好。最后，要注意 SMTP 群发软件中有种通病，即对于群发软件发送的 E-mail，某一类邮箱（例如 @ sohu. com）可能收不到，为此建议在 sina. com、sohu. com、263. net、etang. com 等服务商处多申请一些免费邮箱，然后用多款群发软件发送测试，检查哪些邮箱会收不到 E-mail，再根据测试结果选择不同的群发软件，有针对性地对不同的邮箱群发邮件。

2. 邮件群发软件使用方法

邮件群发软件虽然很多，但是其用法大同小异。下面以“VolleyMail 邮件群发专家”为例，介绍这类软件的使用方法。

（1）获取邮件地址

邮件群发前，首先应该有收件人 E-mail 地址，为此可以在百度或 Google 中以“E-mail 地址”为关键词搜索下载。下载得到的 E-mail 地址文件通常是文本文件，里面一个 E-mail 地址占据一行。对于该文件，可以用记事本、写字板等软件编辑，然后将其保存为“*. txt”格式，群发时导入即可。

（2）邮件群发

接下来运行 VolleyMail 邮件群发专家。单击左侧的“参数设置”，在“DNS 地址”一栏输入本地 DNS（例如 202. 102. 192. 68），单击“开始”→“程序”→“附件”→“命令提示符”，并输入“ipconfig /all”命令，在 DNS Server 中能查到本地 DNS；然后在“SMTP 设置”下选择“ValleyMail 自带的内置 SMTP”，用软件自带的 SMTP 发信，发信软件名称选择“ValleyMail6. 0（cn）”，再设置连接超时、同时启动线程数等参数，界面如图 8-1 所示。

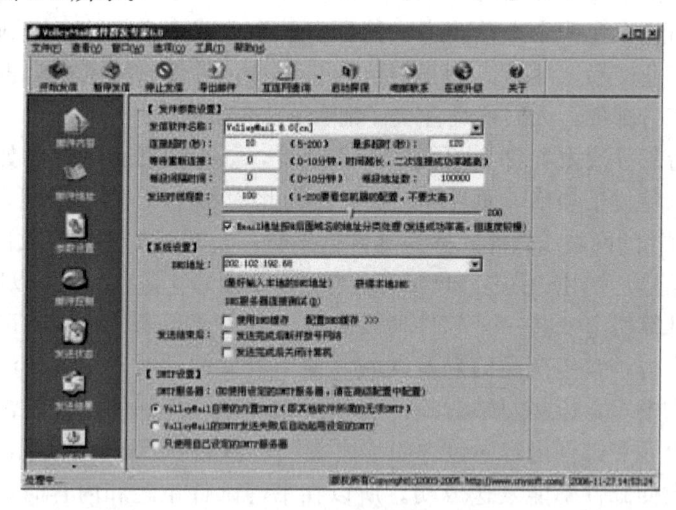

图 8-1　参数设置界面

单击左侧的“邮件地址”，导入收件人地址列表。在右下方单击“导入文件”按钮，导入一个 E-amil 地址文件，该文件中的每一行就是一个收件人的 E-mail 地址（例如 labxw@sina. com）。当然，也可以手工输入收件人的 E-mail 地址，逐一添加。如果收件人非常多，不要手工输入，选择“导入文件”比较方便。界面如图 8-2 所示。

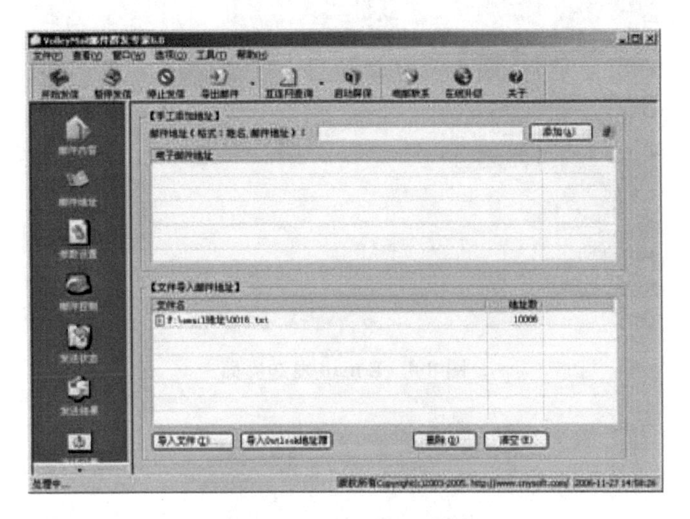

图 8-2　E-mail 地址界面

最后单击“邮件内容”，并填写要群发的邮件内容。在主题栏输入群发邮件的标题、“发件人名称”及“发件人地址”，再勾选右边的“计算机随机生成”；在内容栏输入邮件的内容，或在“附件”窗口中单击“增加”，为邮件添加附件。界面如图 8-3 所示。

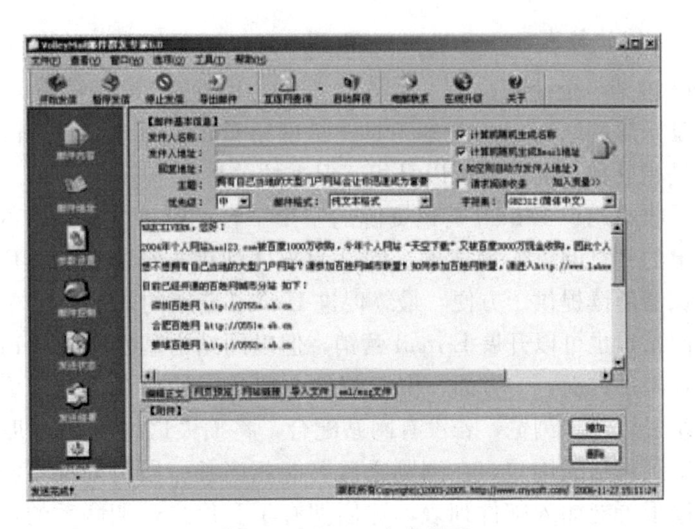

图 8-3　E-mail 内容界面

编辑完毕，单击工具栏上的“开始发信”按钮，邮件即成批群发出去。在“发送状态”页面，“原因”标题下显示“成功”，则表示该邮件已成功发送。界面如图 8-4 所示。

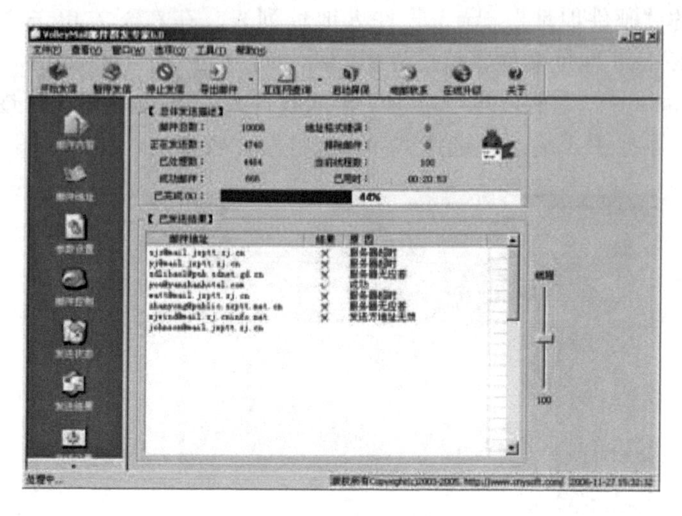

图 8-4　E-mail 发送界面

小贴士

E-mail 是买卖双方信息交流的主要工具，以电子邮件为基础的 E-mail 营销是网络营销的重要内容。同时，E-mail 营销本身形成一个相对完整的网络营销分支。E-mail 营销与其他网络营销策略，如企业网站、搜索引擎、网络广告等具有一定的区别和联系，各种网络营销手段结合在一起形成完整的网络营销系统。在《E-mail 营销》一书的第 1 章，分别描述了 E-mail 营销与其他网络营销手段的关系。

3. E-mail 营销的特点

（1）E-mail 营销与企业网站

企业网站是开展网络营销的基本工具，是网络营销的基础。E-mail 营销和企业网站之间既可以是相互独立的，又可以是相互促进的关系。

企业网站是收集用户 E-mail 营销资源的一个平台。邮件列表用户的加入通常都是通过设在网站上的“订阅框”完成的。网站为邮件列表进行必要的推广，也为邮件列表内容通过浏览器阅读提供了方便，最终促进 E-mail 营销的效果。

尽管没有网站，也可以开展 E-mail 营销，但以网站为基础开展 E-mail 营销效果更好，主要表现在两个方面：一方面，由于邮件内容传递的信息有限，更多的信息需要引导用户到网站去进一步浏览，若没有网站配合，将损失这种宝贵的机会；另一方面，通过各种渠道来到网站的用户，在浏览之后可能相当长一段时间都不会回访，在用户访问网站期间他很可能加入邮件列表，这便拥有了和用户长期联系的机会，可以充分利用网络营销资源，也可以通过 E-mail 营销为网站、产品/服务做进一步的推广。

（2）E-mail 营销与搜索引擎

E-mail 营销与搜索引擎之间表面看来没有直接的关系，如果站在整个网络营销的范围来看，这两种工具其实都是用户与企业（网站）之间传递信息的手段：用户通过搜索引擎寻找企业网站信息，然后到网站上继续了解详细信息，这时候，用户是主动获取信息（其前提是企业网站上发布了对用户有价值的信息）；通过电子邮件方式，企业向用户发送信息，用户接受信息是被动的（即使事先经过用户许可，仍然是被动接受信息，因为用户并不知道企业要发来什么样的信息，甚至无法对信息内容进行预期）。

由此可见，搜索引擎和 E-mail 营销是网络营销中截然不同的方式：前者是用户主动获取信息，后者是用户被动接受信息。也就是说，搜索引擎是用户用来发现企业网站的工具，而 E-mail 营销是企业向用户主动提供信息和服务的手段。

同时，搜索引擎和 E-mail 营销本身也包含主动和被动的矛盾。用户通过搜索引擎主动到网站了解信息，但这些信息是企业主动提供的，用户可以获取的信息受到网站发布信息的制约；通过 E-mail 营销，尽管是经过用户事先许可的，但发送什么信息，仍然不是用户可以决定的（对于用户定制的信息，只是在一定程度上具有选择权，而不是决定权）。因此，“主动的”信息传递方式，事实上企业（网站）仍然占据主动地位，或者说，网络营销中的信息传递从根本上说取决于企业自身，用户的主动性受信息提供方的制约。

交互营销具有吸引力的地方，就在于为用户创造了一种机会，可以争取获得更多的信息。对于企业网络营销来说，也就是合理利用各种信息传递手段，为用户获取更多信息创造条件，在用户获得这些信息的同时，实现企业的营销目的。

（3）E-mail 营销与网络广告

E-mail 广告是网络广告的一种形式，但 E-mail 营销并非都是网络广告，例如顾客关系 E-mail、新闻邮件等企业内部邮件列表资源，只是 E-mail 营销的一种载体，传递的信息并非全是广告。当企业通过 E-mail 专业服务商（或者 ISP 等）发送 E-mail 广告信息时，才表现为网络广告形式。

但是，由于 E-mail 营销与网络广告有许多相同之处，从内容、文案、创意等方面都需要遵循网络广告的规律。因此，将 E-mail 营销与网络广告相提并论有一定的道理。

（4）E-mail 营销与其他网络营销方法

在其他常用的网络营销方法和活动中，E-mail 营销在一定程度上发挥作用，如通过 E-mail 方式传播的病毒性营销（在互联网上，利用用户口碑传播的原理，可以像病毒一样迅速蔓延，它是一种高效的信息传播方式）、通过 E-mail 方式发送的在线优惠券促销等。在一些在线调查中，常采用通过 E-mail 发放调查问卷的方式。

8.1.3 基于移动终端的网站推广方法

近年来，移动终端产品得到了广泛使用，成了人们在日常生活中最主要的通信工具。在网站推广中，通过它可以对目标客户群进行准确的信息传送。

移动营销是指利用手机、PDA 等移动终端为传播媒介，结合移动应用系统所进行的营销活动。移动营销的工具主要包括两部分：一是为开展移动营销的移动终端设备，以手机、PDA 为代表；二是移动营销信息传播的载体，如 APP、彩信、短信、流媒体等。

1. 移动营销平台的优势

（1）灵活性

移动技术使得在营销过程中，企业与员工的行为相对来说都比较灵活。这种灵活性为企业带来的利益有：随时随地掌握市场动态、了解顾客需求、为顾客提供支持帮助。为顾客带来的利益有：随时随地获得企业新闻和资讯、了解新产品的动态、得到企业的支持等。

（2）互动性

手机、PDA平台在“交互性”方面有着其他平台无法比拟的优势。企业不仅可以通过手机、PDA给顾客发送他所需要的信息，更可实现意见反馈等多方面的功能。

（3）及时、快捷

手机、PDA信息相对于其他方式来说更为快捷，一是制作快捷，二是发布快捷。虽然信息的发布速度取决于信息的数量和运营商的网络状况，但基本上是在几秒，最多几分钟的时间内完成，几乎感觉不到时间差。

（4）到达率高

以其他载体传送的企业信息具有极强的选择性和可回避性，如企业的促销单等宣传信息可能没人看，电视广告可能因消费者的回避而付之东流，达不到预期的宣传目的。而手机、PDA用户一般随时随地将手机、PDA携带在身边，因而企业信息在移动网络和终端正常的情况下可以直接到达顾客。并且，如果信息发送到有需求的顾客手中，顾客会将其暂时保留，延长了信息的时效性。

（5）可监测性

借助移动技术，企业可了解和监督信息是否被有效地发送给目标顾客；企业还可以准确地监控回复率和回复时间，为企业提供监测信息沟通活动十分便捷的手段，这是其他信息传播载体，无论是电子的还是纸质的，都无法与之比拟的。

（6）可充分利用零碎时间

手机、PDA可以最方便地把顾客的零碎时间利用起来，并且能够极为快捷地传播信息。每个人在一天当中都有很多零碎时间，如候车、在电梯里、在飞机场、在地铁上、在火车上，借助手机、PDA，顾客可充分利用零碎时间来获取信息。媒体私人化时代到来，使得企业营销信息的传递变得随时随地，这也正是移动营销平台的魅力所在。

2. 移动终端营销的主要形式

（1）短信营销

短信广告是目前最流行的手机广告业务，通过短信向用户直接发布广告内容是其主要方式。就目前而言，短信广告仍然在手机广告中占据主要地位。它的形式简单，主要通过简短的文字传播广告信息，可直达广告目标，成本低。但短信广告是最初级的广告形式，极有可能成为垃圾短信，引起客户反感。

（2）彩信营销

彩信最大的特色是支持多媒体功能，能够传输文字、图像、声音、数据等多媒体格式，多种媒体形式的综合作用使得广告效果比较好。但彩信广告需要移动终端的支持，需要用户开通数据业务，运营商对于移动数据业务收取较高的流量费用，导致彩信广告的发送成本及接收成本较高。同时，手机终端标准的不同阻碍了彩信广告的大规模传播。

（3）WAP营销

WAP广告实质上就是互联网广告在手机终端上的一种延伸，是在用户访问WAP站点时向用户发布的广告，类似互联网用户在访问网页时所看到的广告；不同的是，WAP网站可以掌握用户的个人信息，如手机号码等，通过分析用户身份信息、浏览信息等，细分用户类型，以用户数据库为基础定向营销，达到传播广告的目的。

（4）APP营销

APP是Application一词前三个字母的缩写，绝大多数人理解的APP都指第三方智能手机的应用程序。实际上，APP的范畴远远超出了手机端的范围。目前比较著名的系统级APP商店有Apple的App Store，Google的Android Market，诺基亚的OVI Store，还有Blackberry的Blackberry App World。随着智能移动设备的快速崛起，APP呈现爆发式增长。据国外数据统计，2011年以来，人们花费在APP上的时间已经超过网页，而且势头不减。

用户一旦将APP产品下载到手机，成为客户端或在SNS网站上查看，那么持续性使用成为必然，这无疑增加了产品和业务的营销能力。同时，通过可量化的精确的市场定位技术突破传统营销定位只能定性的局限，借助先进的数据库技术、网络通信技术及现代高度分散物流等手段保障和顾客的长期个性化沟通，使营销达到可度量、可调控等精准要求。另外，移动应用能够全面地展现产品信息，让用户在没有购买产品之前就已经感受到产品的魅力，降低了对产品的抵抗情绪；通过对产品信息的了解，刺激用户的购买欲望；移动应用可以提高企业的品牌形象，让用户了解品牌，进而提升品牌实力。良好的品牌实力是企业的无形资产，为企业形成竞争优势。

3. 微信营销

微信是腾讯公司推出的一个为智能手机提供即时通信服务的免费应用程序。它众多的功能为客户提供了方便。现在微信逐步成为人们的一种移动社交网络，它不仅支持语音短信及文字短信的交互，用户还能通过LBS（基于用户位置的社交）搜索身边的陌生人并与其互打招呼，打破熟人社交的固化模式，将身边的人集中在一个平台中互动，极大地颠覆了传统社交渠道。通过微信开展网络营销越来越受到重视。

通过微信开展网络营销，主要是借助微信的各项功能，以及通过微信搜索到庞大的好友群体；微信让用户足不出户就可以锁定潜在客户群聚集地，利用微信营销系统向潜在客户群及时发送文字、图片、音频甚至视频等。微信营销正逐步提升传统的手机营销模式，将原来的短信海量群发模式逐步升级为交互性的营销行为。常用的微信营销方式有以下几种。

①传统移动营销模式是通过用户对于商户进行搜索，而现在这种营销方式主要针对在某一区域内的商家，用户通过点击“查看附近的人”后，根据用户的地理位置查找到周围微信用户。在这些附近的微信用户中，除了显示其基础资料外，还会显示用

户签名栏的内容，商家更可以在个性头像设置中上传产品的相关照片或广告。这种免费的广告位对于商家来说无疑是天上掉下的馅饼，不仅可以为产品做广告，而且商家可以第一时间得到广告的反馈，如果遇到有需求的买家，能够借助微信在线进行谈判，及时促成交易。商家通过监控人流最旺盛的地方后台，了解使用“查看附近的人”平台人数。如果足够多，说明广告效果还不错。随着微信用户数量上升，这个简单的签名栏也许变成移动的“黄金广告位”。

例如，K5便利店新店推广，如图8-5所示。K5便利店新店开张时，商家利用微信“查看附近的人”和“向附近的人打招呼”两个功能，成功进行基于LBS的推送，并通过不断与客户交流吸引更多客户关注。K5便利店在“微信头像设定”使用企业Logo提升可信任度，个性签名中显示“K5便利店海淀分店开业酬宾，回复微信立即免费赠送礼品!”，最终达到让客户上门购物的目的。

②微信的“漂流瓶”功能是从腾讯系统移植出来的，它基本保留了原来简单、易上手的风格，主要分为两个简单功能：第一，“扔一个”。用户可以选择发布语音或者文字，然后投入大海，如果有其他用户“捞”到，则展开对话；第二，“捡一个”，“捞”大海中无数个用户投放的“漂流瓶”，“捞”到后也可以和对方对话，但每个用户每天只有20次机会。

商家通过微信后台更改“漂流瓶”的参数，即商家可以在某一特定的时间抛出大量“漂流瓶”，普通用户“捞”到的频率也会增加。加上“漂流瓶”模式本身可以发送不同的文字内容，甚至语音小游戏等，能产生不错的营销效果。这种语音模式让用户感觉更加真实。微信平台的“漂流瓶”与QQ的“漂流瓶”最大的不同在于，微信上的“漂流瓶”可以随便抛得；当别人捡到你时，就会看到你的个性签名图片的相关信息。这种方式对于不同区域的人都可能有影响，不同地区的用户都能捡到瓶子，看到商家的相关信息。

如招商银行的爱心“漂流瓶”活动，如图8-6所示。微信用户用“漂流瓶”功能捡到招商银行“漂流瓶”，回复之后，招商银行便会通过“小积分，微慈善”平台为自闭症儿童提供帮助。根据观察，用户每捡十次“漂流瓶”，便有一次捡到招行爱心“漂流瓶”的机会。此次活动不仅对于招商银行的产品进行了推广，更对于招商银行的品牌形象有莫大的帮助。最终通过用户将“漂流瓶”的信息发布到腾讯微博上吸引更多人的关注，在用户的参与过程中，招商银行无形中将大众传播与口碑传播做了一次有机结合的尝试。

③以前人们在手机中获取的信息必须通过点击链接或是通过固网搜索关键词才能得到相应的信息，但是微信的二维码扫一扫功能简化了这一功能。二维码扫描技术的应用可谓是登峰造极。用户将二维码图案置于微信的取景框内，扫描识别另一位用户的二维码身份，从而添加好友，如图8-7和图8-8所示。每一位微信用户都能通过微信的二维码定制自己独一无二的标识，这是微信带给用户的体验乐趣之一。

这项技术通过任何一个传统媒介进行发布，商家在其他媒介上投放广告的同时都不妨放上一个二维码，邀请客户在微信中互动，或添加微信好友，从而达到推广的目的。微信坐拥上亿用户活跃度，其商业价值是不言而喻的。

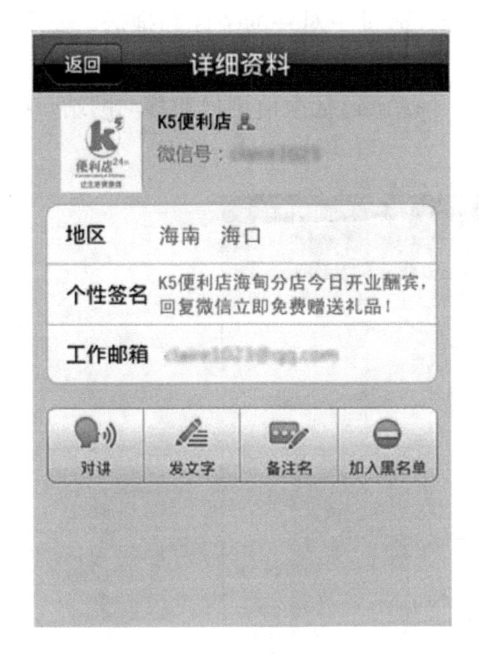

图 8-5 微信 LBS 应用案例分享图片

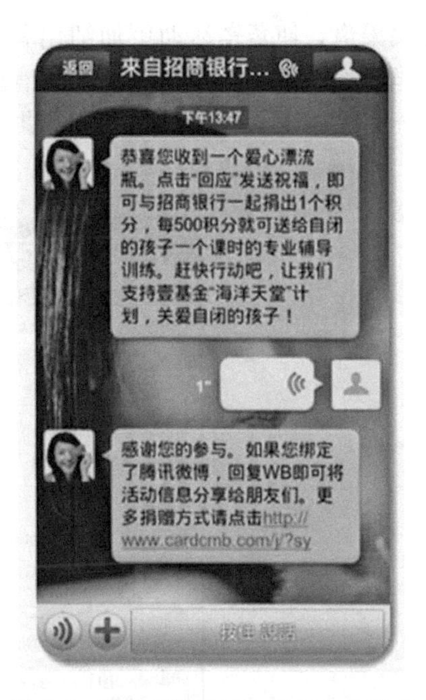

图 8-6 微信“漂流瓶”案例分享界面

图 8-7 微信二维码展示

图 8-8 微信扫描模式

④自从微信 4.0 版本以后，它推出了新功能——公众平台。通过这一平台，个人和企业都能创建一个微信公众号，用于群发文字、图片、语音三个类别的内容。微信公众平台是面向名人、政府、媒体、企业等机构推出的合作推广业务。在这里，可以通过渠道将品牌推广给上平台的用户。用户在 App 中看到的某个精彩内容（比如一篇文章、一首歌曲），他如果想转发给好友，点击“分享给微信好友”。通过微信，轻轻一点，好友便可收到信息。用户还可以把看到的精彩内容分享到微信朋友圈。

微信在 2013 年 8 月 5 日从 4.5 版本升级到 5.0 版，微信公众平台也做了大幅调整。微信公众账号被分成订阅号和服务号。运营组织（比如企业、媒体、公益组织）可以申请服务号，同时运营主体是组织和个人的，可以申请订阅号，但是个人不能申请服务号。

微信开放平台和朋友圈的社交分享功能，使得微信作为一种移动互联网上不可忽视的营销渠道，使营销活动更加细化和直接。通过一对一的关注和推送，公众平台方向“粉丝”推送包括新闻资讯、产品消息、最新活动等消息，甚至完成包括咨询、客服等功能。可以说，微信公众平台提供了一个基于过亿微信用户的移动网站，如图 8-9 所示。

图 8-9　微信订阅号

8.1.4　基于传统媒体的网站推广方法

传统媒体的道路还远远没有走完。传统媒体有很多赚钱的招数，人们还没有用好、用足。

借助于传统媒体（如广播、电视、报纸、杂志等）发布专门的网站推广广告，这种方法无疑能在公众中产生最大的影响力。

近日美国一则市场调查结果值得琢磨，这个名为“广告何时起作用”的调查由消费者研究机构 Yankelovich 联同另一家咨询公司合作主持，结果表明，传统媒体的广告比起在数字媒体上的广告来，更有可能对消费者形成正面印象。

这个调查研究了 16 种媒体的广告对消费者形成的效果。传统媒体平台包括电视、户外看板、杂志、报纸、电台和影院等，数字媒体包括电子邮件、新闻信息类网站、社交网站、网游和视频分享网站等。当问及在这些平台上展示的广告对自己形成的印象时，56%的受访者认为对传统媒体广告更容易产生正面、有效的印象；相比之下，31%的人认为是数字媒体。对传统媒体广告持反感印象的为13%，对数字媒体广告持反感印象的是21%。32%的人认为他们对传统媒体广告持中性态度，对数字媒体广告持中性态度的为48%。

研究人员在阐释调查结果时认为，造成人们普遍仍对传统媒体广告持正面印象的原因，首先是观看时的心态不同。消费者在访问传统媒体时是持一种比较正面、轻松的心态，而且往往是和家人、朋友在一起，准备好了要花时间接受娱乐和信息，因而看一些娱乐性和信息性很强的广告本身就是一种消遣。

相比较而言，消费者在访问数字媒体时只是一个人，带有更紧张、忙碌的心情，带有一种目的性，比如搜索信息、寻找相关内容，并且为了追求结果而心态变得匆忙和烦躁。在这种情况下，跳出来的广告就会变得讨厌。这就意味着，数字媒体上的广告方式有待进一步创新，以适应消费者的特定环境。广告商虽然一方面愿意更多地将资金转移到数字平台上，但毕竟仍处在不断的试验和摸索中。

1. 传统媒体进行广告推广时应注意的问题

(1) 覆盖域

覆盖域是在制定媒体战略，具体选择媒体时的一个重要指标。一般来说，目标市场的消费者在地域分布上是相对集中的，而广告媒体的传播对象也有一定的确定性。如果其覆盖域与目标市场消费者的分布范围完全不吻合，那选择的媒体就不适用。如果所选择的媒体覆盖区域根本不覆盖或只覆盖一小部分，或者大大超过目标消费者所在区域，就都不适用。只有当媒体的覆盖域基本覆盖目标消费者所在区域，或与目标消费者所在区域完全吻合时，媒体的选择才是最合适的。

电视媒体的传播范围相当广泛，在电视跨入太空传播时代更是如此。从世界范围看，电视传播所到之处，也就是广告所到之处。但就某一具体的电视台，或某一具体的电视栏目或电视广告而言，其传播范围是相对狭窄的。

电视媒体传播范围广泛性的同时衍生出传播对象构成的复杂性。不论性别、年龄、职业、民族、修养等，只要看电视，都会成为电视媒体的传播对象，但有些受众不可能成为广告主的顾客。因此，电视媒体的传播范围虽然广泛，但是电视广告对象针对性不强，诉求对象不准确。

广播媒体的覆盖面大，传播对象广泛。现在几乎家家户户有收音机。只要收音机在无线电广播发射功率范围之内，家家户户可以收到电台节目。由于广播是用声音和语言做媒介，而不是用文字作为载体传播信息，适合不同文化程度的广大受众，任何有听力的人都可以接受广告信息。因而，广播广告的传播对象广泛，几乎是全民性的；而且还有相当数量的文盲无阅读能力，但可以借助广播获得信息。这是任何其他媒体都无法与之相比的。

报纸的传播范围比较明确，既有国际性的，又有全国性的和地区性的；既有综合性的，又有专业性的。不同的报纸有不同的发行区域，即不同种类的报纸的覆盖范围各有不同。这种明显的区域划分，给广告主选择媒体提供了方便，因而可以提高广告效果，避免广告费用的浪费。

（2）到达率

到达率是衡量一种媒体的广告效果的重要指标之一。它是指向某一市场进行广告信息传播活动后，接受广告信息的人数占特定消费群体总人数的百分比。在消费群体总人数一定的情况下，接触广告信息的人数越多，广告到达率越高。

电视、广播、报纸的媒体覆盖域都很广泛，而且是人们日常生活中获得各类信息的主要途径，广告主在这些媒体上投放广告，其到达率是比较高的。但是由于广告过多、过滥和在媒体中随意插播广告及镶嵌行为，导致受众对广告产生厌烦心理而躲避广告，造成广告信息到达受众的比率严重下降。传统媒体的到达率已大幅降低。

（3）并读性

并读性是指同一媒体被更多的人阅读或收看（听）。电视、广播、报纸都是并读性较高的媒体。

一场奥运会比赛的现场直播可吸引全球数十亿的电视观众，其广告信息并读性是相当高的。但随着卫星转播，有线电视的发展以及电视频道的增多，同时 Internet 作为网络媒体的发展以及网络数字电视广播的发展，使得更多的人离开电视屏幕而走向计算机屏幕，这在一定程度上减少了电视观众，降低了电视的并读性。

报纸的并读性也非常高。据估计，报纸的实际读者至少是其发行量的一倍以上。各社会组织订阅的报纸，该组织的全体成员要看；还有不买报，不订报而可以阅读报纸的人。如公共阅报的地方，一份报纸可有许多读者。但由于报纸上的广告不可能占据报纸的重要版面，如果在专门的广告版面发布广告信息，由于广告拥挤，某些广告更难被注意到，因而降低广告的确实到达率，影响广告效果。

广播媒体在其问世初期并读性较强，后来随着电视、录音录像、卡拉 OK 等新型娱乐产品的发展，广播收听人数急剧下降。20 世纪 90 年代，广播节目开始丰富并趋于多样化，收音机趋于小型化，广播媒体由多人收听转变为更多的个人收听，实际并读性下降。

（4）注意率

注意率即广告被注意的程度。

电视广告由于视听形象丰富，传真度高，颜色鲜艳，给消费者留下深刻印象，并易于记忆而注意率最高。但不同电视台，或同一电视台不同时段的广告注意率又有差异。在具体选择媒体时，应结合企业产品的特点和消费对象进行具体分析和选择。

广播媒体的最大优势是范围广泛。有些节目有一定的特定听众，广告主如果选择在自己的广告对象喜欢的节目前后做广告，效果较好，注意率也较高。但广播媒体具有边工作边行动边收听的特点，广告受众的听觉往往是被动的，因而造成广告信息的总体注意率不高。

报纸媒体覆盖域广，但注意率较低。由于报纸版面众多，内容庞杂，读者阅读时倾向于新闻报道及感兴趣的栏目，如果没有预定目标，或者广告本身表现形式不佳，读者往往会忽略，所以报纸广告的注意率极低。

（5）权威性

媒体的权威性对广告效果有很大影响，即“光环效应”。对媒体的选择过程中应注意人们对媒体的认可度。不同的媒体因其级别、受众群体、性质、传播内容等的不同而具有不同的权威性。从媒体本身看，也会因空间和时间的不同而使其权威性有所差异。

比如电视媒体，中央电视台与地方电视台的广告相比，前者比后者具有更明显的权威性。广播、报纸同样如此。

权威性同时是相对的，受专业领域、地区等各种因素的影响。在某一特定领域有权威的报纸，对于该专业之外的读者群就无权威可言，很可能是一堆废纸。

（6）传播性

从现代广告信息的传播角度来分析，广告信息借助于电视媒体，通过各种艺术技巧和形式的表现，使广告具有鲜明的美感，使消费者在美的享受中接受广告信息，因此电视对于消费者的影响高于其他媒体，对人们的感染力最强。

广播是听众“感觉补充型”的传播，听众是否受到广告信息的感染很大程度上取决于收听者当时的注意力。同时，仅靠广播词以及有声响商品自身发出的声音是远远不够的，有的受众更愿意看到真实的商品形态，以便更具体，感性地了解商品。这一点，广播无法做到。

报纸以文字和画面传播广告信息，即使是彩色版，其传真效果和形象表现力也远不如电视、广播，感染力是最差的。

（7）时效性

电视和广播是最适合做时效性强的广告的媒体，报纸次之。电视由于设备等因素制约，时效性不如广播。但在电台发布广告受到节目安排及时间限制。

（8）实时性

从某种意义上讲，三大传统媒体的持久性都不强——实时性强。电视和广播媒体具有易逝性特点。广告信息转瞬即逝，不易保存。因而广告需要重复播出，资金投入巨大。报纸相对而言较好，可以保存，但因报纸是每日更新，也很少有人长期保留。

所以，企业用传统媒体进行网站宣传时，一定要根据传统媒体特点进行广告投放，以获取最佳营销效果。

尽管互联网作为“第四媒体”，其重要性越来越大，但传统媒体的作用仍不可忽视。特别在互联网普及程度还不高的我国，网站推广还是需要借助传统媒体的力量。

2. 常用的利用传统媒体进行网站推广方法和策略

①传统媒体包括报纸、杂志、广播、电视等，在广告中一定要确保展示网站的地址。要将查看网站作为广告的辅助内容，提醒用户浏览网站将获取更多信息。另外，还可以选择在一些定位相对较窄的杂志或贸易期刊上登广告，因为这些杂志具有较强的用户针对性，有时这些广告的定位会更加准确、有效，而且比网络广告更加便宜。不论选择哪种方式，一定要让网址出现在广告中鲜明的位置。

②在网站开办初期，利用传统媒体策划一系列宣传活动，宣传企业形象、发展战略等，在一定的范围内造成影响，对参加活动的人来讲，一般印象会比较深刻。

③如果是一个传统企业新开办的商务网站，可以利用企业的原有资源，如商场、企业联盟等，进行宣传。

④印制宣传品，例如在信纸、名片、宣传册、印刷品等物品印制网址，这种方式看似简单，有时却十分有效。

⑤如果企业具有一定的实力，而且网站具有一定的创意或技术创新，可以使用发布新闻的方式扩大影响。

8.2 搜索引擎营销

小提士

在互联网中，搜索引擎在Web服务中起着重要的作用。因此，基于搜索引擎的营销是网络营销的重要手段，必须给与足够的重视与应用。

SEM是Search Engine Marketing的缩写，中文意思是搜索引擎营销。SEM是一种新的网络营销形式。SEM所做的就是全面而有效地利用搜索引擎来进行网络营销和推广。SEM追求最高的性价比，以最小的投入，获取最大的来自搜索引擎的访问量，并产生商业价值。

8.2.1 搜索引擎营销

1. 什么是搜索引擎

搜索引擎（search engine）是指根据一定的策略、运用特定的计算机程序搜集互联网上的信息，在对信息进行组织和处理后，将其显示给用户。它是为用户提供检索服务的系统。

搜索引擎一般分为以下三类。

第一类为全文搜索引擎，是名副其实的搜索引擎，国外代表有Google，国内有著名的百度搜索。它们从互联网提取各个网站的信息（以网页文字为主），建立起数据库，并能检索与用户查询条件相匹配的记录，然后按一定的排列顺序返回结果。根据搜索结果来源的不同，全文搜索引擎分为两类，一类拥有自己的检索程序（Indexer），俗称“蜘蛛”（Spider）程序或“机器人”（Robot）程序，能自建网页数据库，搜索结果直接从自身的数据库中调用，上面提到的Google和百度就属于此类；另一类是租用其他搜索引擎的数据库，并按自定的格式排列搜索结果，如Lycos搜索引擎。

第二类为目录索引。它虽然有搜索功能，但严格意义上不能称为真正的搜索引擎，只是按目录分类的网站链接列表。用户完全可以按照分类目录找到所需要的信息，不依靠关键词（Keywords）查询。目录索引中最具代表性的莫过于大名鼎鼎的Yahoo、新浪分类目录搜索。

第三类为元搜索引擎（META Search Engine）。它接受用户查询请求后，同时在多个搜索引擎上搜索，并将结果返回给用户。

搜索引擎的工作原理是：每个独立的搜索引擎都有自己的网页抓取程序（Spider）。Spider顺着网页中的超链接连续地抓取网页。被抓取的网页称为网页快照。由于互联网中超链接的应用很普遍，理论上，从一定范围的网页出发，就能搜集到绝大多数网页。

搜索引擎抓到网页后，还要做大量的预处理工作，才能提供检索服务。其中，最重要的就是提取关键词，建立索引文件。其他还包括去除重复网页、分析超链接、计算网页的重要度。

用户输入关键词进行检索，搜索引擎从索引数据库中找到匹配该关键词的网页；为了用户便于判断，除了网页标题和 URL 外，还会提供一段来自网页的摘要以及其他信息。

2. 基于索搜引擎的营销

从 20 世纪 90 年代末开始，互联网上的网站与网页数量飞速增长，网民的兴趣点也从屈指可数的几家综合门户类网站分散到特色各异的中小网站。人们想在互联网上找到各种各样的信息，但由于人工分类编辑网站目录的方法受到时效和收录量的限制，无法满足人们对网上内容的检索需求，于是搜索引擎在 2000 年后开始大行其道。使用蜘蛛程序在互联网上自动抓取海量网页信息，索引并存储到庞大的数据库中，并通过特殊算法将相关性最好的结果瞬间呈现给搜索者，搜索引擎的便捷使其成为互联网最受欢迎的应用之一。以至于有相当多的人将浏览器的默认首页设为搜索引擎，甚至形成将网站名称输入 到搜索框中而非浏览器地址栏这样独特的网络导航习惯。

随着网上社区(SNS)、博客(Blog)、维基百科(Wikipedia) 等如火如荼的发展，网民从单纯的信息获取者演变成信息发布者，人们通过网络分享自己的知识、体验、情感或见闻，使互联网上的内容越来越丰富多彩。例如，按照统计，目前中国网民在“百度知道”平台上的问题解决率高达 97.9%，这些问题涉及科技、社会、文化、商业等各个方面，尤其对于人们的衣食住行等日常生活问题，几乎都能从平台获得满意的答案。

截至 2009 年 7 月的 4 年时间内，中文互动问答平台“百度知道”已经累计为中国网民解决了 5650 多万个问题，成为人们日常生活的最佳互动问答平台。社区内容上的无所不谈使搜索引擎的收录也变得无所不包。人们发现，通过搜索引擎可以找到想要的任何信息，从新闻热点到柴米油盐，从育儿百科到 MBA 课程。信息的便捷获取潜移默化地改变了人们的思考行为。搜索结果页上汇集了整个互联网的智慧，谁不想在苦思冥想前“搜索一下”呢?

随着对搜索引擎的依赖加深，当人们有消费需求或看到感兴趣的商品时，“搜索一下”是已形成的“条件反射”。以前，消费者依靠“货比三家”来对抗“买的没有卖的精”这种与商家之间的信息不对称。现在，通过搜索引擎收集到的产品功能与使用情况弥补了消费者与推广商家间在知情权上的鸿沟，成为消费决策的重要依据。随着电子商务的发展，以前仅限于图书音像和电子产品的网上购物正在向工作、生活的各个层面迅速渗透，服装、食品等日用消费品也逐渐成为网购的宠儿。在这些过程中，不可避免地使用到搜索引擎营销技术。一般的网络营销理论认为，它主要包括以下几种方法。

①竞价排名，顾名思义，就是网站付费后才能被搜索引擎收录，付费越高者，排名越靠前；竞价排名服务，是由客户为自己的网页购买关键字排名，按点击计费的一种服务。客户可以通过调整每次点击付费价格，控制自己在特定关键字搜索结果中的排名；并可以通过设定不同的关键词捕捉到不同类型的的目标访问者。

国内最流行的点击付费搜索引擎有百度、雅虎和 Google。值得一提的是，即使是做了 PPC（Pay Per Click，按照点击收费）付费广告和竞价排名，最好也应该对网站进行搜索引擎优化设计，并将网站登录到各大免费的搜索引擎中。

②购买关键词广告，即在搜索结果页面显示广告内容，实现高级定位投放，用户

可以根据需要更换关键词，相当于在不同页面轮换投放广告。

③搜索引擎优化（SEO），就是通过对网站结构、关键字选择、网站内容规划进行调整和优化，使得网站在搜索结果中靠前。搜索引擎优化（SEO）又包括网站内容优化、关键词优化、外部链接优化、内部链接优化、代码优化、图片优化、搜索引擎登录等。

④PPC（Pay Per Call，按照有效通话收费 ），比如“TMTW 来电付费”，就是根据有效电话的数量进行收费。购买竞价广告也被称作 PPC。

随着搜索引擎算法和服务方式（专业图片、视频搜索引擎）的出现，搜索引擎搜索的内容不断增加。拿 Google 来说，有图片、视频、博客、资讯等，所以针对搜索引擎所做的营销活动，也应该相应地增加内容。过去讲到搜索引擎营销，指的就是竞价排名和 SEO。

8.2.2 竞价排名方法

通过搜索引擎营销目前主要有两大技术：一种是竞价排名；另一种是 SEO，也就是搜索引擎优化。

竞价排名是搜索引擎关键词广告的一种形式，按照付费最高者排名靠前的原则，对购买了同一关键词的网站进行排名的一种方式。竞价排名也是搜索引擎营销的方式之一。美国著名搜索引擎 Overture（2003 年 7 月被雅虎收购）于 2000 年开始首次采用，目前被多个著名搜索引擎采用。中文搜索引擎百度、一搜等都采用了竞价排名的方式。

竞价排名的基本特点是按点击付费，广告出现在搜索结果中（一般是靠前的位置）。如果没有被用户点击，不收取广告费；在同一关键词的广告中，支付每次点击价格最高的广告排列在第一位，其他位置同样按照广告主自己设定的广告点击价格来决定广告的排名位置。

图 8-10 所示是搜狗对化妆品关键字的竞价排名。在搜狗搜索引擎上，对化妆品关键词的查询如图 8-11 所示。

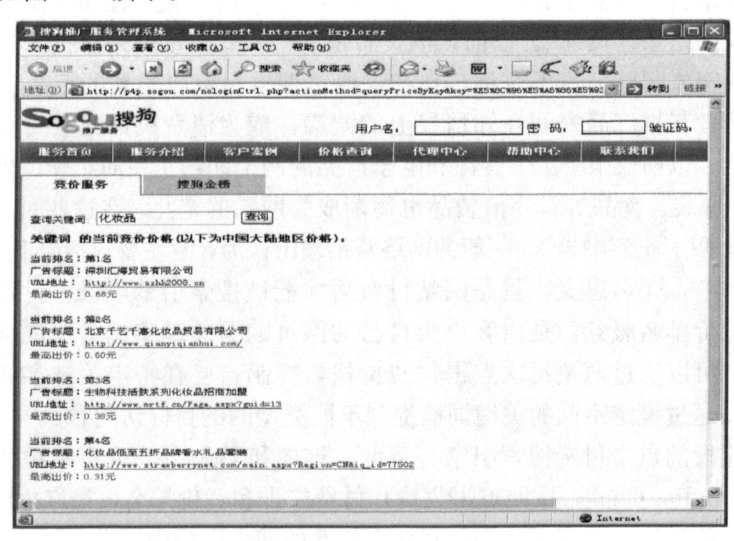

图 8-10　竞价排名界面

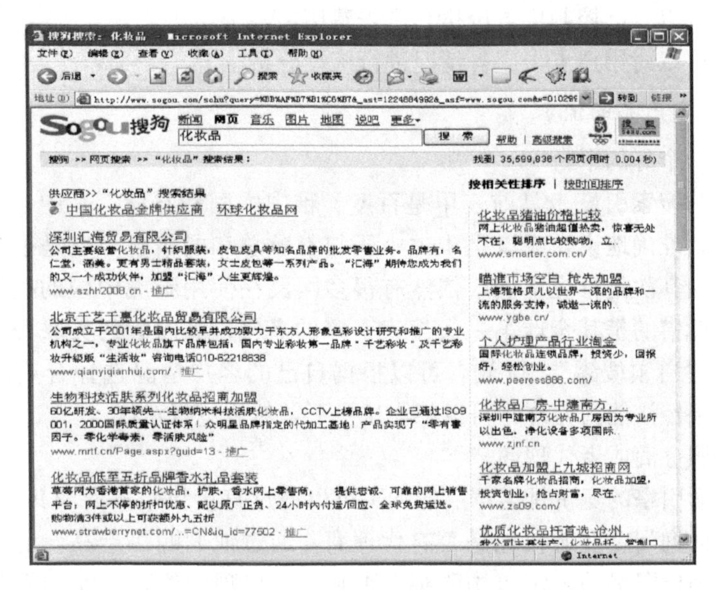

图 8-11　化妆品查询界面

对竞价排名第一的网站的访问，如图 8-12 所示。

图 8-12　对竞价排名第一的网站的访问界面

1. 竞价排名的特点和主要作用

①按效果付费，广告费用相对较低。

②广告出现在搜索结果页面，与用户检索内容高度相关，增加了广告的定位程度。

③竞价广告出现在搜索结果靠前的位置，容易引起用户的关注和点击，因而效果比较显著。

④搜索引擎自然搜索结果排名的推广效果是有限的，尤其对于自然排名效果不好的网站，采用竞价排名可以很好地弥补这种劣势。

⑤广告主可以自己控制广告价格和广告费用。

⑥广告主可以对用户点击广告情况进行统计分析。

2. 竞价排名产品的流程

（1）选择一个好的平台

目前国内的搜索引擎工具前三甲是百度、雅虎中国和谷歌。其中，百度的使用者市场占有最高，准确地说，应该是雅虎中国与谷歌总和的倍数。这是很多企业首选的竞价排名平台。其次是雅虎中国，依然有很多网民在使用雅虎中国的搜索引擎；最后是谷歌，主要凭借的是其全球第一大搜索引擎的名气，其内容的关联程度较高，一直被网民认为是“白领搜索”。投放者可以根据自己的客户情况选择合适的平台投放广告。当然，如果经济能力允许，可以都尝试一下，然后进行对比。

（2）寻找服务商或者代理商

这三大搜索引擎的竞价排名产品的购买可以通过直接找服务商或其分公司来完成；也可以通过电话询问企业所在地是否有代理商，通过他们购买产品。请一定不要通过那些没有产品销售资格的组织机构购买，否则一旦出现纠纷，企业的权益将无法获得保证。

（3）开户费用

竞价排名的产品主要采用的是“预付款扣除”的付费方式。简单地说，就是开设一个账户，企业首先缴纳一定的费用，然后根据每次点击设定的费用，服务商从企业账户中扣除。

（4）自我管理或者委托管理

当开户完成后，服务商或者代理商会交给企业一个管理平台，企业通过管理平台选择所要投放的关键词，并可以看到同一关键词上其他竞争企业设定的点击价格，与之对照来设定自己的点击价格。企业将依靠这个平台来进行搜索引擎竞价工作，包括价格调整、关键词调整、效果分析等。当然，企业也可以委托服务商或者代理商进行平台的管理和运作。

（5）充值和停止服务

当企业账户中的款项即将消耗完毕时，服务商或者代理商会及时提醒企业充值。企业也可以根据效果的判断决定是否继续充值或者终止这项服务。

竞价排名的产品操作起来并不是很复杂，如果企业确实决定购买这项产品，只需要打电话去服务商或者代理商那里，他们会热情地帮助企业办好所有手续，并指导企业使用产品。然而，要想把这项产品用好，发挥其最大的效能，就不那么简单了。这不但需要一定的技巧，而且不注意的话，可能陷入某些误区，给自身造成经济上和精力上的浪费。

3. 在竞价排名中需要注意的技巧和误区

1）对于关键词的选择

可以这么说，竞价排名的产品内容和效果是以关键词为导向的，因此关键词的选择是否合理，影响着整个产品的使用和结果。在关键词选择时，有以下几点因素可以作为参照的标准。

（1）关键词要和自身网站（或者营销）内容相关

过去曾经看到一些网站，为了提高自己的访问量，会选择一些与网站内容无关的关键词，虽然获得了流量，但效果不好，而且增大了点击成本，甚至可能被服务商认为是一种错误行为而受到惩罚。当然，现在已经很少有人这么做了，但在这里还是要提醒一下，企业应该尽量选择和自己网站内容或者营销内容相关的关键词。

（2）把握好关键词的"冷热度"

这就是说，不要选择那些过于热门的词语，因为这会造成在个别词语上的激烈竞争，增大竞价成本；反之，不要选择那些过于冷门的词语，因为营销的目的是让更多的人看到自己，而不是节约营销费用。特别是以企业名称作为关键词竞价，这是没有必要的。曾经有企业每年交给代理商800元钱做谷歌的包年点击（谷歌没有包年的产品），选择的唯一关键词就是地名＋企业名称。结果当然是被骗啦！因为这是一家新企业，基本不会有人输入企业名称，更不用说加上地名了。

（3）多选择一些普通的关键词

对于那些刚刚上线的企业网站来说，搜索引擎的关注度很低，所以自然排名的结果不很理想。企业可以通过对搜索引擎使用者可能输入词语的分析（有专业机构或者工具辅助最好），来提高在更多普通词语搜索结果中的排名，这样既能使自己的网站被搜索引擎尽快关注到，又不会有过多的费用支出。

2）位置的选择

很多企业在选择位置时，总希望能排在前三位或者前五位。研究发现，对于那些搜索引擎的使用者来说，他们往往不会只选择一个网站采集信息和浏览，他们首先会对搜索结果首页的网站内容进行简单的对比，然后多打开几个网站进行对照，尤其是那些商业网站，搜索者对首页网站的点击几率相差不是很大。所以，没有必要一味地要求自己的位置过于靠前。特别是在一些很热门的关键词上，这只会提高竞价成本。建议保持在首页就可以了。

3）价格的设定

前面说过关键词热门程度的把握和位置的选择，其目的就是让企业不至于过多地把精力和财力放在价格的设定上。很多企业为了省事，会对选择的关键词设定一个较高价格，或者是没有来得及即时调整价格，以致出现极大的浪费和损失。因为当产生竞价时，服务商是按照后一位竞价企业给关键词设定的价格为基数，加上最低竞价金额来收费的，所以只要后一位企业恶意操作，就可以提高竞价价格，给前一位企业造成浪费。

4）排名不仅仅靠的是竞价

一直以来，谷歌的竞价排名位置除了按照所出的价格作为参考依据之外，还要根据网站被搜索者关注的程度，也就是说，同样的竞价价格，可能有的网站就会排在前面，这是因为排在前面的网站更受搜索者喜爱。目前百度的排名也引入这个机制。搜索结果首页左侧上方蓝色背景里的排名，不是靠竞价获得的，而主要是依靠网站的被点击率和浏览量。所以，网站的内容值得企业注意。

5）分析和调整

所有的管理后台都可以提供有哪些关键词被点击和点击次数的数据统计，这有利于企业及时调整关键词的设置和价格设置。建议企业给自己的网站装上一个浏览插件，因为有可能管理后台并不能统计出那些没有设置的关键词带来的流量，以及其他搜索引擎使用者是输入哪些关键词来浏览网站的。在运营一段时间后，通过对这些数据的分析，增加或者删减关键词，修改设置的价格，会使得竞价排名产品的效能更好地发挥出来。

8.2.3 搜索引擎优化方法

小贴士

搜索引擎优化英文为 Search Engine Optimization，简称为 SEO。

搜索引擎优化是指遵循搜索引擎的搜索原理，对网站结构、网页文字语言和站点间的交互策略等进行合理规划、部署，以改善网站在搜索引擎的搜索表现，进而增加客户发现并访问网站的可能性的过程。搜索引擎优化是一种科学的发展观和方法论，它随着搜索引擎的发展而发展，同时促进了搜索引擎的发展。

SEO 的主要工作是通过了解各类搜索引擎如何抓取互联网页面、如何进行索引以及如何确定其对某一特定关键词的搜索结果排名等技术，对网页进行相关的优化，使其提高搜索引擎排名，从而提高网站访问量，最终提升网站的销售能力或宣传能力。

1. 影响搜索引擎排名的常见因素

影响排名的常见因素是：服务器因素、网站的内容、title 和 meta 标签、网页的设计细节、URL 路径因素、网站链接结构、关键词密度、反向链接。

（1）服务器因素

①服务器的速度和稳定性。

②服务器所在的地区分布。

对于 Google 而言，不同地区，搜索结果不同，所以根据网站的性质，要合理选择相关地区服务器。比如，如果用户是做外贸的，英文站的服务器最好不要用国内的，因为国外用户打开国内网站的速度超级慢。如果放在美国的服务器上，速度很快，非常有利于用户，也有利于在英文 Google 中获得较好的排名。

（2）网站的内容因素

“网络营销，内容为王”，优秀的内容非常重要。

①网站的内容要丰富。

②网站原创内容要多。

③用文本来表现内容。

（3）title 和 meta 标签因素

title 和 meta 的设计原则为：

①title 和 meta 的长度要控制合理。

②title 和 meta 标签中的关键词密度。

（4）网页的排版

①大标题要用 <h1>。

②关键词用 <b> 加粗。

③图片要加上 alt 注释。

④要小于 100KB，最好能够控制在 40KB 之内。

(5) URL 路径因素

①二级域名比栏目页具备优势。

abc. web. com 比 www. web. com/abc/ 有排名优势。

②栏目页比内页具备优势。

www. web. com/abc/ 比 www. web. com/abc. html 这样的路径有排名优势。

③静态路径比动态路径具备优势。

www. web. com/abc. html 比 www. web. com/adc. asp? =321 这样的路径具备优势。

④英文网站的域名和文件名最好包含关键词。

(6) 网站导航结构

①导航结构要清晰、明了。

②超链接要用文本链接。

③各个页面要有相关链接。

④每个页面的超链接尽量不要超过 100 个。

(7) 关键词密度

一般认为，关键词密度在 3%～5%适宜，不要刻意追求关键字的堆积，否则将触发关键字堆砌过滤器（keyword stuffing filter）处罚的后果。

关键词应在 title、meta、网页大标题、网页文本、图片 alt 注释、超链接、文本内容等地方合理体现，就会非常合理，具体的密度，不需要刻意去追求。

(8) 反向链接因素

①反向链接是指 A 网页上有一个链接指向 B 页，那么 A 页就是 B 页的反向链接。

②反向链接的质量和数量，将影响网站关键词的排名。

2. 常见的 SEO 策略

SEO 技术很重要，不过想要得到非常好的 SEO 效果，SEO 策略比 SEO 技术更加重要。因为 SEO 策略决定着 SEO 的效果。下面简单介绍 SEO 策略。

1) 关键词选择的策略

(1) 门户类网站关键词选择策略

①网站中的每个页面本身都包含的关键词：网站拥有上百万甚至上千万网页，每个网页都包含对应的关键词。合理的 SEO，应突出庞大数量的关键词。

②发掘目前互联网上流行的关键词：看看互联网上最近什么词最热门，这些也是目标关键词。因为很多超级热门的关键词，每一个词一天都可以带来几万的流量。

(2) 商务类网站关键词选择策略

不要简单地追求网站定位的几个热门关键词，核心应该放到两类词上：产品词、产品相关的组合词。比如酒店机票预订行业，如果只排机票预订、酒店预订，带不来多少流量，应该考虑以下这类词：

城市名＋酒店（例如：北京 酒店预订）

城市名＋机票（例如：北京 机票预订）

城市名＋城市名＋机票（例如：北京到广州 机票预订）

（3）企业网站关键词选择策略

不要盲目地把公司名称当作关键词，这些没有多少人用，并且不用进行 SEO，也可以排到前面。企业要根据潜在客户的喜好，选择最适合的关键词。这可以借助相关的工具来挖掘。

（4）借助关键词选择工具

选择关键词最重要的还是要借助相关的关键词选择工具。这里推荐几个工具：

①百度指数：http：//index. baidu. com。

在这里输入关键词，可以知道该关键词每天在百度里面被搜索了多少次。

比如，输入“网站建设”，结果如图 8-13 所示。

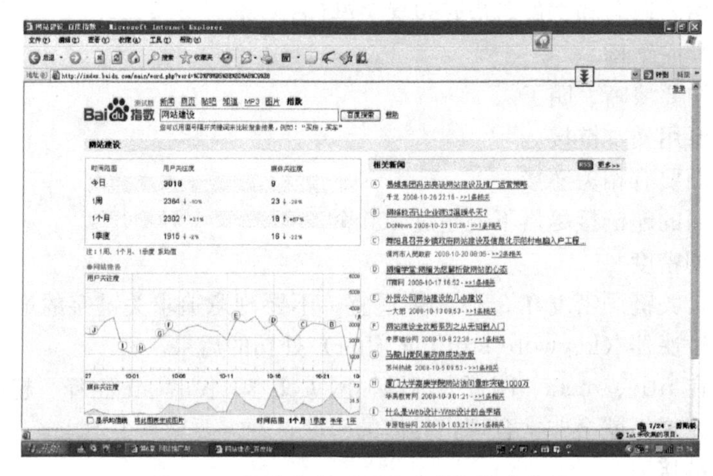

图 8-13　百度指数“网站建设”搜索界面

②Google 关键词工具：https：//adwords. google. cn/select/KeywordToolExternal。

Google 的这个关键词工具是非常棒的，可以检测到相关关键词和这些关键词的竞争程度，界面如图 8-14 所示。

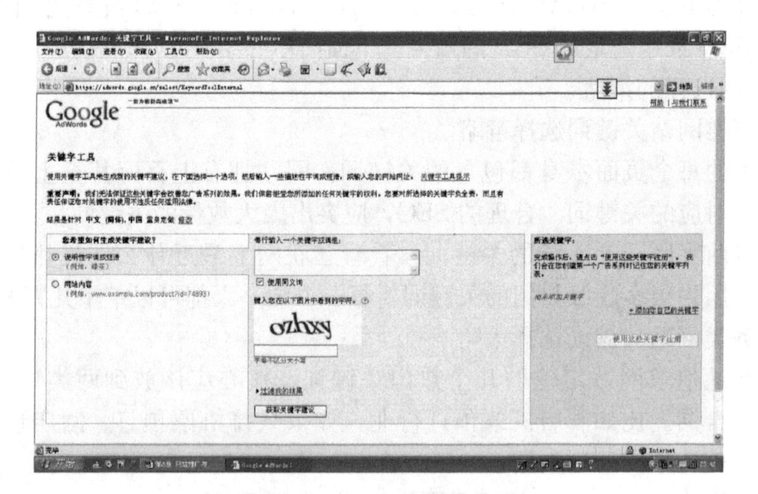

图 8-14　Google 关键词工具

2）网站结构优化策略

关键词选择好了，如果发现网站构架和目前的网页不能按照SEO的标准将关键词合理地进行分布和表现，要采取网站结构优化策略。

门户类网站如果要搞热门关键词排名，就要为这些热门关键词重新制作专题页面。酒店机票预订的网站基本上都是查询式的，几乎没有表现组合词的页面。所以要根据具体情况制定网站结构优化策略。

另外，在结构优化中，还会涉及网站的超链接结构等方面的基础SEO策略。一个网站要想优化好，需要基础网站结构优化策略加创造型的结构策略。

如果是创造型地增加栏目，肯定不能让搜索引擎认为是单纯为SEO做的，应该可以和其他营销策略结合。比如联盟策略、人性化优化策略等。

3）SEO的执行策略

它需要根据网站的技术团队和营销团队的实际情况来制定。这时需要站到项目管理的角度来规划，制定出一个合理的计划，长期地执行下去。不能只是为了排名而去做SEO，应从网站策划、网站运营、网络营销的角度去做SEO。

3. 搜索引擎优化的优点与不足

搜索引擎优化推广的优点如下所述：

①自然搜索结果在受关注度上要比搜索广告更占上风。这是由于和竞价广告相比，大多数用户更青睐于那些自然的搜索结果。

②建立外部链接，让更多站点指向自己的网站，是搜索引擎优化的一个关键因素。这些链接本身在为网站带来排名提升，从而带来访问量的同时，可以显著提升网站的访问量，并将这一优势保持相当长时间。

③能够为客户带来更高的投资收益回报。

④网站内容的良好优化，可改善网站对产品的销售力或宣传力度。

⑤完全免费的访问量，永远是每个网站的最爱。

搜索引擎优化的不足如下所述：

①搜索引擎对自然结果的排名算法并非一成不变，一旦发生变化，会使一些网站不可避免地受到影响。因而，SEO存在效果上不够稳定，而且无法预知排名和访问量的缺点。

②由于不但要寻找相关的外部链接，还要对网站从结构乃至内容上精雕细琢（有时需做较大改动），来改善网站对关键词的相关性及设计结构的合理性；而且无法立见成效，要想享受到优化带来的收益，可能需要等上几个月的时间。

③搜索引擎优化最初以低成本优势吸引人们的眼球，但随着搜索引擎对其排名系统的不断改进，优化成本愈来愈高，这一点在热门关键词上表现最为明显。像“起重机”、“挖掘机”这样的普通关键词，每天至少要高于500次的搜索量，一年下来要花费不少的成本。

如果公司的经济状况能够负担竞价的广告开销，那么竞价广告可以其见效奇快而被列为首选。对于广告预算比较受限的公司，可把搜索引擎优化作为搜索引擎营销的首选。

案例　紫禁城房地产公司网站推广

通过搜索引擎推广公司网站有两种常用手段：第一是将公司网站主动提交给搜索引擎，由搜索引擎推广；第二是通过主题词的竞价排名，在搜索引擎中使该主题词的排名靠前，以获得访问量，达到网站推广的目的。但对于此项服务，搜索引擎商一般都委托给当地的代理商来完成，搜索引擎商一般不直接面向网站。所以，本案例只介绍第一种方法的使用。

图 8-15 所示是紫禁城房地产公司的网站主页。

图 8-15　紫禁城房地产公司主页

1. 通过谷歌搜索引擎进行公司网站的推广

①Google 提交网站的地址是 http：//www. google. com/addurl. html，如图 8-16 所示。

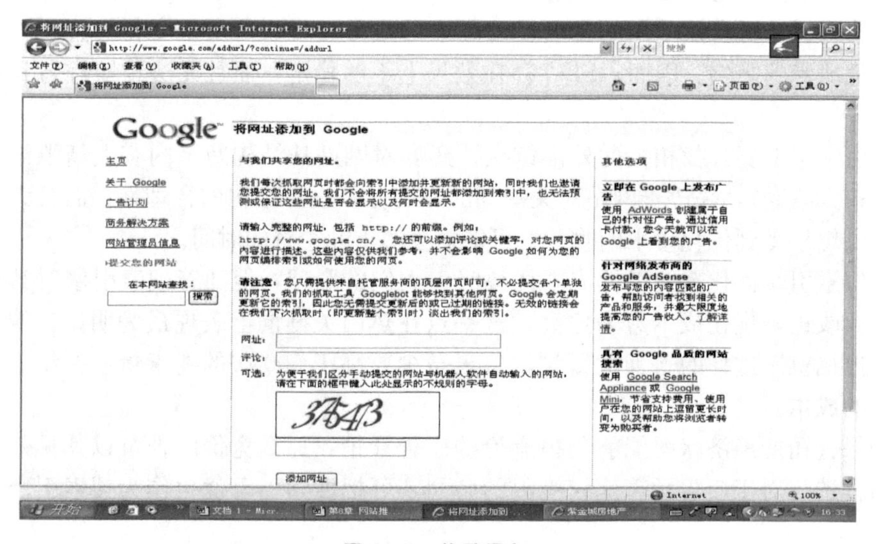

图 8-16　谷歌添加

②将紫禁城网站的域名和主题说明填入相应的文本框，如图 8-17 所示。

图 8-17　填入域名和说明

③提交成功界面，如图 8-18 所示。

图 8-18　提交成功

2. 通过百度搜索引擎进行公司网站推广

①百度注册网站的网址为 http：//www.baidu.com/search/url_submit.html，如图 8-19 所示。

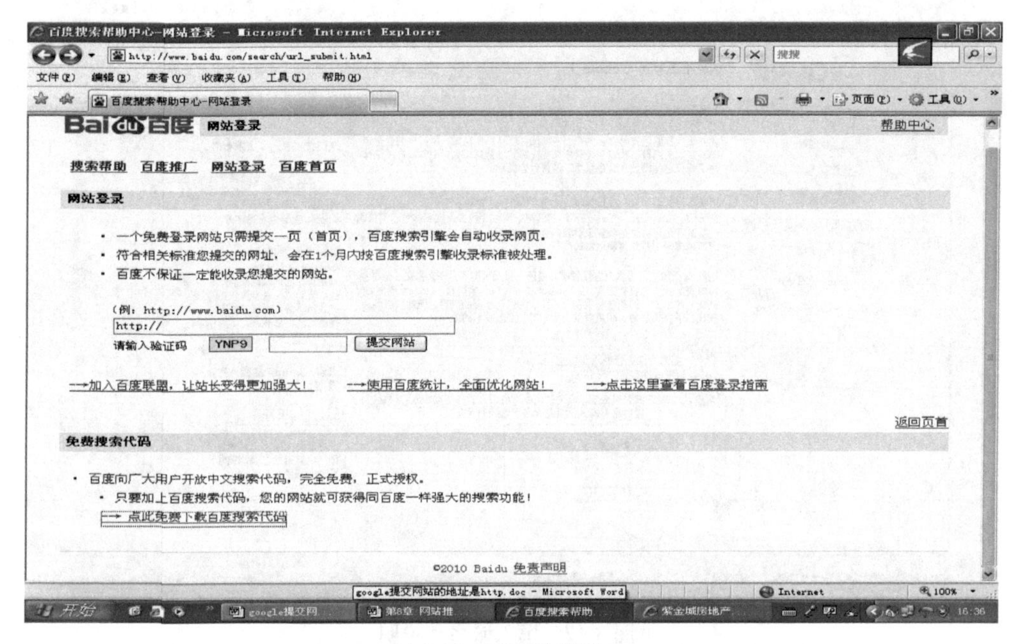

图 8-19　百度注册网址

②在输入文本框内填入域名，如图 8-20 所示。

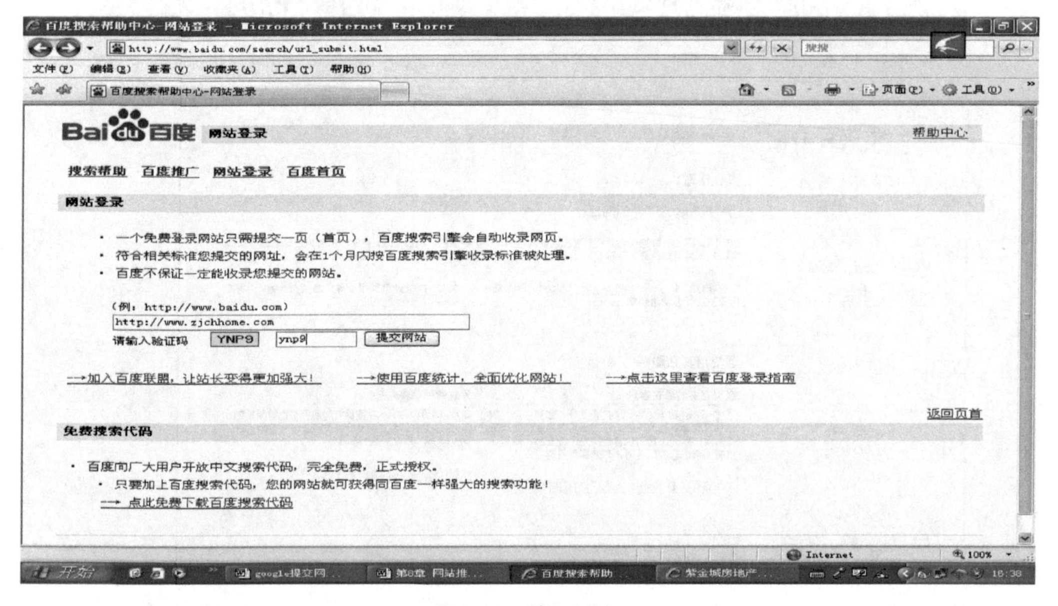

图 8-20　填入域名

③单击提交网址。提交成功界面如图 8-21 所示。

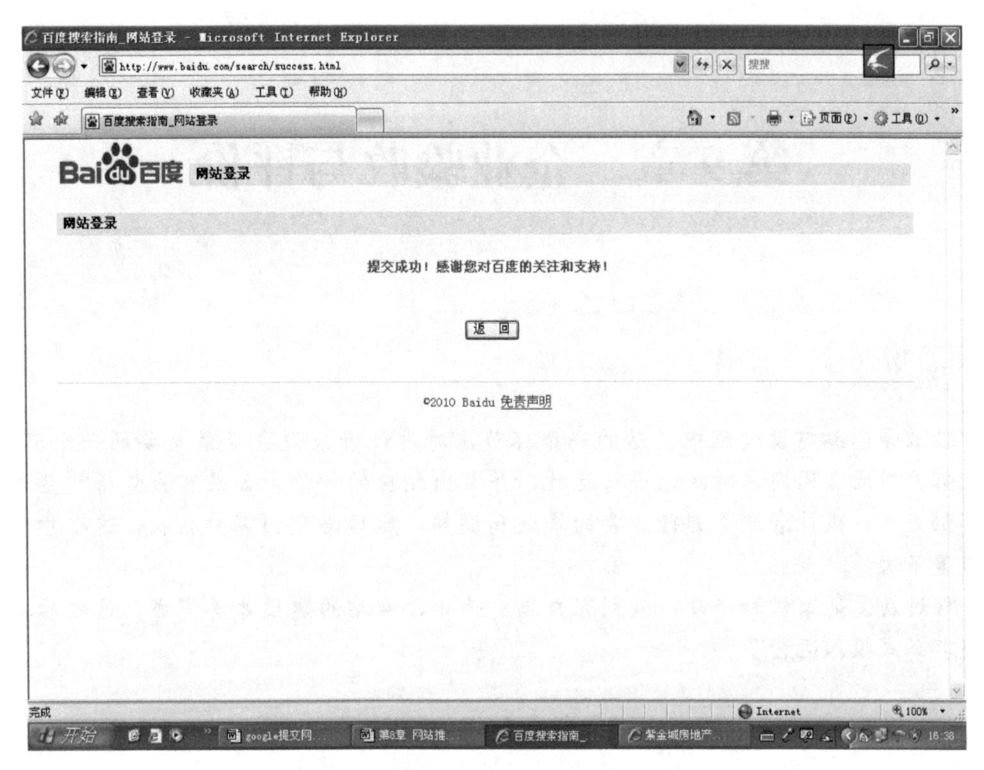

图 8-21 提交成功界面

本章小结

本章主要介绍网站推广的常用方法，重点介绍了基于搜索引擎的推广方法，同时讲解提高搜索引擎排名的常用方法——竞价排名和搜索引擎优化技术。通过学习，希望读者掌握搜索引擎的推广方法，理解其他常用方法和使用的工具，并能在网站推广中自觉应用。

实践课堂

1. 在搜狗中，查看一个关键词的竞价排名。
2. 观察一个商业网站，看它是如何进行搜索引擎优化的。
3. 在常见搜索引擎中，找到网站注册页面。
4. 制定一个使用微信公众平台进行网站推广的方案。
5. 写一篇博客，对一个网站进行推广。

家庭作业

1. 通过自学，理解如何在百度中进行竞价排名。
2. 搜索排名前 5 名的搜索引擎。

第 9 章　企业验收与评价

本章导读

验收是网站建设过程中最后的一个环节，对设计者来说也是最重要的一个环节。企业客户对比合同内容对网站进行验收，并做出相应的评价。如果客户觉得哪些方面还不够完善，设计者就要进行必要的修改和调整，然后再交由客户验收，这个步骤可能重复多次。

经过反复地审核和修改，直到客户满意为止，网站的建设才算完成，这之后就可以将其正式投入运营了。

9.1　企业验收

网站建设完成后，企业客户要对其验收。在实际验收工作之前，企业客户根据合同规定的内容制定相应的验收标准，然后参考这个标准对网站进行验收。

1. 验收内容

网站的验收一般包括两大部分：设备验收和设计验收。

设备验收主要是对硬件设备进行审核，比如对服务器和网络接入设备等的审核。

设计验收是对网站的软件部分进行审核，主要检查设计者是否根据合同的要求完成了对网站设计。

在验收完这两部分后，企业客户要根据实际情况撰写验收报告，然后交由上级部门和相关技术部门，由他们给出最终的评价报告。

2. 验收顺序

企业验收时的工作流程如图 9-1 所示。

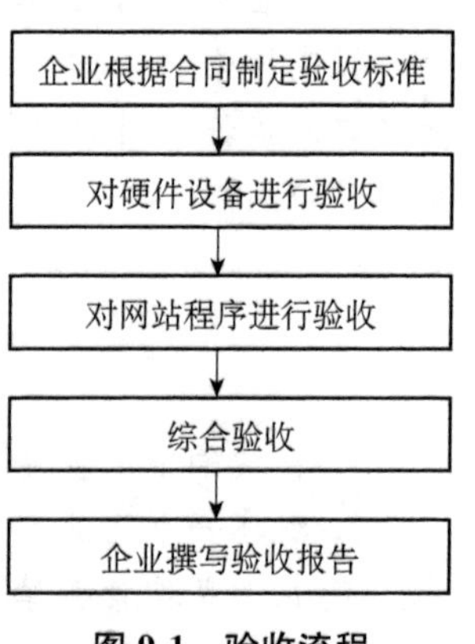

图 9-1　验收流程

9.1.1　验收标准

验收是网站建设的最后一个过程，验收合格即表示网站建设完成。为了能够正确、合理地进行验收，需要根据合同所述的内容，制定网站验收标准。

由于网站规模大小、使用性质、设计要求等内容的不同，验收标准不完全一样，但一般应包含下述项目。其中，硬件部分根据实际情况可以分成一个单独的建设项目进行验收，也可以与软件部分合并在一起验收。

小贴士

由于网站规模大小的不同，有可能将硬件部分与软件部分分别招标，这样就需要分别单独验收。

下面介绍主要的验收标准项。

1. 项目描述

项目描述也称为前言，对验收标准进行概要性说明，用比较简练的语言说明本文档编写的目的，同时指出标准的执行者和预期读者。

2. 术语和定义

对标准中用到的一些专业术语进行定义和解释说明，并指出一些缩写的含义。

3. 服务器

对网站建设中需要用到的服务器进行验收标准的说明，包括设备到货、拆箱、安装调试和使用等各阶段。在验收时，要按照合同规定的型号、规格和配置对服务器进行检查，登记在专用的表格中，并由验收人员签字。有些中小项目在建站时不需要购买服务器，因此在制定标准时可以忽略本项内容。

4. 其他硬件设备

除了服务器外，在网站建设中还会用到其他硬件设备（比如磁盘阵列、防火墙、交换机等），本项是对这些设备进行验收标准的说明。这些设备的规格型号在合同制定时就应该确定。本项的验收方式与服务器相同，在验收完成后要填写记录单并有专人签字。有时为了简便，在其他硬件设备较少的情况下，可以将其与服务器验收放在一起进行。有些项目中不需要使用这些设备，因此在制定标准时本项内容可以忽略。

5. 网络接入

对属于本项目中的网络接入服务进行验收标准的说明，主要检验连通性、速率、延时和并发性等项。

网络接入的测试方法有很多，最简单的可以使用操作系统中自带的“ping”命令进行测试。该命令可以测试出服务器访问外部网络时的平均延时和连接率（丢包率）。如果需要更详细的内容，还可以使用专用的网速测试工具，比如 ByteOMeter 等。除此之外，还应该使用分布在外部网络中的多台客户机，以超文本浏览（HTTP）和文件传输（FTP）的方式访问服务器，以测试服务器的并发性和连通效果，这可以和服务器验收一同进行。对于不包括网络接入服务的建站项目，在标准制定时可以忽略本项内容。

6. 域名

当网站建设完成并对外发布后，用户需要使用域名访问网站，本项说明对域名的验收标准，包括域名名称是否适合，以及通过域名是否能正确访问服务器。

域名作为网站的唯一有效访问地址，在网站中具有非常重要的地位，可以与企业名称相提并论。如果域名没有选好，会影响网站的访问率，因此企业一般都使用简单好记并且有意义的名称作为企业域名。当网站的域名申请成功并将其与服务器的 IP 地址相关联后，验收人员还应该检测域名是否能够正常工作。最简单的测试方法就是在外网中找一台客户机，通过域名访问网站服务器。

7. 网站结构设计

说明网站结构设计中的一些标准，包括栏目设计、导航设计和网页层级分布设计等内容。栏目是指网站中对不同的内容或功能的分类，可以有不同的划分标准和不同的级别。栏目中还可以包含子栏目，各个级别的栏目共同组成网站。栏目设计就是对网站中的内容和功能进行划分，明确每个栏目的内容、级别和数量。

（1）验收标准

①栏目的内容或功能定位清晰。

②栏目的设置应该重点突出。

③栏目的分级合理，有明确的划分标准。

④栏目的名称设定准确、直观，清楚地表达出栏目的定位及其功能。

（2）导航

导航的功能是引导用户在网站中各个栏目和页面间跳转，包括站内导航和站外导航两种。站内导航主要是对网站内部不同的栏目和页面进行访问引导，它与网站的实用性和易用性有紧密的联系，其基本要求如下：

①应该在各页面的固定位置设置风格统一、使用简便的导航栏。

②导航栏上的文字应该准确、直观、易识别，并且层次清晰。

③在比较复杂的大中型网站中，应该配有详尽的网站地图供用户查询。

站外导航的主要功能是提供与网站业务相关的其他网站的导航，应该符合链接地址正确、链接文字准确、导航方式简洁直观等特点。

（3）网页层级分布设计

网站中包含网站首页、栏目首页、功能页等具有不同层级的大量页面。不同层级的页面承担着不同的功能，具有不同的特点。如果一个网站的层级分布十分混乱，将会影响用户对网站内容的查找和对功能的使用，进而影响浏览兴趣。因此，网页层级分布设计在网站设计中占有很重要的地位。一般网站只设置一个唯一的入口，即首页，但有时为了方便管理，可以设计多个入口（但数量要少），比如一个是普通用户访问的首页，另一个是管理员访问的首页。除此之外，还应符合以下条件：

①网站页面层级丰富、有序，其分布设计主要以树型结构为主。

②所有页面都应该可以互相连接，禁止出现孤页。

③网站层级深度适度，便于用户在较短的时间内找到所需要的内容或功能。

8. 页面表现设计

本项目说明网站表现设计的验收标准。网站的表现形式包括页面布局、效果和语言等多方面内容，它应该具有一定的特色，在设计上体现网站的主题思想，尽量为用户考虑，从易用性和人性化的角度出发设计网站。

页面布局设计是指网页内容在页面上所处位置的设计，主要设计标准如下所述：

①各层级页面布局应该与要显示的内容协调统一，并且突出重点内容，便于浏览。

②各层级页面布局风格应该协调统一，并应当包含相应的功能设置，便于使用。

③各层级页面附加功能区的布局应该相对固定。

网页效果设计是指网页内容的显示效果设计，主要标准如下所述：

①各层级页面色彩风格统一，主色调一致，能体现网站特色。

②各层级页面字体、字号协调一致，不能或大或小，可向用户提供字号选择的功能。

③页面整齐，不变形，不出现表格错位、文字错行的情况。

④根据实际需求，使用图片、动画、视频、音频等多种表现形式。

⑤图片、Flash等元素设置适度，页面应以主题内容为显示重点。

⑥各层级页面均应该包含统一的网站标志（Logo）图案或文字。

有些网站根据实际需求，需要提供多语种支持，其验收标准是：各语种版本之间风格、主色调协调一致，布局设计合理，尤其重要的是文字翻译准确，内容表达无误。

9. 网站标识设计

本项说明网站标识设计的验收标准。一个成熟的网站应有其自己的标识系统，主要包括中英文网站名称、网站标志、网站宣传语等要素。

除了域名外，还应该有与网站相对应的中英文站名，其命名特点是突出网站性质，简洁易记。当用户因某种原因忘记网站域名时，可以通过查找站名访问网站。在网站的首页和重要页面中，应在明显的位置上显示网站的域名和站名。

网站标志（即Logo）是网站的图形标记，应符合下列设计要求：

①在各级页面中，网站标志统一，尺寸、位置设置适当，不影响内容的显示。

②网站标志的色调和形象应能够很好地体现网站的性质。

③网站标志形象独特、美观，简单易记，与网站名称或域名联系紧密。

为了更好地宣传网站，使用户了解网站，一般可以根据实际情况使用网站宣传语。网站宣传语一般包括网站的形象宣传语和针对特定服务或活动的宣传语。网站宣传语应符合以下要求：

①拥有统一的网站形象宣传语，并放置在页面（尤其是首页）的显著位置。

②根据不同时期的服务重点设计相应的服务或活动宣传语，并及时更换。

③网站形象宣传语要简洁易记，宣传意图清晰，符合国家的法律法规。

10. 网站功能设计

本项是说明网站功能设计的验收标准，它是最重要的验收项目之一。由于网站大小、性质不同，因此网站具有的功能也不相同，但应该包括用户注册、身份鉴别、用户管理、信息检索、信息发布、信息管理、意见反馈和联系方式等功能。在网站设计时应注意以下几点：

①网站功能设计应紧密结合网站内容和性质，功能设置合理，不要出现过多的无关紧要的功能。

②不同的功能应放置在不同层级的页面中。

③功能设计准确、简单，用户可以方便、快捷地完成相应的操作。

④功能设计灵活、丰富，提供智能化、人性化的服务。

11. 网站内容建设

本项是网站内容建设验收标准的说明，没有内容的网站建设是没有意义的。用户访问网站的最终目的是获取网站中的信息内容，因此即使网站设计得非常漂亮，如果缺乏内容的支持，用户也会逐渐失去对网站访问的兴趣。由此可见，网站内容的建设非常关键。但是由于信息的增长性和时效性，决定了网站内容在建站时不可能全部添加好，在后续的运行时还会向网站增加大量内容，因此在验收时只能对当前内容进行检验，并给出增加新内容时的指导性建议。网站内容建设应遵循内容的全面性、完整性、准确性和时效性等原则，建立信息内容的发布、浏览、查询和管理平台，以及信息互动平台。

12. 网站测试

本项说明网站测试的验收标准。网站测试是检测网站功能是否正确的重要方法，在网站设计之初，就应该设计好测试用例，然后在测试阶段使用这些用例对网站进行检测。网站验收时，应该先对测试用例进行检查，查看其设计是否合理，是否能够完全、正确地应用于被测试网站，是否覆盖了网站的全部功能；然后，对网站测试的方法进行验收，检查在测试过程中是否严格按照测试用例进行测试；最后，对测试结果进行验收，检查相关的测试文档是否齐全，以及是否填写正确。

13. 管理机制

本项说明网站管理机制的验收标准。除了在网站中可以显示的功能外，网站建设还应该包括人员培训和安全管理等方面的内容。人员培训是网站建设完成之后，开发者对企业客户的相关人员进行的专业培训，目的是让其掌握网站安装、调试、简单排错和管理等操作方法，以便在网站正式使用时对其进行维护和管理。由于网络安全问题无法彻底解决，且安全事件频繁发生，因此网站及其内容的安全问题至关重要，除了增加相应的安全设备和软件外，还应对网站维护管理人员进行安全问题的相关培训，并建立数据备份、信息审核等安全机制。

14. 参考标准

本项列出了制定网站验收标准时参考的各种文献，包括国际标准（ISO等）、国内标准（GB或GB/T）以及一些实际案例。

下面根据这些标准验收项目，结合前面几章所讲的网站实例，给出一份验收标准文档的实例，如图9-2所示。

紫禁城房地产网站验收标准

2013-7-15

文件编号：YS0801-1

目录（省略）

1　前言

本文档为紫禁城房地产公司网站验收标准，紫禁城房地产公司将根据本标准对网站进行验收。本标准最终解释权归紫禁城房地产公司所有。

图9-2　紫禁城房地产公司网站验收标准实例

2　术语和定义

下列术语和定义适用于本标准。

2.1　房地产网站

房地产网站是指通过网络向用户提供房地产相关服务的网站平台，主要包括房地产信息查询、买房卖房信息分布和网上交易等功能。它是想进行房地产交易的用户获取信息的重要渠道。

2.2　栏目

栏目是指网站各个频道中对不同的内容或功能进行的分类，可以有不同的划分标准和不同的级别，各个级别的栏目共同构成网站的频道。

2.3　信息互动

信息互动是指通过电子邮件、留言板等网络手段与用户建立的互动关系。

2.4　网站导航菜单

网站导航菜单是对网站整体结构所做的导航，其应包括网站所有固定栏目，并以链接的形式帮助用户快速进入到所需位置。

2.5　Web 服务

Web 服务即网站服务，或称网页服务。

2.6　HTTP

HTTP 是英文超文本传输协议的简称，它主要是通过浏览器对网站中的超文本文件和其他相关文件进行访问的方式。

2.7　FTP

FTP 是英文文件传输协议的简称，它以文件为单位进行文件的上传和下载操作。

2.8　Logo

Logo 是以图形化方式显示的网站标志或徽标，它是网站形象的重要体现。

3　服务器

3.1　到货验收

1）清点数量并检验型号是否与合同所述一致。

2）填写记录单，由验收人员签字确认。

3.2　拆箱验收

1）根据“设备清单”核对服务器的规格、型号和其他资料是否齐备。

2）开机加电后，服务器应能够正常启动。

3）操作系统、Web 服务软件和数据库软件已安装好，并能够正常工作。

4）填写接收单，由验收人员签字确认。

4　其他设备

4.1　服务器机柜

1）高度合适，能够放置全部网站用服务器。

2）提供高质量的外接电源连接全部上柜服务器。

3）机柜质量较高，提供防盗等功能。

4.2　不间断电源

当外部电力供应中断时，及时提供不小于 2 小时的备用电力。

5　网络接入

1）网络访问速率稳定，平均延时较低，符合合同规定。

2）能够正常使用 HTTP 和 FTP 对服务器进行访问。

6　域名

1）域名名称符合合同要求。

图 9-2（续）

2）使用域名能正确访问网站，并能够获取相应资源。

7　网站结构设计

7.1　栏目设计

栏目设计应符合以下要求：

1）内容和功能定位清晰，重点栏目突出。

2）分级合理，有明确的划分标准。

3）名称设定准确、直观，清楚地表达出栏目的定位及其功能。

7.2　导航设计

7.2.1　内部导航

网站的操作性和易用性，与网站内部不同栏目及不同层级间网页的联通方式具有紧密的联系。内部导航应符合以下要求：

1）各栏目和各层级间，内部导航的位置固定，风格统一。

2）内部导航栏上的文字准确、直观、易识别，层次清晰，操作简便。

7.2.2　外部导航

外部导航提供与网站业务相关的其他网站的导航，其应符合以下特点：

1）链接地址正确，链接文字准确，导航方式简洁、直观。

2）应提房地产新闻行业、业内权威组织和政府职能部门的导航。

7.3　网页层级分布设计

网页具有不同的层级，不同的层级页面担负着不同的功能，具有不同的特点。网页层级分布设计应符合以下要求：

1）网站有唯一的一个入口（首页）。

2）网站页面层级丰富、有序，其分布设计主要以树型结构为主。

3）所有页面都应该可以互相连接，禁止出现孤页。

4）网站层级深度不得超过5层。

8　页面表现设计

8.1　页面布局设计

页面布局设计应符合以下要求：

1）各层级页面布局应该与要显示的内容协调统一，并且突出重点内容，便于浏览。

2）各层级页面布局风格应该协调统一，并应当包含相应的功能设置，便于使用。

3）各层级页面附加功能区的布局应该相对固定。

4）从易用性和人性化的角度出发，设计相关页面。

8.2　页面效果设计

页面效果设计应符合以下要求：

1）各层级页面色彩风格统一，主色调一致，且与企业性质密切相关。

2）各层级页面字体、字号协调一致。

3）页面整齐，不出现表格错位、文字错行的情况。

4）图片等元素设置适度，以文字为主要显示对象。

5）各层级页面均应该包含统一的Logo图案。

6）页面效果要尽量体现房地产网站的特色。

9　网站标识设计

9.1　网站名称

网站中文名称与企业名称相同，即紫禁城房地产公司。

图9-2（续）

9.2 Logo

Logo 是网站形象的重要体现，其应符合下列要求：

1）各层级页面中 Logo 形象统一，尺寸、位置适当。

2）色调、形象应体现网站性质，并能够被大众所接受。

3）网站标志形象独特、美观，简单易记，与网站名称或域名联系紧密。

10 网站功能设计

网站的功能设计是网站建设中最重要的部分。根据房地产公司的行业性质，网站应包括以下主要功能：

1）用户注册和管理功能。

2）新闻和消息的发布、浏览和管理等功能。

3）买房、卖房、出租、租赁等信息的浏览、发布、审核和管理功能。

4）对买房、卖房、出租和租赁等信息执行多条件复杂查询功能。

5）用户意见反馈功能。

11 网站内容建设

根据合同所述，在网站正式开通后，由紫禁城房地产公司负责添加网站中的信息内容，但开发方应在建设时做好以下工作：

1）建立良好的信息发布平台。

2）建立良好的信息浏览和查询机制。

3）建立方便、快捷的信息互动平台。

12 网站测试

1）测试用例制定完善，测试计划全面。

2）测试工具适当，测试过程正确。

3）测试结果符合要求，测试文档齐备。

13 网站管理机制

1）企业内部应有相应部门负责网站管理工作，包括信息的收集、分布、审核、更新和网站日常维护等工作，确定一名主管领导负责网站建设和管理。这些人员应进行相关的培训。

2）制定严格的信息存档备份机制，并指定专人负责；建立应急预案和应急响应制度，以保证在紧急情况下，最快地恢复网站的数据和服务。

3）网站安全管理应符合 ISO/IEC TR 13335：信息技术安全管理指导的规定。

4）对网站中涉及到用户个人隐私的信息，进行有效保护。

14 参考标准

本文在制定时参考以下标准和文件：

1）GB/T16260—1996 信息技术、软件产品评价、质量特性及其使用指南。

2）××住宿资讯网站验收标准。

3）××省政府门户网站子网站验收标准。

4）××学校网站验收标准。

图 9-2（续）

9.1.2 设备验收

由于网站规模大小的不同，以及规划设计的不同，网站建设中采用的硬件设备也不相同。对于一些中小规模的企业，为了减少建设成本，可以采用租用网站空间的方法。这样做，省略了设备验收的步骤。但是这种方法较低的性价比（每年花费几千元租金租用几百兆的数据空间）和较差的扩展性（如果数据空间需要扩展，要付出更多的租金）严重限制了企业网站的发展，因此对于一些大中型企业，或资金较富裕的中小型企业，最好采用服务器托管方式或自购服务器方式。

服务器托管方式是将服务器以托管的形式存放在专业的网络公司内，由其负责服务器的放置、连接和安全等，企业只需要对服务器中的内容进行维护即可。

自购服务器方式是将服务器放置在企业内部，通过企业内部网络与 Internet 相连接，并指派企业内的专业人员对服务器进行安全保护和数据维护等工作。这种方式一般为那些比较有技术实力的企业所采用。

小贴士

中、小规模网站或个人网站一般采用租用网站空间的方法；有一定资金，但维护技术力量比较差的公司一般采用服务器托管方式；而对于资金充裕，维护技术力量雄厚的公司，可以采用自购服务器的方式。

不论采用哪种方式，网站建设中都会包括硬件设备的采购、安装、调试和维护等工作。为了更好地了解和维护设备，以及更好地配合开发公司完成网站建设，企业客户在各个阶段都应该根据合同所述对设备进行必要的验收。

1. 到货验收

硬件设备陆续送到后，不要急于拆箱，应该及时清点，以记件的方式妥善保管，并填写设备到货登记表。图 9-3 所示是一个登记表的实例，其中需要签字的位置（接收人签字和负责人签字）必须要手工填写才有效。

紫禁城房地产公司网站设备到货登记表

登记日期：2013-8-15　　　　文件编号：DH08071501

序号	设备名称及型号	数量	接收人签字	备注
1	Web 服务器（Dell 2950）	1 台		只含主机
2	数据库服务器（Dell 1950）	2 台		只含主机
3	服务器机柜	1 个		包括外接电源、显示切换器、显示器、键盘和鼠标各 1 个
4	不间断电源（APC）	1 台		
5	不间断电源电池	8 块		含电池柜 1 个

负责人（签字）：________

图 9-3　设备到货登记表

2. 拆箱验收

到货验收完毕后，企业客户在开发方负责人员在场的情况下，共同进行设备的拆箱验收。在此过程中，要严格按照“设备清单”上的名称、型号、设备序列号等内容与实物一一对照，并通电测试，检查设备内置的配置情况，然后详细填写设备接收单。图 9-4 所示为一个设备接收单的实例，其中需要签字的位置（负责人签字）必须要手工填写才有效，并且应该由企业客户和开发方负责人分别签字。

紫禁城房地产公司网站设备接收单

登记日期：2013-8-15　　　　文件编号：JS08071501

设备名称	厂商、规格型号	描述	序列号	数量	附件及资料是否齐全	加电是否正常	内置配置是否正确	财产编号
Web 服务器	Dell PowerEdge 2950	Xeon3.0 G * 2/2G/3 * 146GB	D34N41X	1 台	是	是	是	07101507-01
数据库与备份服务器	Dell PowerEdge 1950	Xeon1.6G * 2/1GB/73GB	H84N41X	2 台	是	是	是	07101507-02/03
服务器机柜	龙泽 LZ22-6624	24U 机柜	N/A	1 个	是	是	N/A	07101508-01
不间断电源	APC Smart 2200UX	带有 8 块 12V 电池	N/A	1 台	是	是	是	07101508-02

企业负责人（签字）：________　　　　开发方负责人（签字）：________

图 9-4　设备接收单

上述两项验收工作应该在硬件设备运到后就开始，以确保验收信息的实时性。设备验收无误并安装完毕后，企业客户就可以让开发方将网站程序安装在服务器中，然后进行相关的调试和测试工作。

3. 网络接入验收

网络的接入有多种方式，主要有拨号接入方式、专线接入方式和无线接入方式等。企业客户根据经济能力和网站实际的访问水平来选择接入方式。线路架设完成后，会同开发方一同对其验收。图 9-5 所示为网站接入验收单的实例。

该文件从 5 个部分对网络接入进行验收。

①基本信息：描述网站接入的基本信息，应包括接入方式和线路速率。

②服务器 IP 地址/域名分配表：描述相关硬件设备（尤其是服务器）使用的 IP 地址和域名信息。

③Ping 命令测试：描述从服务器上使用 Ping 命令分别对网关、DNS、国内网站和国外网站进行连通性测试的信息，主要评测项目为平均丢包率和平均耗时。为了使测试结果更准确，应该对每个目标机在不同的时间段内进行多次测试。

④外网访问服务器测试：描述从外网中不同的客户计算机上，分别使用 HTTP 方式和 FTP 方式访问服务器的测试信息，评测项目主要是平均耗时。

⑤验收日期与验收签字。这里需要注意，签字的位置一定要手工填写才有效。

9.1.3　设计验收

由于网站的各项设计将直接面对用户，并为用户提供良好的服务，因此这些设计对网站的建设有着较大的影响，是验收工作中的重点内容。每个网站由于性质不同，在设计上有较大的差别，因此设计验收要根据合同规定的内容对网站中的每项设计进行检验。除此之外，在验收最后，还要对网站进行综合验收，最后将验收结果填写在验收表中，并由验收负责人手工签字认可。

紫禁城房地产公司网站接入验收单

文件编号：YS0801-7

基本信息

接入方式：	专线接入	租用线路速率：	10M

服务器 IP 地址/域名分配表

服务器名称	IP 地址	域名
Web 服务器	210.82.xx.xx	www.zjchhome.com
数据库服务器	210.82.xx.xx	N/A
备份服务器	210.82.xx.xx	N/A

Ping 命令测试

目的 IP/域名	平均丢包率（%）	平均耗时
（网关）	0	1ms
210.82.xx.xx（DNS）	0	2ms
www.baidu.com（国内网站）	0	7ms
www.google.com（国外网站）	0	55ms

*注：ping 命令测试中每项做 4 组测试，每组发送 10 个测试数据包，数据包大小为 64 字节。

外网访问服务器测试表

访问方式	平均耗时（单位：秒）	备注
HTTP	3	浏览首页
FTP	10	上传操作，测试文件大小为 1M

*注：本测试中每项进行 3 组测试，每组在不同的时间段内，从位置不同的 3 台客户计算机上进行测试。

验收日期：2013-9-5

企业负责人（签字）：________　　开发方负责人（签字）：________

图 9-5　紫禁城房地产公司网站接入验收单实例

设计验收的主要检验项目包括以下几个方面。

1. 网站结构设计验收

网站结构设计包括栏目设计、导航设计和网页层级分布设计等内容。验收时要根据验收标准，并按照合同规定对网站进行验收。图 9-6 所示是一个网络结构设计的验收实例。

2. 页面表现设计与网站标识设计验收

页面表现设计验收包括页面布局设计、网页效果设计和多语种支持等内容的验收；网站标识设计验收包括网站标志和宣传语等内容的验收。图 9-7 所示为一个页面表现与标识设计的验收实例。

3. 网站功能设计与内容建设验收

网站功能设计验收主要是对房地产网站中提供的功能进行检验；内容建设验收是对内容的发布、查询和管理等功能的建设进行检验，并对网站中的初始内容进行检验。图 9-8 所示为一个网站功能设计与内容建设验收实例。

紫禁城房地产公司网站结构设计验收表

文件编号：YS0801-2

验收项		是否合格	验收意见
栏目设计	栏目的划分	是	划分合理
	栏目功能设置	是	功能设置基本符合要求
	栏目名称设置	是	名称设置合理
	重点栏目突出	是	重点栏目突出
导航设计	内部导航栏与栏目间的关系	是	关系密切
	内部导航栏位置固定、风格统一	是	位置固定、风格统一
	内部导航栏的名称设置	是	名称设置合理
	外部导航栏的链接	是	链接正确
网页层级分布	网页层级分布与网站功能划分	是	层级分布基本依据功能划分
	网站首页设置	是	网站有唯一入口
	层级分布结构	是	结构合理，以树型结构分布
	网页链接	是	没有孤页存在
	网站层级深度	是	层级深度没有超过 5 层

验收日期：2013-9-5　　验收负责人（签字）：________

图 9-6 网站结构设计验收表

紫禁城房地产公司网站页面表现设计与网站标识设计验收表

文件编号：YS0801-3

验收项		是否合格	验收意见
页面布局	各层级页面布局	是	内容协调统一，重点内容突出
	各层级页面布局风格	是	风格协调统一，包含相应的功能设置
	各层级页面附加功能区的布局	是	布局固定
	设计角度	是	体现易用性和人性化
网页效果	各层级页面色彩风格和主色调	是	色彩风格统一，主色调一致
	各层级页面字体字号	是	协调一致
	各层级页面整齐度	是	页面整齐，不变形
	页面表现形式	是	表现形式多样化，包括图片、文字等
	网站标志	是	各级页面包含统一的网站标志
	页面效果特色	是	体现了房地产网站的特色
网站标识	网站名称	是	名称适合，与企业名称相同
	Logo 样式	是	尺寸、位置适当
	Logo 形象	是	体现网站性质，简单易记，与网站名称或域名联系紧密。

验收日期：2013-9-5　　验收负责人（签字）：________

图 9-7 页面表现设计与网站标识设计验收表

紫禁城房地产公司网站功能设计与内容建设验收表

文件编号：YS0801-4

验收项		是否合格	验收意见
网站功能设计	网站功能设计	是	紧密结合网站内容和性质，功能设置合理
	用户注册和管理功能	是	功能齐备
	新闻和消息的发布、浏览和管理等功能	是	功能齐备
	买房、卖房、出租、租赁等信息的浏览、发布、审核和管理功能	是	功能齐备
	多条件复杂查询功能	是	功能齐备
	信息反馈功能	是	功能齐备
网站内容建设	信息发布平台	是	良好的信息发布平台
	信息浏览和查询机制	是	良好的信息浏览和查询机制
	信息互动平台	是	方便快捷的信息互动平台
	信息的全面性	是	信息覆盖全面
	信息的完整性	是	信息完整
	信息的准确性	是	信息准确无误
	信息的时效性	是	信息及时有效

验收日期：2013-9-5　　验收负责人（签字）：________

图 9-8　功能设计与内容建设验收表

4. 网站测试和网站管理验收

网站测试验收是对测试用例、测试过程及测试结果的检验；网站管理验收是网站建设完成之后，对管理制度、人员培训等方面的检验。图 9-9 所示为一个测试和管理验收的实例。

紫禁城房地产公司网站测试和网站管理验收表

文件编号：YS0801-5

验收项		是否合格	验收意见
网站测试	测试用例与测试计划	是	测试用例制订完善，测试计划全面
	测试工具和测试过程	是	测试工具适当，测试过程正确
	测试结果和测试文档	是	测试结果符合要求，测试文档齐备
网站管理与维护	机构建设	是	有明确的机构负责网站管理与维护
	人员培训	是	对管理与维护人员进行了必要培训
	网站负责人	是	确定专管领导
	用户注册和信息发布的审核制度	是	对用户注册和各种信息的发布进行有效审核
	信息的备份与恢复机制	是	制定了完善的信息备份与恢复机制
	网站安全与应急制度	是	制定了良好的网站安全与应急制度
	用户个人隐私信息保护机制	是	对用户个人隐私信息有较好的保护机制

验收日期：2013-9-5　　验收负责人（签字）：________

图 9-9　网站测试和网站管理验收表

5. 网站技术验收

网站技术验收是对网站所用技术的综合检验。图 9-10 所示为一个网站技术验收实例。

紫禁城房地产公司网站技术验收表

文件编号：YS0801-6

验收项	是否合格	验收意见
域名	是	域名为 zjchhome. com，域名简洁、易记，符合网站性质
网站访问速度	是	网站访问速度较快，网站首页访问速度不超过 5 秒，其他静态页面不超过 1 秒，其他动态页面不超过 3 秒。
网站的并发性	是	网站的并发用户数在 1000 个以上，基本满足公司需求
网站的兼容性	是	网站兼容性良好
网站的推广	是	有详细的网站推广计划
综合效果	是	网站综合效果良好，重点突出，功能设置合理，操作人性化、简单化，基本符合合同要求

验收日期：2013-9-5　　验收负责人（签字）：________

图 9-10　网站技术验收表

9.1.4　签署验收报告

网站验收完成后，企业客户要出具一份验收报告，这是验收工作的最后一步，也是开发设计方成功完成网站建设的重要标志，表示企业客户已经接收并认同网站的建设。接下来，只要把网站投入运行即可。

网站的验收报告是对网站建设过程的一个说明，指出网站是否按照合同的规定进行建设，主要包括下面几个部分。

1. 前言

本部分主要包括三项内容，首先对验收报告的编写目的进行说明，指出编写本文档的作者以及预期读者；然后对网站项目背景进行说明，用比较简单的语句描述本网站的作用和建设意义；最后给出本验收报告的参考标准或文档。

2. 网站建设结果

本部分对开发的结果进行说明，主要包括三项内容：第一项是对网站建设过程中的硬件设备建设进行总结，说明这些设备的基本信息、费用、性能和兼容性等；第二项是对软件程序部分进行描述，指出网站的主要功能和使用的相关技术，除此之外还要对建设的周期、费用等进行说明；最后是对机构组织和人员培训的说明。

3. 评价

本部分对建设好的网站进行客观评价，主要从工作效率、显示效果、技术方案、产品质量和安全性等方面进行评价。

4. 不足与改进

本部分主要是指出网站在建设过程中的不足之处，并提出相应的改进方案，供开发方参考。

5. 附件

本部分列出了与本验收报告相关的一些文档的目录，主要有网站建设合同、验收标准和验收结果等内容。

图9-11所示为根据上述部分编写的一份验收报告的实例。

紫禁城房地产网站验收报告

2013-9-10

文件编号：YS0801-8

目录（省略）

1 前言

1.1 编写目的

本文档是紫禁城房地产公司网站验收报告，是对验收工作的总结。本报告由紫禁城房地产公司组织专人撰写，最终提交给公司领导审阅。本报告的最终解释权归紫禁城房地产公司所有。

1.2 项目背景

本项目是由紫禁城房地产公司委托，由天下大成软件开发公司承接，为紫禁城房地产公司建设公司门户网站。网站建设完成后，紫禁城房地产公司可以通过该网站向用户提供各种买房、卖房、出租和租赁等房屋相关信息，以便提高公司业务效率，扩大公司业务规模。

1.3 参考资料

本文档在制定时参考以下标准和文件：

1）GB/T16260—1996 信息技术、软件产品评价、质量特性及其使用指南。

2）××住宿资讯网站验收报告。

3）××网站第Y次验收报告。

4）××学校网站验收报告。

2 网站建设结果

2.1 硬件设备

2.1.1 基本信息

硬件设备主要包括：

1）1台标准配置的 Dell PowerEdge 2950 服务器，其作用为 Web 服务器。

2）1台标准配置的 Dell PowerEdge 1950 服务器，其作用是数据库服务器。

3）1台标准配置的 Dell PowerEdge 1950 服务器，其作用是备份服务器。

4）1个24U的服务器机柜。

5）一台 APC Smart 2200UX 的不间断电源，并带有8块12V电池和电池柜1个。

6）10MB 带宽的网络专线连接。

2.1.2 费用

硬件设备的基本费用是：

1）Web 服务器（Dell PowerEdge 2950）单价为：￥24 800。

2）数据库服务器（Dell PowerEdge 1950）单价为：￥20 700。

3）备份服务器（Dell PowerEdge 1950）单价为：￥20 700。

4）服务器机柜单价为：￥1 000。

5）不间断电源（APC Smart 2200UX，带8块12V电池和1个电池柜）单价为：￥10 500。

6）网络接入初装费为：￥20 000。

7）网络接入租金：￥15 000/年。

图9-11 网站验收报告

共计：¥81 200。

2.1.3　性能与兼容性

根据测试，各硬件设备性能稳定、工作良好，设备之间兼容性良好。

2.2　软件程序

2.2.1　基本功能

网站主要提供以下功能：

1）用户注册和管理功能。

2）新闻和消息的发布、查询、浏览和管理等功能。

3）房地产相关信息的发布、查询、浏览和管理等功能。

4）信息反馈功能。

2.2.2　实现技术

网站使用 PHP 语言编写，使用 MySQL 数据，运行在 Apache 平台上。操作系统既可使用 Windows 系列，也可使用免费的 Linux。

本网站的对外域名为 www.zjchhome.com，与公司名称联系紧密，便于记忆和使用。

用户访问网站首页时，打开速度不高于 5 秒，其他页面平均不超过 3 秒，用户并发数超过 1000 个。网站与硬件设备兼容性良好。

2.2.3　建设周期和相关费用

本项目建设周期共 50 天。其中，前期调研及准备 15 天，项目设计 10 天，硬件设备安装调试 2 天，界面设计 5 天，程序编写 10 天，测试 5 天，其他 3 天。

共花费¥40 000。其中，人工费¥30 000，资料费 5 000，培训费¥5 000，网站推广费¥5 000，其他费用¥5 000。

2.3　机构组织和人员培训

由紫禁城房地产公司高层领导负责组建一个专门机构，对公司门户网站进行管理和维护。开发方在网站建设完成后，对公司相关人员进行管理和维护方面的培训。网站正式运行后，开发方承诺在一年之内对网站进行必要的维护和管理，并对公司人员进行相关培训。

3　评价

3.1　工作效率方面

网站工作效率良好，支持大数量用户并行操作。

3.2　显示效果方面

网站界面基本突出网站性质，色调适中，布局合理。

3.3　技术方案方面

本项目大量采用了成熟、稳定的技术，以稳定、易用、易维护和安全等为主要目标。

3.4　产品质量方面

经过不间断 72 小时连续运转测试，网站硬件、软件工作稳定。

3.5　安全性方面

有完善的事前预防、事中防御和事后恢复机制，并提供了用户管理和信息审核等安全机制。

4　不足与改进

本网站基本满足了公司要求，但还有需要改进的地方：

1）更美观的界面效果，包括文字效果和颜色效果。

2）提供房源地图浏览功能。

3）提供多图片上传。

4）提供英文版网站。

5　附件

图 9-11（续）

1）紫禁城房地产网站开发合同
2）紫禁城房地产网站验收标准（文件编号：YS0801-1）
3）紫禁城房地产网站设备到货登记表（文件编号：DH08081501）
4）紫禁城房地产网站设备接收单（文件编号：JS08081501）
5）紫禁城房地产网站结构设计验收表（文件编号：YS0801-2）
6）紫禁城房地产网站页面表现设计与网站标识设计验收表（文件编号：YS0801-3）
7）紫禁城房地产网站功能设计与内容建设验收表（文件编号：YS0801-4）
8）紫禁城房地产网站测试和网站管理验收表（文件编号：YS0801-5）
9）紫禁城房地产网站技术验收表（文件编号：YS0801-6）
10）紫禁城房地产网站接入验收单（文件编号：YS0801-7）

图 9-11（续）

9.2 企业出具评价文件

验收工作完成后，企业应向开发方出具网站建设评价文件。为了更公平、更客观地评价网站项目，一般评价文件可以由企业的上一级主管部门和相关技术部门同时出具。

小贴士

有些网站由于性质的原因，企业不需要上级部分部门或相关技术部门出具评价文件，比如一些私营性质的公司网站或个人网站。

9.2.1 上级部门评价

上级部门的评价文件一般是从界面、应用等角度进行评价，不涉及具体的技术细节。如果一些企业没有直属的上级部门，可以由行业协会或相同性质的行业组织出具。

上级部门进行评定时，要组织相关的行业专家和技术专家，依次听取企业和开发方的介绍，同时查阅网站建设过程中涉及的全部文档。具体评定过程如下所述：

①了解企业相关信息和开发方背景。

②听取企业对项目背景和建设目的的简单介绍。

③查阅网站建设合同。

④听取开发方介绍网站建设设计方案，了解网站功能设计，以及使用的相关技术。

⑤对网站进行访问。如果条件允许，通过网络进行远程访问，检验效果更好；如果条件所限，也可以在本地对网站进行检验。

⑥查看验收文档，包括验收标准和验收报告等。

⑦根据了解到的情况，出具评价文件。评价文件包括对项目的简单描述和总结，并指出网站的不足。最后根据专家组意见，给出综合评价。

企业上级部门的评价文件不但是对开发方所做网站的权威性总结，还为开发方竞标其他网站建设工程提供了有力的支持。图 9-12 所示为一个上级部门评价文件的实例。

紫禁城房地产公司：

贵公司门户网站自2013年10月18日提交验收申请后，我们组织有关网站建设资深人士和房地产行业专家，对项目进行了验收评估，主要是浏览网站内容，听取网站建设汇报，查阅评估验收材料，对网站结构、功能、特色进行评估。以下为评估验收结果：

贵公司非常重视门户网站的建设工作，由总经理亲自负责，抽调大量专业技术人员和信息采编人员，配合天下大成软件开发公司进行网站建设。该项目设计方案合理，结构规划符合要求，层级设计适度有序，网站内容基本完整，基本具备用户管理、房屋信息管理和信息互动等功能，基本满足了紫禁城房地产公司网上信息管理的需要。

本网站存在的主要问题和改进建议：

1. 网站设计美观性略差，界面效果有待提高，应继续完善网站美化设计。

2. 网站信息内容较少，更新速度较慢，应提高网站知名度，扩大用户规模，加强信息采编管理，加快信息更新速度，丰富网站内容。

3. 房源信息应附带地图显示，增加直观较果。

专家组评定本项目综合评估分值为85分，基本符合验收指标，网站通过验收。

房地产行业协会

二〇一三年九月十五日

图9-12 上级部门评价文件

9.2.2 相关技术部门评价

如果企业内部有比较专业的技术部门，可以由其进行网站的评价，并出具评价文件；如果没有适合的部门或人员，可以委托专业评测公司对网站进行评估。

技术部门更多是从程序细节、编写技巧等技术角度，对网站的效率、安全、管理等方面进行评价。主要评价项目如下所述：

①域名是否能够正确使用。

②网站首页和其他动、静态网页的访问速度。

③网站设计主体风格与前期提交的设计样稿是否一致，栏目与功能是否与前期方案策划一致。

④网站所有页面上的链接是否都准确、有效，内、外导航条功能是否完善，连接是否有效。

⑤网站中的文字编码是否正确，页面有无乱码，有无图片无法显示的情况。

⑥网页代码是否完善，是否包括META属性（便于搜索引擎进行查找、分类）、CSS（层叠样式表，用于修饰文字和图片的显示效果）等内容。

⑦网站页面布局是否合理；在不同字号和不同分辨率的情况下，页面是否出现错乱情况。

⑧网站安全功能是否完善，是否包括信息审核机制，是否有防盗链机制。

根据上述评测项对网站测试后，技术部门依据结果出具评价报告。图9-13所示为一个技术部门出具的评价文档。

网站评价报告

本公司受紫禁城房地产公司委托，对天下大成软件开发公司开发建设的紫禁城房地产网站进行评估与测试，以下为评测结果。

1. 通过连接 Internet 网络的计算机，使用 www.zjchhome.com 域名是否能够正常访问网站并浏览网页？

☑ 能　□ 不能

2. 网站访问速度：

首页：	☑ 小于5秒	□ 小于10秒	□ 大于10秒
静态页面（平均值）：	☑ 小于3秒	□ 小于5秒	□ 大于5秒
动态页面（平均值）：	☑ 小于5秒	□ 小于10秒	□ 大于10秒

3. 网站设计主体风格与前期提交的设计样稿是否一致？　☑ 是　□ 不是

4. 网站中所有网页的主体风格是否一致？　☑ 是　□ 不是

5. 主要栏目与主要功能是否与前期方案策划一致？

新闻系统能否正常使用：	☑ 能	□ 不能______
用户管理系统能否正常使用：	☑ 能	□ 不能______
买房管理系统能否正常使用：	☑ 能	□ 不能______
卖房管理系统能否正常使用：	☑ 能	□ 不能______
出租房屋管理系统能否正常使用：	☑ 能	□ 不能______
租赁房屋管理系统能否正常使用：	☑ 能	□ 不能______
信息反馈能否正常使用：	☑ 能	□ 不能______
6. 所有页面上的链接是否都准确、有效？	☑ 是	□ 不是______
7. 内、外导航条功能是否完善，连接是否有效？	☑ 是	□ 不是______
8. 网站中文字编码是否正确？	☑ 正确	□ 不正确______
9. 网站中文字是否正确？	☑ 正确	□ 不正确______
10. 图片是否都能显示？	☑ 是	□ 不是______
11. 网页代码是否完善：		
是否包括 META 属性？	☑ 是	□ 不是______
是否包括 CSS？	☑ 是	□ 不是______
12. 网站页面布局是否合理？	☑ 是	□ 不是______
13. 网站在不同字号情况下，显示有无错乱？	☑ 有	□ 没有______

14. 网站在何种分辨率下能正常显示：☑ 800×600　☑ 1024×768　☑ 1200×1024

15. 网站是否包含信息审核机制？	☑ 是	□ 不是______
16. 网站是否包含防盗链机制？	☑ 是	□ 不是______
17. 网站备份与恢复机制？	☑ 完善	□ 不完善______

注：委托单位在收到验收报告3天内没有意见反馈到我公司，则评价文件做合格处理。

（评测单位名称）　万众软件评测公司

（签字盖章）

时　间：2013年9月20日

图9-13　技术部门评价文件

9.3　验收文档管理

网站验收完成之后，要对验收过程中的文档进行管理。如果以后要对网站进行必要的修改和完善，或是要建设相同项目，可以参考、查阅这些内容。每份验收文档都应标有统一的编号，网站建设完成后，将所有文档装订存档，除了纸制的各种文档以外，还应该将电子版的文档也存储一份。验收文档管理根据时间划分，包括前期文件管理和后期文件管理。

小贴士

文档的管理是网站建设中最为重要的一个环节，对今后网站的维护与升级极为重要。

9.3.1　前期文件

验收测试是对网站建设的验收，包括设备和软件的检测，也包括建设过程中使用的所有文档的评测。验收测试过程需要的文档包括以下几项。

1. 网站建设合同

网站建设合同是企业客户（委托方）与开发方共同商讨而形成的一份具有法律效力的文档，是项目开发的指导性文档，也是验收评测标准的重要依据。合同应该由企业客户与开发方同时确认才能有效，并且由双方分别保存一份。网站建设合同是验收文档管理中第一份，也是最重要的一份文档，在各种评测中都占有重要地位。

2. 需求分析设计

需求分析设计是由开发方听取企业客户对网站功能的描述，并对其归纳、总结后，编写的一份描述网站功能的说明性文档。本文档需要企业客户确认。同意后，开发方根据这份文档对网站进一步设计。

3. 概要设计

概要设计是对网站建设的一个简单设计说明，其中说明了网站的性质与风格、网站的功能与内容，以及网站的运行环境等内容。

4. 详细设计

详细设计是说明网站建设中每一个功能、每一个栏目的详细设计过程和方法的文档，包括硬件设计、软件程序设计和数据库设计等多个方面。由于详细设计全面描述了项目开发的技术、方法等细节，因此本文档是技术部门评测时重要的参考文档之一。

5. 测试计划

测试计划是依据网站设计的内容，编写的一份对网站进行有效测试的计划性文档，是测试过程和测试分析报告的参考标准。

6. 使用说明

使用说明也称为用户手册，它是对网站使用、维护和管理方法的描述。

7. 测试分析报告

测试分析报告是依据测试计划对网站进行测试，然后根据测试结果编写的文档。

8. 培训计划

培训计划是开发方制定的，用于对企业客户进行使用和管理培训的计划性文档。在网站建设完成后，开发方应严格按照该计划对企业客户的相关人员进行培训。

9. 开发进度报告

开发进度报告是开发方根据开发进程撰写的记录性文档，分为日报、周报或月报等。

10. 项目开发总结

项目开发总结是整个网站项目开发建设完成后，由开发方编写的一份总结性文档。

以上文档中，网站建设合同、需求分析设计、概要设计、测试计划、测试分析报告和项目开发总结是企业出具的验收报告的参考文档。

网站建设合同、需求分析设计、使用说明、开发进度月报、测试计划、测试分析报告、培训计划和项目开发总结是上级部门对项目进行评测的参考文档。

网站建设合同、需求分析设计、概要设计、详细设计、测试计划、测试分析报告、开发进度月报和项目开发总结是技术部门评测项目的参考文档。

9.3.2 后期文件

后期文件主要是指验收完成后形成的一些文档，在前面两节中已经详细地介绍过，分别是：

①网站验收标准。

②设备到货验收单。

③设备接收单。

④网站结构设计验收单。

⑤页面表现设计与网站标识设计验收单。

⑥网站功能设计与内容建设验收单。

⑦网站测试和网站管理验收单。

⑧网站技术验收单。

⑨网络接入验收单。

⑩网站验收报告。

⑪上级部门出具的评价文件。

⑫技术部门出具的评价文件。

本章小结

本章主要介绍网站建设完成之后，企业客户要对网站进行验收。在验收工作实施之前，应先根据合同内容制定相应的验收标准，然后根据这个标准进行验收。验收工作一般包括两大部分，分别是设备验收和设计验收。如果合同中没有涉及硬件设备，则设备验收省略。验收完成后，根据验收结果，企业出具一份验收报告，说明网站建设的结果，并对网站做出客观评价，最后指出不足及改进意见。

为了公平地评价已经建设完成的网站项目，除了企业出具验收报告外，还应该由企业的上级部门（或是行业权威、主管部门）和相关的技术部门各出具一份评价报告。

验收工作完成后，应该将验收用的所有文件进行整理并存档，包括验收时需要参考的各种前期文件和验收完成后生成的多份后期文件。

实践课堂

1. 使用本章中提供的验收标准，对房地产门户网站进行验收，并试撰写验收报告。
2. 参考本章中的评价实例，以相关技术部门的身份撰写一份评价报告。

家庭作业

1. 编写适合学校门户网站的验收标准，并撰写验收报告及相关评价文件。
2. 对学校门户网站开发过程中用到的文档进行管理。

第10章 网 站 升 级

本章导读

随着业务发展，企业客户可能要对网站进行必要的功能扩充，并且对现有功能提出改进意见。同时，随着计算机技术，尤其是计算机网络技术的不断发展，各种网站开发技术日新月异，新技术层出不穷，企业客户也需要引入这些技术，使网站使用者获得更方便、更快捷的操作。因此，在网站开通运行一段时间以后，需要根据实际情况对其进行技术和功能的升级。

10.1 技术升级

网站在初始设计时，将功能设计放在首位，因此开发方尽可能多地使用已经成熟的技术，保证网站按照规定的时间建设完成，并能够正常运行。但是，随着计算机网络技术的不断发展，出现了很多新的、更好的技术，这些新技术可以使网站拥有更友好的界面，更方便的操作，网站用户将会获得更好的服务，因此有必要对网站进行技术上的升级和改造。

10.1.1 新技术介绍

为了更好地为用户提供服务，网站需要不断改进界面并且提升服务功能，因此各种各样的网站新技术层出不穷。下面简要介绍一些主流的网站开发技术、版权保护技术、内容安全技术和推广技术等。

1. Ajax

Ajax是异步JavaScript和XML（Asynchronous JavaScript And XML）的英文缩写，它是一种创建交互式网页应用的页面开发技术。它由Jesse James Garrett提出，由Google大力推广。在Google发布的Gmail、Google Suggest等应用上都大量地使用了Ajax技术。

Ajax不是一种技术，而是多种技术的结合，每种技术都有其独特之处，结合在一起形成了一个功能强大的新技术，包括如下内容：

①HTML超文本标记语言（HyperText Markup Language）：用于创建在浏览器中可见的网页或其他类型的文档，它是Ajax及其他相关技术的基础。

②CSS层叠样式表单（Cascading Style Sheets）：它是一种设计网页样式的语言，用来进行网页风格设计，是页面设计中最重要的技术之一。

③JavaScript是WWW上的一种功能强大的编程语言，用于开发交互式Web页

面。它是一种描述性语言，有自己的标准，并被几乎所有的浏览器支持；既可以被嵌入到 HTML 文件之中，以获得交互式效果或其他动态效果，也可以运行于服务器端，替代传统的 CGI 程序。JavaScript 是动态的，它可以直接对用户或客户输入做出响应，透过 JavaScript，可以回应使用者的需求事件，而不用任何网路来回传输资料，当然也无需经过 Web 服务程序。

④DHTML 动态 HTML（Dynamic Hypertext Markup Language）：它是一种网页制作方式，而不是一种网络技术。它只是将 HTML、CSS 和客户端脚本集成。使用 DHTML，使网页设计者创建出能够与用户交互并包含动态内容的页面。

⑤XML 可扩展置标语言（eXtensible Markup Language）：它具有开放的、可扩展的、可自描述的语言结构，是 W3C（World Wide Web Consortium，全球信息网协会）推荐用来产生其他标记语言的用途广泛的标记语言。XML 是 SGML（Standard Generalized Markup Language，标准通过标记语言）的一个简化子集，用来描述多种类数据，其最主要的目的是为不同系统共享数据提供方便。XML 已经成为网络中数据和文档传输的标准，它使得某些结构化数据的定义更加容易，可以通过它与其他应用程序进行数据交换。

⑥XHTML 可扩展超文本标记语言（eXtensible HyperText Markup Language）：它是一种标记语言，在表现方式上与 HTML 很相似，但在语法上更加严格。HTML 是一种基本的 Web 网页设计语言，而 XHTML 是一个基于 XML 的标记语言。本质上说，XHTML 是一种过渡技术，它结合了部分 XML 的强大功能及大多数 HTML 的简单特性。

⑦XSLT 扩展样式表转换语言（Extensible Stylesheet Language Transformations）：它是一种用来转换 XML 文档结构的语言。

⑧XMLHttp：它是一套可以在 JavaScript、VBScript、Jscript 等脚本语言中通过 HTTP 协议传送或接收 XML 及其他数据的一套 API，其最大的好处是不需要刷新整个页面，就可以向服务器传送或者读写数据，还可以更新网页的部分内容。XMLHttp 提供客户端同 HTTP 服务器通信的协议。客户端可以通过 XMLHttp 对象向 HTTP 服务器发送请求，并使用文档对象模型处理回应。现在的绝大多数浏览器都增加了对 XMLHttp 的支持。

⑨DOM：即文档对象模型（Document Object Model），它是一种文档平台，允许程序或脚本动态地存储和上传文件的内容、结构或样式，是供 HTML 和 XML 文件使用的一组 API。DOM 是以层次结构组织的节点或信息片断的集合，它提供了文件的结构表述，其本质是建立网页与脚本或者程序语言之间沟通的桥梁。

在没有使用 Ajax 之前，Web 站点将强制用户进入“提交—等待—刷新页面”这样的步骤。传统的 Web 页面允许用户填写表单，并将表单提交给 Web 服务器，然后等待服务器对其进行处理。处理时间会由于要处理的数据的复杂程度不同而长短不定；处理完成后，返回给客户端一个新的页面。不论数据量大小如何，客户端都需要刷新整个页面，用户才能看到结果。

这种做法浪费了许多带宽和用户时间，因为在前、后两个页面中的大部分 HTML 代码往往是相同的。由于每次信息交互的处理都需要向服务器发送请求，处理的响应时间依赖于网络速率和服务器的运算能力，导致客户端界面的响应比本地应用慢得多，用户需要等待比较长的时间才能看到结果（尤其是在那些网络速率比较慢的环境中）。

但是Ajax技术解决了上述问题，它提供与服务器异步通信的能力，使用户从“提交—等待—刷新页面”的步骤中解脱出来，使浏览器为用户提供更自然的浏览体验。借助Ajax技术，在用户单击按钮时，使用JavaScript和DHTML等技术立即更新页面，同时向服务器发出异步请求，以执行更新或查询数据库的操作。当结果返回时，可以使用JavaScript和CSS等技术更新部分页面，而不是刷新整个页面，大大缩短用户等待响应的时间，甚至用户不知道浏览器正在与服务器通信，这使Web站点看起来像是即时响应的。

使用Ajax的主要优点如下所述：

①使客户端界面变得更加友好，更容易操作。

②把以前的一些服务器负担的工作转嫁到客户端，利用客户端闲置的处理能力来处理，减轻服务器负载和网络带宽的负担。

Ajax技术已经被很多网站采用，比如Google（谷歌）和Amazon（亚马逊）等。图10-1和图10-2所示为使用Ajax技术的Google搜索页面和Google地图页面。

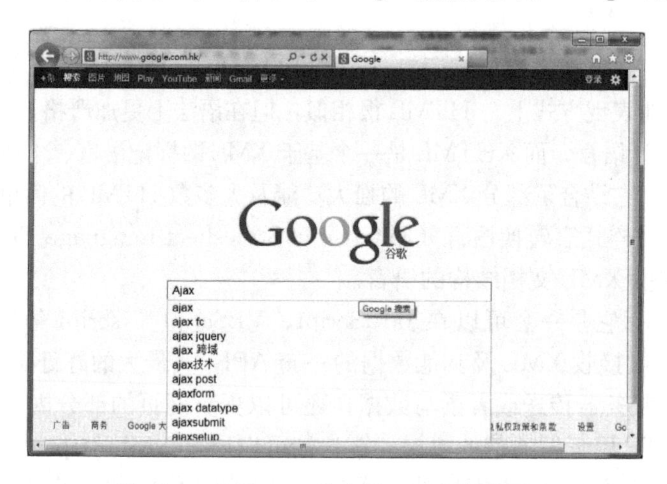

图10-1 使用Ajax技术的Google搜索页面

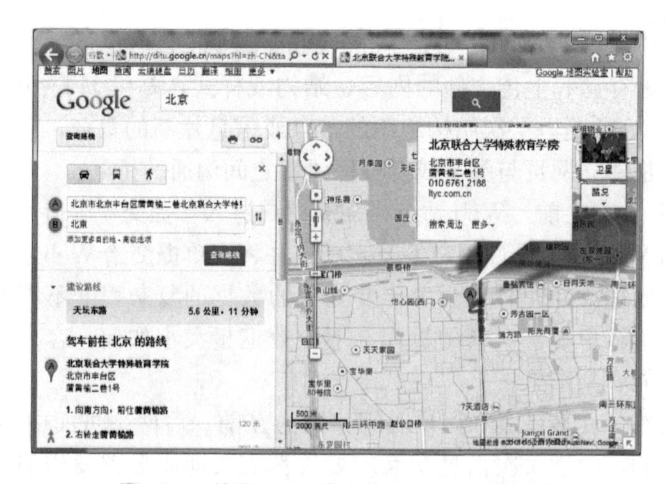

图10-2 使用Ajax技术的Google地图页面

2. 图片水印技术

日常生活中，为了鉴别纸币的真伪，通常将纸币对着光源，会发现真的纸币中有清晰的图像信息显示出来，这就是水印技术。水印内容一般放置在不重要的位置，或是必须在特定环境下才能被看到，因此不会影响原始信息的显示。另外，水印的制作和复制比较复杂，需要特殊的工艺和材料，而且印刷品上的水印很难被去掉，因此水印技术常被应用在支票、证书、护照、发票、钱币等重要印刷品中，长期作为判定印刷品真伪的一个重要手段。

随着数字时代的到来，多媒体数字世界丰富多彩，数字产品几乎影响到每一个人的日常生活。如何保护这些数字产品的版权，显得非常重要。借鉴印刷品中水印的含义和功用，人们提出了类似的概念和技术保护数字图像、数字图片和数字音乐等多媒体数据，因此提出了数字化水印的概念。

为了保护网站中图片的版权，防止被他人非法盗用，在图片传到网站上时，给这些图片加上一些标识信息，这种方法就是图片水印技术。采用这种方法，能够标识网站图片，起到保护图片版权的作用，又能很好地宣传网站。

图片水印技术一般分为两种类型，一种是普通水印技术，另一种是数字水印技术。

普通水印技术是将版权文字或信息附加到图片上，使水印标识与图片同时存在。当用户复制这幅图片时，会连同水印标识一同复制，这样可以比较好地保护图片的版权。图 10-3 所示为一幅添加了普通水印信息的图片。

普通水印虽然易于实现，但缺点比较多，主要有以下几个方面：

①由于水印信息需要附加在原始图片上，因此会在一定程度上破坏原有的信息内容。

②如果水印放置的位置不合适，可以通过剪裁图片的方法将水印去除。

图 10-3　使用普通水印技术的图片

小贴士

普通水印技术比较容易实现。如果网站中的图片不涉及非常重要的版权问题，一般使用普通水印技术就可以。具体的实现方法有很多，读者可以通过网络查找。

数字水印技术是指用信号处理的方法在数字化多媒体数据中嵌入隐蔽的标记。这种标记通常是不可见的，只有通过专用的检测器或阅读器才能提取。它是一种信息隐藏技术，是为适应信息隐藏与跟踪需要而诞生的。与普通水印最大的不同就是其隐藏性。在普通水印技术中，水印标记是可见的；但是数字水印技术中的水印标记是隐藏的、不可见的，它完全与图片数据融合在一起，既不影响用户正常浏览图片，还不易将水印标记从图片中去除，可以更好地保护图片的版权。

嵌入数字图片的标记必须具有以下基本特性才能称为数字水印：

①隐蔽性：在数字图片中嵌入数字水印不会引起明显的降质，并且不易被察觉。

②隐藏位置的安全性：水印信息隐藏于数据而非文件头中，文件格式的变换不应导致水印数据的丢失。

③鲁棒性：指在经历多种无意或有意的信号处理过程后，数字水印仍能保持完整性或仍能被准确鉴别。这些操作包括可能剪切、位移、尺度变化或是有损压缩等。

3. 网站内容保护技术

Web网站是计算机网络服务中最重要的内容之一，它提供了一个简单、方便的窗口，使人们不出家门就可以准确地了解到社会、教育、财经、政治等诸多信息。据中国互联网络信息中心（www.cnnic.net.cn）2014年1月的《中国互联网络发展状况统计报告》称，不包含edu.cn域名在内，我国现已有18436461个网站。很多部门和企业已经建立了自己的网站，然而网站被攻击，尤其是网站中网页内容被非法篡改的事件越来越多。

据国家计算机网络应急技术处理协调中心（www.cert.org.cn）的最新消息表明，2014年4月7日至13日我国大陆地区被篡改网站的数量为8124起，这些非法攻击使得社会秩序和企业形象遭到了严重破坏。如何有效保护网页内容，让用户正确获得所需信息，显得非常重要。

网站内容保护一般分为三种机制：事前保护机制、事中保护机制和事后保护机制。

事前保护机制是指在黑客的攻击行为发生之前，就对网站进行预防性操作。这种机制主要包括漏洞扫描和安全管理等技术。由于诸多原因的制约，现行的任何一个系统都会存在一些安全隐患，漏洞扫描就是对计算机信息系统和网络系统进行检查，发现其中可以被黑客利用的漏洞。漏洞扫描的结果实际上就是系统安全性能的一个评估，它指出了哪些攻击是有可能发生的。管理员根据扫描结果对系统中的漏洞进行修补，使系统的安全性得到提高。漏洞扫描技术一般分为基于网络的扫描和基于主机的扫描两种类型。另外，可以使用各种安全管理技术，包括在系统中安装监控程序、增加密码的复杂度和制定严格的操作规范等。

事中保护机制是指当黑客攻击系统时，使用某些技术对其防范的机制，主要包括防火墙和入侵检测等技术。防火墙是指设置在不同网络之间的一系列部件的组合，它是不同网络之间信息的唯一出入口，能根据管理员事先设置好的安全策略对出入网络的信息流进行控制。在逻辑上，防火墙是一个分离器或是一个限制器，它能有效地监控网络中的任何活动，保证了网络内部的安全。入侵检测技术是通过对行为、安全日志或审计数据或其他网络上可以获得的信息进行操作，检测到对系统闯入或闯入的企图。

入侵检测技术是为保证计算机系统的安全而设计与配置的一种能够及时发现并报告系统中未授权或异常现象的技术，是一种用于检测计算机网络中违反安全策略行为的技术，其作用包括威慑、检测、响应、损失情况评估、攻击预测和起诉支持。

事后保护机制是指黑客攻击系统，并对系统造成一定损害后，采取的一种“亡羊补牢”的措施，目的是为了将损失降低到最小。网站内容防篡改技术是事后保护机制中的核心技术，其特点是容忍网站中的内容被非法篡改，但篡改后，系统能够及时发现，并自动恢复，同时向管理员发出警报信息。目前网站内容防篡改技术主要是依靠数字摘要技术对网页文件或其他文件进行验证和辨别，较常用的网站内容防篡改技术有三种，分别是外挂轮询技术、核心内嵌技术和事件触发技术。

小贴士

网站内容保护技术的实现比较复杂，没有资金支持及技术实力的企业一般无法应用。其商业化的产品比较贵，对于数据内容不是极其重要的网站，可以不使用。

4. 通用网址技术

通用网址，又称网络实名，它是一种新兴的网络名称访问技术。通过建立通用网址与网站地址 URL 的对应关系，实现浏览器访问的一种便捷方式。用户只需要使用自己熟悉的语言告诉浏览器要去的通用网址即可，也就是在浏览器网址栏中输入通用网址，而不是输入包含 http、www、com、cn 等内容的普通网址。例如，在浏览器的地址栏中输入“央视网”，即可打开央视网官方网站（http：//www.cntv.cn/）的首页。中国网络电视台的域名不会是 www.cctv.com，更不会是 cctv.com 子域名，而是启用新的独立域名地址。

网络名称访问技术随着计算机和网络技术的发展，经历了多个阶段。

最初使用采用点分十进制方法表示的数字地址，即 IP 地址，但由于其使用没有规律的十进制数字作为地址标识，使得用户记忆进来非常困难。

随后，为了方便用户记忆，采用了与 IP 地址相对应的，以英文字母为基础的地址，这就是现在应用广泛的域名系统。域名系统的使用极大地推动了互联网络的普及，并被广泛运用于互联网的各个应用中，例如电子邮件和 FTP 等服务中。但是由于域名系统是以英文字母为基础，对于非英语群体，其使用和推广有一定的困难，因此通用网址技术应运而生。

通用网址技术是一种基于域名基础之上，专用于 WWW 浏览的访问技术，有效降低了域名体系的复杂性，用户不用记忆或输入复杂、冗长的英文域名地址，只要在地址栏中直接输入中文或拼音就可以直达目标网站。

使用通用网址技术的优势如下所述：

①通用网址是新一代互联网地址访问技术，是继 IP、域名之后的新型互联网访问方式，由国家授权域名注册管理机构提供强力支持。

②使用通用网址技术，用户无需记忆冗长而复杂的英文网址，只需使用自己熟悉的语言，输入便于记忆的关键字（如公司名称、产品名称、商标等），即可直达网站页

面或深层页面。

③通用网址的客户端可以轻松下载，网站访问变得非常简单。在国内有CNNIC和3721等机构提供技术支持。

④通用网址一经注册，即能获得全国门户网站、知名搜索引擎的全面支持。访问者借助通用网址网站直达功能，即可直接访问到注册用户的站点。目前，包括新浪、搜狐、网易、百度、中华网等在内的全国2000多家门户网站、搜索引擎、行业站点和地方信息港已经全面提供通用网址的网站直达支持功能，覆盖中国90%以上的互联网用户。

⑤通用网址技术使得现实世界的品牌可以在不改变名称和符号的前提下，在互联网上延伸。

虽然通用网址技术有诸多优点，但由于技术的局限性，也有很多缺点，主要有以下几点：

①用户的客户端需要安装相应的软件才可以使用，这增加了客户端的负载；同时，由于国内相当一部分开发商为了市场份额而在客户端软件中使用了非常规技术，这些软件被大多数安全防护软件确认为恶意软件而遭到屏蔽。

②国内外的通用网址开发商过多，不能协调一致，无法实现真正意义上的“通用”。在国内就有CNNIC和3721等多家通用网址技术提供商，由于他们使用的技术不太一样，因此互相之前无法协调工作。

③通用网址技术还需要域名系统的支持，无法独立应用。

5. 中文域名技术

中文域名是含有中文的新一代域名系统，同原有的英文域名一样，是互联网上的“门牌号码”。在原有域名系统中，用户只能使用英文和数字；对于以中文为母语的中国人来说，如果没有经过培训，使用起来有一定困难。中文域名可以在域名系统中包含中文，这对于普通用户的使用是非常方便的，同时能较好地推广和保护中文企业名和中文商标名。除此之外，使用中文域名还有以下优点：

①是中国人自己的域名，以中文为基础，使用方便、简单，便于记忆。

②适用于中国的法律，可以全面保障用户利益，保障国家域名系统的安全。

③资源丰富，可以获得满意的域名，其有显著的标识作用，体现自身的价值和定位。

④获得众多主流软件开发商支持，包括Foxmail 5.0、Mozilla 1.4、腾讯QQ 2003IIIBeta2、Netscape 7.1和Opera（including IDN in version 7）等。

中文域名属于互联网上的基础服务，注册后可以对外提供WWW、E-mall、FTP等应用服务，在技术上符合2003年3月份IETF发布的多语种域名国际标准。根据要求，注册的中文域名可以包含中文（包括繁、简字体）、英文字母（包括A～Z和a～z，其大小写被认为相同的）、数字（包括0～9）和连字符（“-”）等。但需要注意两点，一是在中文域名中至少要含有一个中文文字；另外，其长度最多不能超过20个字符。

目前中文域名提供四种类型供用户选择，分别是“.CN”、“.中国”、“.公司”和“.网络”。用户可以到CNNIC（中国互联网信息中心）或其代理机构（比如万网www.net.cn等）注册中文域名，也可以在网站上查询某单位注册中文域名的信息，如

图 10-4 和图 10-5 所示。

图 10-4　在 CNNIC 的 WHOIS 查询服务中查询中文域名

CNNIC
中国互联网络信息中心
China Internet Network Information Center

WHOIS查询结果

域名	qq.cn
域名状态	clientTransferProhibited(该域名已经被注册服务机构禁止转移)
注册者	中国联合网络通信有限公司黑龙江省分公司
注册者联系人电子邮件	liaomh@vip.hl.cn
所属注册服务机构	厦门东南融通在线科技有限公司 (原厦门华商盛世网络有限公司)
域名服务器	ns.hlhrptt.net.cn
域名服务器	ns1.hlhrptt.net.cn
注册时间	2003-03-21 22:42:05
到期时间	2014-03-21 22:42:05

查询相关域名

图 10-5　某单位在 CNNIC 注册中文域名的详细信息

6. 模板的使用

Dreamweaver 中提供了快速创建网站的方式，即使用模板。模板是一种特殊类型的文档，用于设计“固定的”页面布局，使用者只需要根据模板的要求在可编辑区域输入内容，便可基于模板创建文档。创建的文档会继承模板的页面布局和风格。

设计模板时，可以指定在基于模板的文档中哪些内容是用户“可编辑的”。使用模板，模板创作者控制哪些页面元素可以由模板用户编辑。模板创作者可以在文档中包括数种类型的模板区域，使用模板可以一次更新多个页面。从模板创建的文档与该模板保持连接状态（除非以后分离该文档）。可以修改模板，并立即更新基于该模板的所有文档中的设计。

使用模板可以控制整体网页的设计区域，以及重复使用完整的布局。通常制作模板文件时，只把导航条和标题栏等各个页面共有的部分制作出来，把其他部分留给各个页面安排设置具体内容。制作模板文件与制作普通网页的方法是相同的。但是在制作模板时，必须设置好“页面属性”，指定好“可编辑区域”等。模板的制作思路在许多大型网站上都有应用，如个人博客、各单位的信息发布网站等，其最大的好处就是减少了重复劳动，并且相关网站的页面风格保持一致。

10.1.2　与原有网站的衔接

新技术的种类虽然很多，但并不是每一个网站都可以应用所有技术，应该适当选取合适的技术对网站进行技术升级。在网站中增加新技术的使用，可能需要对网站进行大范围的修改，将原有网站中的很多内容进行修改或替换，这会增加开发者的工作量，还会拖延工期，延误客户的使用。如果不是必须要使用新技术，应该尽量在小范围内修改或不修改，否则会得不偿失。

新技术的使用要首先考虑是否适合网站，与网站的功能和主题等内容是否相符合，然后考虑增加新技术的成本是否合适，最后要考虑增加新技术后对用户的使用是否有所改善。

1. 使用 Ajax 技术

Ajax 技术主要使用 JavaScript 和 CSS 组成的 DHTML，以及 XML 和 XMLHttp 等技术。这些技术主要是对网站的界面进行改进，明显改善显示效果，减少用户等待时间，提高网站的服务效率。但是由于其与原有网站在技术、概念和结构上都不大相同，一旦决定使用，开发人员可能需要修改很多脚本程序，甚至对网站完全改写，这会加大开发人员的工作量，增加开发周期和费用，因此需要格外谨慎。

使用 Ajax 技术，除了可以对网站的界面显示进行优化和改进外，还可以在网站中改进和增加的功能如下所述：

①“高级数据验证”功能。当登录到会员区时，用户需要输入用户名和密码。只有单击“确定”按钮后，才能判断输入信息是否正确。使用 Ajax 技术后，可以在不刷新页面的情况下（当然包括不用单击“确定”按钮），返回相关信息，如图 10-6 所示。

②“电子地图”功能。在原有网站的房源介绍等内容中，只能使用文字对地址进行描述。这种方法非常不直观。使用 Ajax 技术以后，可以在页面中增加电子地图功能，地址的显示变得直观、清楚，如图 10-7 所示。

③“信息补全”功能。在传统网站中，当用户输入文本信息时，页面不会有任何提示信息，很可能造成用户输入错误的值或输入不合适的值。使用 Ajax 技术后，可以在页面中增加信息补全功能。当用户输入信息时，在文本输入框的下面出现一个列表，里面显示与正在输入的数据相似或相同的内容。比如在地址查询框中输入“安”，则在其下出现一个列表框，显示“安定门”、“安立路”、“安贞”等内容。使用这种功能，可以加快用户输入正确信息的效率，但是出于安全的考虑，该功能不应该使用在用户登录界面中输入用户名和密码的位置上。

④“浮动菜单”功能。在传统模式下，网站的导航菜单都放置在页面的顶端，但是当页面特别长时，导航菜单可能被“滚动”到屏幕外面，这时如果用户使用页面导航，会觉得非常不方便。使用 Ajax 技术后，可以制作浮动的导航菜单，不论页面如果“翻滚”，菜单条都会悬浮在屏幕的最上方。

⑤“实时信息”功能。在某个时段，会有大量用户访问网站，其内部信息也会有所变化。但是在传统网站中，如果用户不强制“刷新”页面，新增加或新修改的内容

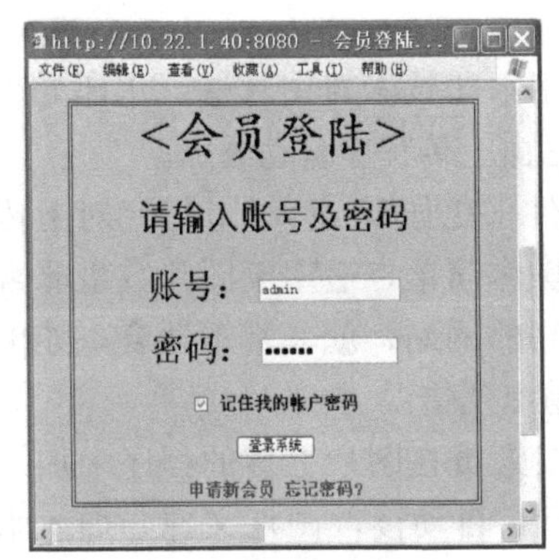

(a)传统数据验证界面

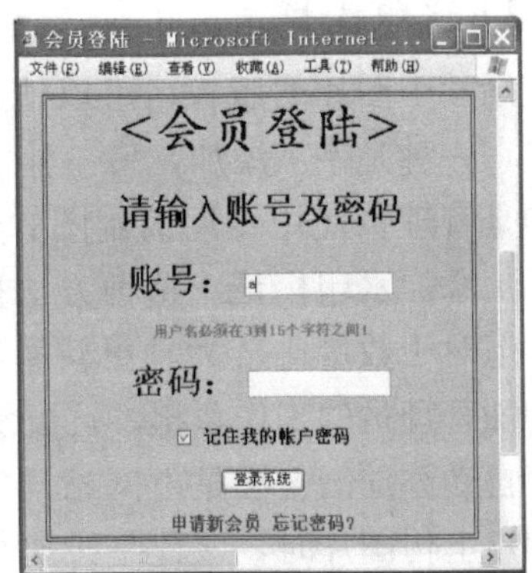

(b)使用Ajax技术后输入"a"时的界面

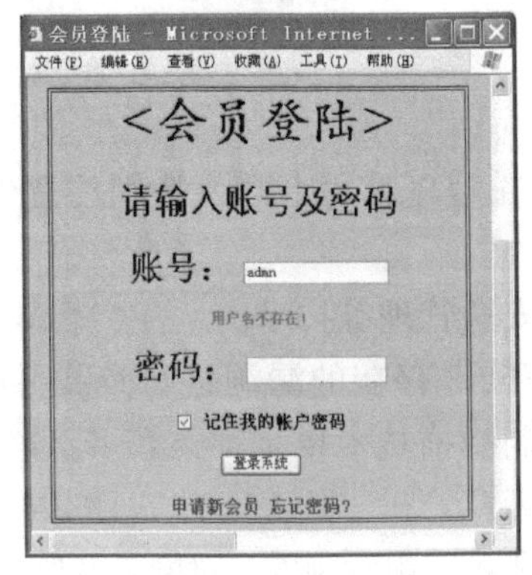

(c)使用Ajax技术后输入"admn"时的界面

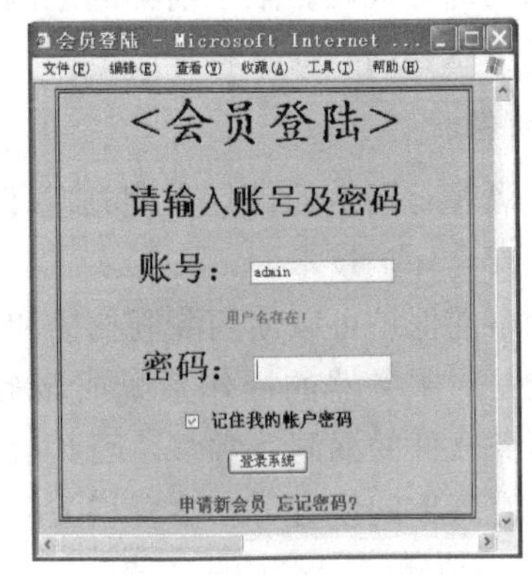

(d)使用Ajax技术后输入"admin"时的界面

图 10-6 会员登录界面

图 10-7 增加了电子地图的界面

是无法显示的。使用 Ajax 技术后，在页面中可以增加一个浮动的实时信息显示区域，该区域可以自动、实时地获取数据，不论用户在哪级页面，也不管用户是否强制"刷新"页面，新信息都可以实时地显示给用户。

2. 使用图片水印技术

为了保护网站中图片的版权，可以使用水印技术对图片进行水印处理。水印的增加有两种方式，一种是手工添加，另一种是由上传程序自动添加。

手工添加是管理员使用专用的制图软件（比如Photoshop等）对上传到网站中的每一幅图片手工添加水印标记。这种方法操作简单，适用于图片数量非常少且更新率极低的网站；但对于数量比较大且更新率高的网站，就非常不适合，如果采用这种方式，会大大增加管理员的工作负担，且极易出现错误。

上传程序自动添加的方法是由网站开发人员在图片上传的程序中加入添加水印的程序段。当用户上传图片时，该程序段执行，自动读取图片文件并加入水印标记。这种方法适用于任何规模的网站，其优点是使用方便，效率高；缺点是技术要求较高，需要改写网站的部分代码。限于篇幅的原因，这里不详细介绍水印添加程序的原代码，有兴趣的读者可以参阅其他资料。

3. 网站的保护

为了防止黑客对网站的破坏，网站除了在程序编写上需要特别注意外，还可以使用各种各样的安全保护技术。

对网站的事前保护可以使用漏洞扫描和安全管理等技术。

漏洞扫描是对服务器的操作系统或服务软件存在的漏洞进行查找并修补的技术。由于系统或服务软件的漏洞非常多，因此漏洞扫描技术也是种类繁多。这里限于篇幅，不详细介绍，有兴趣的读者可以参看相关书籍。

安全管理是依据现实社会中的法律、法规和各项规章制度，对网络及服务器进行安全、有效地管理。这是一种依靠社会纪律对网站的安全进行保护的方法，它主要规定各类管理人员的权限、备份制度、系统和服务软件的升级制度、应急制度和维护制度等内容。

对网站的事中保护可以使用防火墙技术和入侵检测等技术。

防火墙技术分为软件防火墙和硬件防火墙两种。其中，硬件防火墙是独立于服务器的设备，优点是安全、可靠、服务效率高；缺点是价格较高，并且需要专业人员操作。硬件防火墙的主要生产厂商有Cisco、华为、Juniper、NETGEAR、东软等公司。

软件防火墙不同于硬件防火墙，它是运行在服务器系统平台上的一个应用程序，通过在操作系统底层工作来实现网络管理和防御功能的优化，其优点是操作简单、价格便宜；缺点是效率较差，且自身安全性不高。常用的软件防火墙包括微软公司在Windows XP等操作系统中提供的防火墙，以及Symantec、Zone Alarm、天网、瑞星、金山等公司开发的防火墙产品。

入侵检测技术能使在入侵攻击对系统发生危害前，检测到入侵攻击，并利用报警与防护系统驱逐入侵攻击的技术。入侵监测通过收集和分析计算机网络或计算机系统中若干关键点的信息，检查网络或系统中是否存在违反安全策略的行为和被攻击的迹象。入侵监测处于防火墙之后，对网络活动进行实时检测。由于可以记录和禁止网络活动，所以入侵监测是防火墙的延续，可以和防火墙或路由器配合工作。

对网站的事后保护可以使用网站内容防篡改技术，这种技术主要是对已经被攻击并被篡改的页面进行识别，然后对其恢复。如果无法复原，会切断用户对页面的访问。

现在比较常用的网站内容防篡改软件有：天存信息技术有限公司的 iGuard 核心内嵌式网页防篡改系统，中创软件商用中间件有限公司的 InforGuard，北京亿赛通科技发展有限责任公司的亿赛通网页防篡改系统等。

如果综合使用上面介绍的各种安全保护技术，可以大大提高网站的安全性，但需要注意，这些技术只适用于客户自己拥有独立的服务器和接入设备的情况，或是服务器托管方式；对于租用空间的方式，网站的保护应该由网站空间的管理方管理和维护。

4. 为网站注册中文域名和通用网址

为了使网站被更多用户浏览、访问，除了使用各种各样的宣传形式推广网站外，还可以为网站申请注册相应的通用网址和中文域名。现在中国大陆范围有两家机构可以办理申请和解析，分别是 CNNIC 和 3721。下面以 CNNIC 为例来介绍。

用户可以到很多代理机构办理通用网址和中文域名的申请工作，包括北京东方网景信息科技有限公司（http：//www. east. net）、北京万网志成科技有限公司（http：//www. net. cn）、上海信息产业（集团）有限公司（http：//www. shaidc. com）等。用户可以到中国互联网络信息中心（CNNIC）的“CNNIC 中文域名认证注册服务机构”页面中查询（http：//registrars. cnnic. cn/reginfo/search_ch. htm）。

选择好代理机构后，即可进入其注册页面（比如到万网进行注册），然后选择“域名注册”→“中文域名”，在其中选择要注册的类型，共有 6 种，如下所述。

①中文通用域名：包括“中文 . cn”、“中文 . 中国”、“中文 . 公司”和“中文 . 网络”四种形式，其注册规则是：中文汉字长度限制在 20 个以内，域名的首尾不能有非法字符（比如一 、＋、@、&、空格等），不能是纯英文或数字域名，不得含有危害国家及政府的文字。另外，如果注册“中文 . 中国”域名，将会自动获得“中文 . cn”和与之对应的以“中文 . 中国”、“中文 . cn”为后缀的繁体域名；如果注册“中文 . 公司”或是“中文 . 网络”域名，均可自动获得与之对应的简繁体域名。

②国际中文域名：包括“中文 . com”和“中文 . net”两种形式，其注册规则是：简繁体只需注册一个，允许个人注册，域名的首尾不能有非法字符（比如一 、＋、@、&、空格等），不能是纯英文或数字域名，不得含有危害国家及政府的文字。

③“中文 . cc”域名：“. cc”域名是英文“Commercial Company”（商业公司）的缩写，其含义明确，简单易记，现已成为继“. com”和“. net”之后全球第三大顶级域名。目前“. cc”域名资源丰富，商业潜力巨大，选择使用 . cc 域名已成为一种潮流，其注册规则与国际中文域名注册规则相同。

④“中文 . tv”域名：“. tv”域名原是国家/地区域名，后改为视频等相关行业的专用域名。tv 域名将作为宽频时代的主流域名，其站点应用在视听、音乐视频、电影、电视会议和电视等诸多方面。其注册规则与国际中文域名注册规则相同。

⑤“中文 . biz”域名：“. biz”是新的国际顶级域名，是“. com”域名的强有力竞争者，也是其天然替代者。它是英文单词“business”（商务）的缩写，代表着商业领域。在“. com”资源日渐枯竭的情况下，“. biz”拥有众多域名可供选择，必将代替“. com”成为企业注册域名的首选。其注册规则与国际中文域名注册规则相同。

⑥“中文 . hk”域名：“. hk”域名是我国香港特别行政区的域名，具有强烈、鲜明的标识作用。随着内地与香港经济往来的发展，无论是在内地投资的香港公司，还

是选择在香港注册的公司都越来越多，蕴含着无限商机。注册“.hk”域名，不仅是对企业品牌的保护，也是企业进军国际市场的前沿阵地。其注册规则与国际中文域名注册规则相同。

选择好要注册的类型后，即可进入注册页面。在其中选择“年限与价格”，还可以选择一些附加产品。单击“提交”后进入详细信息填写页面，如图 10-8 所示。

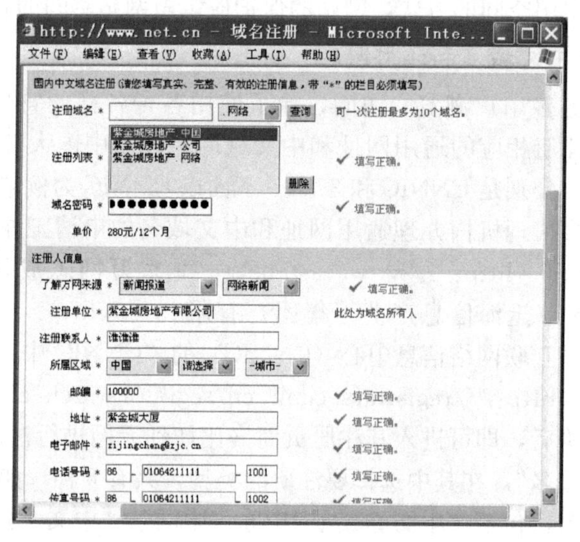

图 10-8 中文域名注册页面

在“注册域名”项中填入想要注册的域名名称，在其后选择域名类型，然后单击“查询”。如果该域名没有被注册，在“注册列表”中将显示出完整的域名。其他内容根据要求填写，完成后单击“提交”，等待审核后，即可使用这个域名了。

通用域名的注册与中文域名相似，在万网首页单击“域名注册”→“通用网址”，即可进入通用域名注册页面，如图 10-9 所示。

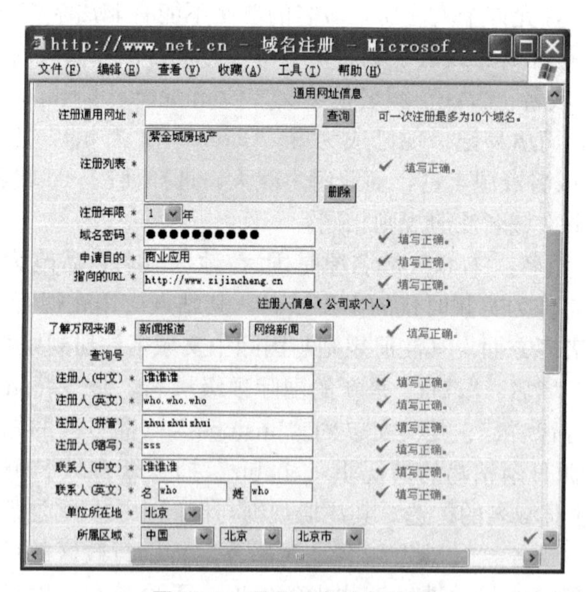

图 10-9 通用域名注册页面

在“注册通用网址”项中填入通用域名，单击“查询”后，如果该通用域名没有被注册过，在“注册列表”中将显示该域名。然后，选择或填写“注册年限”、“域名密码”、“申请目的”和“指向的 URL”等项。其中，“指向的 URL”一定要填写正确，以便客户使用通用域名时，可以访问到正确的主机。其他内容根据要求填写，完成后单击“提交”，等待审核后，即可使用这个域名了。

5. 模板的使用

通过在 Dreamweaver 设计一个模板，可以方便、快速地创建出多个风格相似的网站。这有利于开发者快速地给出设计效果图，方便用户确认和提出修改意见。

图 10-10 所示就是使用模板设计的“紫禁城房地产网站”的新首页。

图 10-10　使用模板设计的新首页

10.2 功能升级

网站在运行一段时间之后，某些功能可能暴露出缺陷，客户也会提出一些修改建议，因此有必要对这些功能升级。

10.2.1 新功能需求

根据使用时发现的问题，结合客户提出的建议，在网站中需要修改或增加的功能主要有以下几个方面。

1. 电子地图

房屋信息发布时，传统的是以文字形式描述房屋的地址信息，这使得用户对于房屋地理位置没有直观的印象，对于周边的交通状况、生活环境缺乏相应的了解，因此有必要在网站中增加电子地图显示的功能。当显示房屋信息时，一同显示出房屋所在位置的电子地图及周边情况。

2. 实名制与信息审核制度

在现有网站中，用户的注册和发送房源信息都很随意，虽然比较方便、快捷，但这种模式会对网站信息安全产生非常大的隐患。如果有些恶意用户故意散布虚假信息，将对正常用户和房地产公司造成巨大的损失。

因此，在网站的用户注册过程中应采用实名制方式，用户除了填写相应的用户名、密码等信息外，还应该留下真实姓名、联系电话（一定是座机）、身份证号码等信息。当然，这些信息除了网站管理员以外，应该对任何人严格保密，以防被恶意窃取和非法使用。

用户注册完成后，不能立即发表房屋信息，应等待管理员审核。当确认用户所填信息是真实的以后，用户账户才能正常启用。同样，当用户发表房源或其他重要信息时，这些信息也不能马上显示，应该由管理员审核并确认是真实、有效的信息后，再显示给其他用户。

通过使用实名制和信息审核制度，可以更好地加强网站的安全性，有效保护用户的合法权益和房地产公司的信誉。

3. 用户信用等级

即使对用户的真实身份和其发布的房源信息进行有效性审核，也不能完全保证用户发布的房源信息一定正确、有效，因此在实名制及信息审核制度的基础上，还可以增加用户信用等级制度，对注册的用户进行信用级别划分。

用户在选择房源信息时可以参看用户信用等级。信用级别高的用户发布的信息，其可靠度更高，以减少用户选择房源信息时的困惑。

用户的信用等级是根据其信用度而增减的。当用户发布的房源信息通过网站与另一用户成功交易且没有遭到投拆后，其信息等级就会提升。而当用户发布房源信息后，如果有其他用户对其提出投诉（比如已经签订合同后，又提出了一些违约的要求等），管理员在查证属实后，其信用等级将降低；如果降到一定程度，该用户将会被注销。

4. 合租功能

有些租房用户由于自身经济原因，希望能与他人合租某一处房屋，但原有系统中只包含买房、卖房、求租和出租四项功能，因此有必要增加合租功能。在合租功能中，由房东发布允许合租的房源信息，然后由租房的用户选择并寻找合租伙伴。在信息填写中，除了增加对合租人的一些要求（比如性别、爱好等）外，与其他四项功能的信息基本相同。

5. 网上交易功能

网站具备身份认证和电子签名的功能，市场经营者必须具备完善与方便的服务功能，包括咨询服务、交易服务、售后服务等，并在网站页面上明显标出。除了上述主要功能外，还可以增加网上交易功能，使用户不但能通过网站发布和查看房源信息，还可以通过网站进行买卖或租赁交易。但由于网上交易存在较大的安全隐患，且实现难度较大，因此技术和资金实力较弱的公司是很难完成的。

10.2.2 新功能实现

上一节介绍了网站需要新增加或修改的功能，本节介绍了这些功能的实现。限于篇幅，只是从理论上讲解这些功能，具体的代码实现请读者自行完成。

1. 电子地图

电子地图功能的实现主要有两种方法：静态地图和动态地图。静态地图实现的方法是由房源发布用户或网站管理员上传一幅显示房源位置和周边信息的地图图片。这种方法实现简单，与上传一幅普通图片的技术相同，缺点是地图图片不能扩大显示房源周边情况，也不能查询交通路线。

动态地图不会有静态地图的缺点，其实现有两种方法，一种是和地图网站合作，嵌入其提供的代码，比如可以和“我要地图”网站（www.51ditu.com）合作，将图10-11 中所示的代码嵌入网页文件的<body>与</body>标记之间。

采用这种方法实现动态地图比较简单，但需要注意，房源坐标等信息一定要掌握在自己手中，不能随意公布。

另一种方法是使用 Ajax 技术增加电子地图，但是由于这种技术需要多种编程技术的配合使用，而且需要大量地图信息，因此从资金和技术角度来讲，实现起来比较困难，对于中、小型网站不太适合。这里限于篇幅，使用 Ajax 编写电子地图的技术不详细介绍，有兴趣的读者可以参看其他相关资料和书籍。

2. 实名制与用户信息审核制度

实名制在原有网站中是存在的，但是无法保证用户填写的是真实、有效的，因此需要增加信息审核制度。本功能在技术上非常容易实现。在数据库中，只需要在用户表中增加一个字段即可（这个字段可以命名为“审核”）。当用户初次注册成功后，此字段被设置为“0”值，表示用户已注册，但没有通过审核。

在登录页面中增加判断该字段的语句，当此字段为“0”时，不能登录到会员专区中，而是显示“本账户还未通过审核，请耐心等候!”的提示信息。只有该字段的值为“1”时，才到正常登录。

```
<! --引入 JavaScript 文件-->
<script language="javascript" src="http://api.51ditu.com/js/maps.js"></script>
<! --创建一个 DIV-->
<div id="maps" style="position: relative; width: 300px; height: 400px; border: black solid 1px;">
<div align="center" style="margin:12px;">
<a href="http://api.51ditu.com/docs/mapsapi/help.html" target="_blank"
    style="color: #D01E14; font-weight: bolder; font-size: 12px;" >看不到地图请点这里
</a></div></div>
<! --创建地图，并且给地图加个简易缩放控件-->
<script language="javascript" >
    var maps = new LTMaps ( "maps" );
    maps.cityNameAndZoom ( "beijing" , 2 );
    var c = new LTSmallMapControl ();
    maps.addControl (c);
    var point = new LTPoint ( 11640969 , 3989945 ); //北京
    var marker = new LTMarker ( point );
    maps.addOverLay ( marker );
    var text = new LTMapText ( marker );
    text.setLabel ( "我的位置" );
    maps.addOverLay(text);
</script>
```

图 10-11　“我要地图”网站（www.51ditu.com）提供的嵌入动态地图的代码

用户的审核只能由网站管理员手工操作完成。当用户注册完成后，管理员要检查用户填写的信息，并核实是否属实，然后选择同意审核或拒绝审核。审核用户的页面如图 10-12 所示。如果选择同意，系统将用户表中相应记录的“审核”字段的值由“0”改为“1”；如果选择拒绝，表示用户注册的信息有不真实的地方，直接将其从用户表中删除即可。

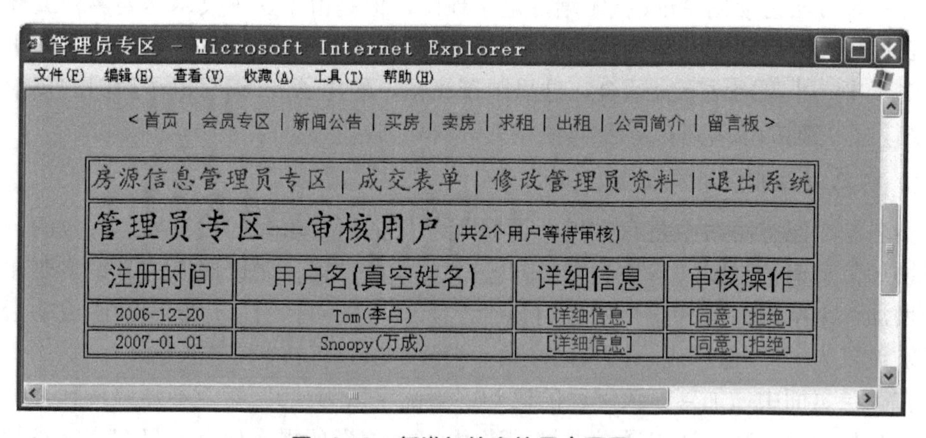

图 10-12　新增加的审核用户页面

3. 用户信用等级

用户信用等级的实现与用户信息审核的实现相似，也是非常简单的。在数据库的用户表中增加一个字段（字段名为“信用等级”），其初始值设置为“100”。当用户发布卖房信息后，管理员会对其信息的真实性进行审核。如果内容真实、有效，其信用等级值将增加 50；如果无效，则减少 50。之后，如果有其他用户通过网站与其交易且没有投诉，其信用等级将增加 1000；如果出现投诉且由管理员查证属实，其信用等级将减少 2000。

由于租房与卖房不同，是一个长期的过程，而不是在一个时间点上就可以交接完毕的，因此求租和出租用户的信用值以另一种方法计算。当用户发布出租信息后，管理员对其信息进行审核。如果内容真实有效，则信用等级值增加 50；如果无效，则减少 50。之后，如果有其他用户通过网站与其进行租赁交易，且租赁双方都没有被投诉，则双方用户的信用等级各增加 50；如有投诉，由网站管理员核实后，将对违约一方的信用等级减少 100。

租住期间，如果双方没有违反合同规定的行为发生（比如没有拖欠房租、没有随意提高租金等行为），则双方每日的信用等级将自动增加 1；如有违约行为且被投诉，管理员查证属实后，将对违约一方减少“剩余合同天数×2”的信用等级值。

如果一个用户的信用等级小于 0，则该用户的账户将被自动注销。

用户的信用等级值是和信息查询与信息显示有关的。当查询房源时，信用等级高的用户发布的信息将显示在靠前的位置。当显示房源具体信息时，也会显示发布该房源信息的用户的信用等级。如果一个用户的信用等级太低（小于 50），会在明显的位置用明显的方式显示“此用户信用较低”等提示性信息。

4. 合租功能

合租功能的实现需要在数据库的房源信息表中增加两个字段，一个用于标明是否允许合租，其被命名为“允许合租”；另一个用于记录对合租人的要求，其被命名为“合租要求”。当用户填写房源信息时，可以选择是否允许合租。如果选择允许，则该字段的值被置为“1”，同时需要填写对合租人的要求；如果不允许，其值被置为“0”，合租人要求一项不用填写。

在网站首页面中增加一个新栏目——“合租”。用户点击“合租”后，系统选择“允许合租”字段的值为“1”的房源信息来显示，包括显示“合租要求”字段的内容。

本章小结

本章主要从两个方面讲解了网站升级的内容，一个是从技术角度讲解，另一个是
能角度讲解。

计算机网络技术不断发展，页面开发和显示技术不断创新，客户的需求不断
介绍了现今比较常用的主流技术，同时根据现有网站的实现情况，讲述了
技术与现有网站衔接。

级之外，本章还根据现有网站情况，介绍了网站对新功能的需求，提

出了一些改进网站功能的意见，并简要介绍了具体实现的方法。

实践课堂

1. 按照本章讲述的功能升级的内容，对网站进行用户信息审核机制和信用等级机制的升级。

2. 使用 Dreamweaver 创建一个统一风格的网站模板，并使用该模板快速创建一个网站。

3. 考虑一下，网站还可以增加什么新功能。

家庭作业

按照本章所述内容，对网站进行技术和功能的改进和升级。

参考资料

1. 赵立群．计算机网络管理与安全．北京：清华大学出版社，2008
2. 董铁．物流电子商务．北京：清华大学出版社，2006
3. http：//baike. baidu. com/view/99. htm？ fr＝ala0_1_1＃4
4. http：//baike. baidu. com/view/6752. htm
5. 中商情报网：http：//www. askci. com/：
6. http：//www. 51hlht. com/product/wzyh. html
7. http：//www. 51tui. com/
8. http：//www. marketingman. net/topics/003_sitepromote. htm
9. http：//yingxiaoshijie. blog. sohu. com/41092418. html
10. http：//www. duanxin800. com/Html/sms-knowledge/sms-question/621460426797. html
11. VolleyMail 邮件群发专家．短信群发软件 MBox5. 1 操作及使用说明
12. 百度、百度文库、搜狐、谷歌等网站

反侵权盗版声明